市县空间规划体系重构理论与实践

张　云　刘邵权　韩　斌　鲁荣东　等　编著

科学出版社
北　京

内 容 简 介

本书包括理论篇和应用篇两个部分。理论篇在梳理国内外空间规划体系及其经验的基础上，指出我国空间规划体系现状和目前存在的主要问题，提出空间规划整合协调的重点与实现路径，介绍空间开发适宜性评价的技术方法，为市县空间功能分区提供理论支撑和具有可操作性的技术体系。应用篇结合理论篇的相关理论和方法，选取四川省“多规合一”试点市/县中的绵竹市、内江市为案例区，综合利用地理国情普查成果数据、基础测绘成果及专题资料，以资源环境承载力评价为基础，开展全域空间开发适宜性评价，划分城镇、农业、生态三大空间。按照国家试点工作要求，整合各类基础数据和规划成果数据，形成“多规一张图”，服务“多规合一”空间数据库建设，构建“多规合一”规划信息平台，为市县“多规合一”工作提供重要支撑。本书对规范市县空间规划编制工作具有重要理论和实践意义。

本书可供资源环境管理、国土空间管控、生态环境保护等相关从业人员参考使用。

审图号:川审(2018)005号

图书在版编目(CIP)数据

市县空间规划体系重构理论与实践 / 张云等编著. -- 北京：科学出版社，2018.5

ISBN 978-7-03-055476-5

Ⅰ. ①市… Ⅱ. ①张… Ⅲ. ①城市空间-空间规划-研究 Ⅳ. ①TU984.11

中国版本图书馆 CIP 数据核字 (2017) 第 284462 号

责任编辑：罗　莉 / 责任校对：李苗春

封面设计：墨创文化 / 责任印制：罗　科

科学出版社出版

北京东黄城根北街16号

邮政编码：100717

http://www.sciencep.com

四川煤田地质制图印刷厂印刷

科学出版社发行　各地新华书店经销

*

2018年5月第　一　版　开本：787×1092 1/16

2018年5月第一次印刷　印张：17 1/2

字数：507 千字

定价：198.00 元

(如有印装质量问题，我社负责调换)

《市县空间规划体系重构理论与实践》编委会

序　言

空间，本书指地理空间，是人类活动及其与之相依托的自然系统的共同载体，是区域、全国乃至全球社会-经济-自然复合系统所存在的多维场所。空间规划是人类依据不同发展阶段的价值取向和发展需求，遵循区域自然分异规律与区域自然、经济和社会特点，对人类可供选择的空间活动、空间过程进行判识，进而作出有目的、有目标的空间格局战略安排。其目的在于使人类发展与空间环境协调，高效、安全、可持续地利用好生活、生产、生态空间，满足经济、政治、文化、社会、生态的综合要求，是指导宏观战略决策的科学基础，又是战略决策落地实施的依据。

研究自然地理的区域分异规律、人类活动的空间演化与扩展、产业空间布局、聚落与城镇的聚集和空间变化等可贯穿人类文明史的全过程。特别是近现代各种学说层出不穷，说明空间及对其利用是与人类社会经济发展息息相关的重大问题。社会经济越发达，人口越增长，空间越拥挤、越复杂，空间资源越稀缺、越宝贵，空间利用面临的矛盾就越多，科学规划难度就越大。当前，一个突出问题是同一区域空间内原本存在的完整的社会-经济-自然系统，在做规划时被分割成若干相互独立的专业或专项规划，既相互交叉又相互分割，或相互矛盾、相互牵制，达不到整体协调、优化、节约的目标。“多规合一”就是为克服上述问题而提出的，其理论基础是社会-经济-自然复合系统论，即应按照系统论整体协调的原理，处理好各子系统、各层次、各部门既相互矛盾又相互依存、相互作用、相互促进的关系，调动各部门、各子系统、各层次的积极性，并明确同一区域内各部门、专业、子系统、多层次及生活、生产、生态各自的地位、定位、配位、区位，予以科学合理的安排。同时，寻找各部门、各子系统、各层次间的最大公约数，形成合力，突出全局、整体、系统功能，发挥 1+1 大于 2 的凝聚效益，用好每一个自然空间，每一寸土地，分工而不分家，聚集而不超载。

本书较系统地梳理了当代空间规划体系的各种理论、方法及不同国家的实践经验，回顾了多年来我国空间规划的发展历程、服务对象和管理模式，指出我国空间规划体系类型多样、体系庞杂、多部门交叉、多区域层次叠加、政出多门、难协调、难统一、多矛盾、低效率的弊端。基本上反映当前国内外空间规划的客观现状，为人们如何做好空间规划提供了有益的参考和借鉴，并有启示意义。

更可贵的是，本书针对我国空间规划体系存在的问题，响应国家“多规合一”的号召，以绵竹市、内江市试点工作为例，适时地集中探索“多规合一”的理论框架、方法技术、实施程序、组织管理，形成较系统新颖的“多规合一”的规划体系、理论和技术基础，具有开拓性和创新性。

我想特别指出的是，本书是跨部门协作的成果，由四川省测绘地理信息局主持编写，中国科学院成都山地灾害与环境研究所、四川省发展和改革委员会、四川省经济发展研究院共同参与编制完成。本书汇聚了不同领域作者对“多规合一”工作深入研究的成果，也充分发挥了四川省测绘地理信息局信息资源丰富的优势，拓展了该局的研究视野，对加强国情省情研究是良好开端。当然，由于“多规合一”是个新事物、新尝试，尚处于启动、试验、示范阶段，理论和方法尚不成熟完善。万事开头难，但再难总得去探索，去开拓，去实践。本书是探路之作，难以臻善至美，不足、缺点自然也是难免的。但它开了个好头，迈开了第一步就值得肯定，值得支持。我衷心祝贺它的出版。

2017 年末于成都

目　　录

第一部分　理论篇

第二部分　应用篇

第一部分　理　论　篇

第 1 章　空间规划体系

1.1　概念与内涵

1.1.1　空间和空间规划

物理学认为空间是与时间相对应的物质存在形式，而在地理学中，空间作为核心概念之一，被赋予了更广泛的含义。正如所有现象都在时间中存在而有其历史一样，所有现象也在空间中存在而有其地理[1]。

空间研究的重要倡导者亨利·列菲弗尔(Henri Lefebvre)认为，空间是被带有意图和目的地生产出来的，它是政治经济的产物。其著作《空间的生产》明确指出空间是社会的产物，空间从来就不是空洞的，总是蕴含着某种意义，认为研究者应从关心空间中的生产转向空间本身的生产，并将空间的生产归结为 3 个层次：空间实践(人们创造、使用和感知空间的方式)、空间的再现(构建的工具性空间，产生于地图、数学、社会工程等知识与逻辑)和再现的空间(生活的和投注了象征与意义的空间)[2]。19～20 世纪在科学主义和理性主义影响下，空间多被视为一种躯壳和制度化的场所，因其中事物的存在而存在，空间这一概念也被视为学术和规划实践领域的专利品。到了 21 世纪，随着科学主义备受质疑和人文主义思潮的兴起，空间开始剥离学术殿堂而走向平民化和生活化[3]。

从国土和区域角度来看，空间是我们生活的人地关系地域系统赖以存在和发展的物质基础，具有复杂性和多元性。在区域科学中，在地表的多维空间中注入某种特征后，就出现了规划科学研究的空间范畴[4]。同时，随着全球化进程的不断推进，空间的边界正在变得越来越模糊，空间规划中也日益重视世界全球化和区域化并行的背景。

工业革命以来，伴随着生产力的大幅度提高和物质生活条件的改善，生态破坏和环境污染逐渐成为世界性的问题，人们开始认识到资源和环境的问题最终会限制人类社会的发展，原来应激式地解决已出现的问题已经不能满足可持续发展的需要，于是以预防为主的规划开始应运而生。

传统的空间规划与土地利用有关，往往被视为典型的物质性规划。在新自由主义盛行的 20 世纪 70 年代后期至 80 年代，空间规划作为防止市场失效的一种管理手段受到冷落[5]，且在很多国家只不过是部门性的土地利用管理规划[6]。20 世纪 90 年代以来，人们认识到空间规划应该具有协调和整合空间发展的功能，而不仅仅是部门性的土地利用管理体系；应该关注地域的可持续发展，而不是一味地追求增长；应该关注不同利益人之间共识的形成，而不是简单地分析一定地域空间开发的适宜性和先后顺序[7]。事实上，人们很少给空间规划下定义，一般将其作为一个实践问题来研究，空间规划所关注的焦点是社会经济发展中所存在的各种问题，因此实践是空间规划发展的基本动力。空间规划体系的建立是国家社会经济或者说工业化和城镇化发展到一定阶段后，为解决空间问题、协调各类各级规划的关系、提升国家竞争力、实现可持续发展等目标而采取的政策工具或措施。空间规划不仅是要实现这些目标，而且还要为落实这些任务而把各种行动纳入有条理的顺序中去[8]。同时空间规划作为协调人地关系、促进区域发展的重要手段，是一个综合性工作，涉及自然、经济、社会和文化等各个方面。空间规划可以进一步解读为：以地域的相似性和差异性为着眼点，通过从不同尺度上研究人地关系地域系统的基本规律，对空间地域的演化过程与目标提出软质的政策措施和硬质的景观塑造导向，并付诸运行的实践过程。空间规划体系则可以概括为规划的运作体系(包括规划的编制与实施)、法律体系和行政体系，既有“条条”也有“块块”[9]。空间规划的一个重要原则就是要坚持区内相似性和区间异质性。

空间规划是社会、经济、文化和生态政策的地理表达，因此受地域、历史文化、法律、政体的影响很大[10]，在不同的国家和地区有不同的含义。西方规划研究学者认为，作为政府行为，规划的性质不仅仅是一个技术分析的结果，土地利用的安排更是一个政治和社会过程。其中，空间规划在其编制和实施过程中本身就是管治思想的体现，还包括了政府和非政府主体在空间发展愿景上的协商和共识。通过自上而下和自下而上的合作与互动，这种规划方法使得在规划实施过程中更容易动员各个利益主体参与到实现规划目标的行动中。也就是说空间规划是在特定的社会和需求下，政府在公共管理中的一个制度性安排，是一个社会和政治过程，是以空间发展政策为导向的一个加强空间管治的工具，而不仅仅是一个物质规划的计数过程[11]。欧盟定义的空间规划是指由公共部门对未来空间内各活动分配施加影响的各种方法，旨在创造一个更理性的地域土地利用组织和联系，在保护环境的同时对发展需求作出平衡，并实现各种社会和经济目标[12]。德国的空间规划政策所追寻的目标包括：“可持续的空间发展”“区域内均等的生活条件”以及“注重区域本地资源”[13]。

我国结合国外空间规划的成熟经验和国内相关实践，一般认为：空间规划是根据国民经济和社会发展的总体方向与目标要求，按规定程序制定的涉及国土空间合理布局和开发利用方向的战略规划或政策；其突出特点是有明确的空间范围，规划内容包括资源综合利用、生产力总体布局、国土综合整治、环境综合保护等；规划目的是优化空间开发格局、规范空间开发秩序、提升空间开发效率、实施空间开发管制[14]。也有人认为空间规划是对区域空间不同利益主体在发展定位、产业布局、产业结构、资源开发、环境保护、基础设施建设等战略性和全局性问题上作出的总体安排和部署[15]。无论是哪一种看法，空间规划作为一种政策工具都具有明显的政治性特点，任何制度性变革都会对规划体系产生影响，这一点在我国尤为突出。在社会主义市场经济条件下，规划依然在实现国家战略目标、弥补市场失灵、公共资源优化配置以及实现可持续发展目标等方面扮演着重要的角色。我国以往的系列发展规划特别重视总供给与总需求，注重产业结构的优化提升，空间平衡发展意识较为欠缺。而空间规划则注重空间合理布局和开发利用，是政府统筹安排区域空间开发、优化配置国土资源、调控经济社会发展的重要手段[16]。

1.1.2 空间规划体系

空间规划体系意指土地管制协议的集合，它的形成和演进与一个国家或地区的社会经济、行政结构、法律体系及文化价值密切相关[17]。我国的空间规划体系是在一定的空间范围内，为了合理利用资源、发展经济和保护环境而制定的不同类型、不同区域范围、不同功能的几大规划体系，且相互之间分工合作、密切联系，但我国的制度特征和基本国情决定了内部构成的多元化[18]，使得我国目前尚未形成明确高效的空间规划体系，或者说我国的空间规划体系还处于构建过程中。

事实上，在中华人民共和国成立初期，我国并没有空间规划概念，国家对于城市和地区发展的干预主要是建立在国防需求和工业布局的基础上(比如“一五计划”156 个重点项目的布局和“三五计划”期间的“三线”建设)。随着国家社会主义市场经济体制的建立和完善，“计划”一词逐渐为“规划”所代替，2005 年的“十一五规划”首次以“五年规划”代替了 1953 年以来所使用的“五年计划”。同年，国务院颁布《关于加强国民经济和社会发展规划的意见》规定：我国的五年规划包括国家、省、市县三级以及总体规划、区域规划、专项规划三类。

我国早期规划体系主要包括国土规划、区域规划、城市规划，三个规划是由三个部门分头管理，分别是国土资源部、国家发改委和建设部的行政职能，虽说这种状况与我国空间规划发展所处的初级阶段有关，但这明显带有中国特色，与我国以往计划经济以及部门权力制衡的传统管理模式也有一定的关系。随着国家对生态环境问题的重视，环保部的生态环境规划开始与三大规划并行，环保部可独立且统一地进行环境监管，甚至具有一票否决权。

我国的规划体系庞杂，目前由政府出台的规划类型有 80 余种，其中法定规划就有 20 余种，主要分为城乡建设规划、发展规划、国土资源规划和生态环境规划 4 大类或者是包括基础设施规划的 5 大类[19]，在各大类规划之下还细分出各类专项和详细规划。在“十二五”规划纲要提出，要“推进规划体制改革，加快规划法制建设，以国民经济和社会发展总体规划为统领，以主体功能区规划为基础，以专项规划、国土空间规划和土地利用规划、区域规划、城市规划为支撑，形成各类规划定位清晰、功能互补、统一衔接的规划体系”。空间规划体系应该注重空间发展的整体性和协调性，各类规划应当形成一种整合、协调和战略性的管理体系。因为空间规划体系虽然是由多种规划组成，但不应该是简单的叠加，而应当是相互协调、整合，形成一个有层级有秩序的有机系统，同时具有整体性、相关性、秩序性、持续性和演化性等特点[20]。

1.1.2.1 城乡规划

城市规划是一个综合性的概念，大英百科全书指出：城市规划是一项政府职能，也是一种职业实践，又是一项社会运动，因此我们很难去给它下一个准确的定义。一般认为城市规划是为了实现一定时期内城市的经济和社会发展目标，确定城市性质、规模和发展方向，合理利用城市土地，协调城市空间布局和各项建设所作的综合部署和具体安排；是城市管理的重要组成部分，也是城市建设的依据；主要着眼于城市发展中存在的问题和未来的长远发展，并且根据城市的地理环境、人文条件、社会经济发展状况等，协调城市各方面的发展，制定出适宜城市整体发展的计划。城市的复杂系统特性决定了城市规划是随城市发展与运行状况长期调整、不断修订、持续改进和完善的复杂的连续决策过程。

城市规划是我国各类规划中起步最早的，兴起于“一五计划”期间，随着全国范围内 156 个重点工业项目的布局，国家在布局这些项目的十几个大中城市组织开展了最早的城市发展规划工作。1990 年颁布的《中华人民共和国城市规划法》正式确立城市规划的法律地位，并要求建设部编制“全国城镇体系规划”，指导全国城镇的发展和跨区域的协调。随着我国的城乡二元结构开始突出，城乡差距不断扩大，规划者逐渐认识到这种城和乡规划的脱离以及仅仅注重城市的规划和发展不利于社会公平和城乡平衡发展。2008 年颁布实施《中华人民共和国城乡规划法》，将城市和乡村地域纳入同一规划体系，作为整体的规划对象，城乡规划的职能和作用得到极大拓展[21]。并指出城乡规划是以促进城乡经济社会全面协调可持续发展为根本任务、促进土地科学使用为基础、促进人居环境根本改善为目的，涵盖城乡居民点的空间布局规划；同时是各级政府统筹安排城乡发展建设空间布局，保护生态和自然环境，合理利用自然资源，维护社会公正与公平的重要依据，具有重要公共政策的属性。城乡规划是城市规划在对象和范围上的拓展，通常包括 5 个工作原则：为社会、经济、文化综合发展服务；从实际出发，因地制宜；贯彻建设节约型社会的要求，处理好人口、资源和环境的关系；贯彻建设人居环境的要求，构建环境友好型城市；贯彻城乡统筹，建设和谐社会。

《中华人民共和国城乡规划法》中所称的城乡规划，包括城镇体系规划、城市规划、镇规划、乡规划和村庄规划。城市规划、镇规划分为总体规划和详细规划。详细规划分为控制性详细规划和修建性详细规划。在规划的过程中都要按照由抽象到具体，从战略到战术的层次决策原则进行，要立足于“以人为本，全面协调可持续”的科学发展观，必须对城镇发展背景有准确的把握，并对城镇自然资源条件及人口增长现状等作出客观评价和预测，同时要立足于东中西部差别化以及多中心的城镇化发展政策，以交通为支撑，构建跨区域的城镇发展体系[22]。

1.1.2.2 发展规划

发展规划是一种战略性、前瞻性、导向性的公共管理政策，作为社会主义国家，发展规划长期以来都是国家在时间序列上对社会经济发展进行管理和安排的重要手段，具有较高的权威性。我国的发展规划主要包括国民经济和社会发展规划以及主体功能区规划。

1. 国民经济和社会发展规划

国民经济和社会发展规划是指在一定经济条件下，根据客观规律性和主观能动性对国家或区域一定时期的发展蓝图和经济社会行动意图进行统筹规划、科学决策、合理部署、综合调控、有序推进的系统工程，是国家对社会和经济发展的战略性部署，是政府调节市场经济和促进社会发展的重要手段[23]；是我国宏观规划体系中最重要的组成部分，在市场经济体制尚处于不断完善的过程中，它是政府弥补市场失灵、进行宏观调控的重要手段。

国民经济和社会发展规划按规划期限可分为长期规划(一般为 10 年或 10 年以上)、中期规划(一般为 5 年)和短期规划(又称年度计划)三类。长期规划决定中期规划的方向、任务和基本内容，是制定中期规划的依据；中期规划是衔接性规划，是长期规划的年度具体化；短期规划是中长期规划分年度的实施方案[24]。最广为群众所知的“五年规划”（“十一五”之前称为“五年计划”）是三类规划中承上启下的关键部分，其合理性很大程度上决定了三类规划的衔接是否顺畅高效，从而影响国家经济社会发展进程。从 1953 年国家编制第一个五年计划以来，“五年规划”历经六十多年的发展历程，已经成为政府调控社会经济各个方面发展最有力的手段之一。

国民经济和社会发展规划按编制内容可分为总体规划、区域规划、专项规划。国民经济和社会发展总体规划由《中华人民共和国宪法》授权，最具权威性，是国家经济、社会发展的总体纲要。总体规划以国民经济、科技进步、社会发展、以及城乡建设等各个领域为规划对象，其他的规划系列在编制过程中必须要与其衔接或者以其为依据，包含了政府在规划期内社会经济发展战略目标、主要任务以及实施重点，尤其侧重产业发展。国民经济和社会发展区域规划以长期规划和总体规划为依据，对一定地区范围内社会经济发展和建设进行总体的战略部署，这一地区可以位于同一行政区划内，也可以跨行政区划，区际规划主要解决区域间发展不平衡或者区际分工的问题。区域规划立足于区域内发展现状，考虑区域资源要素配置、技术经济构成以及发展优势和潜力，构建合理的产业和基础设施体系，优化空间结构和建设布局，创新区域发展机制，从而统筹区内和区际的协调发展，获得最佳的经济、社会、生态效益。国民经济和社会发展专项规划是针对国民经济和社会发展的重点领域和薄弱环节、关系全局的重大问题而编制的规划，是总体规划在若干主要方面、重点领域的展开、深化和具体化，涉及多部门、涵盖多领域。专项规划必须符合总体规划的总体要求，并与总体规划相衔接，同时也是政府指导该领域发展以及审批、核准重大项目，安排政府投资和财政支出预算，制定特定领域相关政策的依据。

2. 主体功能区规划

《全国主体功能区规划》于 2011 年 6 月正式颁布，虽然提出和发展历程较短，但改变了我国发展规划中长期重时间序列而轻空间布局的现状，一开始就被定性为战略性、基础性、约束性的规划。主体功能区规划是中华人民共和国成立以来首次在全国范围内实施的高精度国土空间开发规划，国务院《关于编制全国主体功能区规划的意见》明确提出：《全国主体功能区规划》是国民经济和社会发展总体规划、人口规划、区域规划、城市规划、土地利用规划、环境保护规划、生态建设规划、流域综合规划、水资源综合规划、海洋功能区规划、海域使用规划、粮食生产规划、交通规划、防灾减灾规划等一系列规划的基本依据。可以看出，主体功能区建设是我国现阶段及今后一段时间实施区域规划和空间管制的重要任务[25]，国家将围绕主体功能区规划构建以人为本、人地和谐的国土空间开发新格局和新体系。主体功能区规划不仅是提出理论支撑，更重要的是形成和整合一个空间规划的数据、资源、技术平台，主体功能区规划已经成为政府实施空间管治的重要工具和纲领性文件，将进一步促进区域间协调发展，引导更合理的生存空间建设[26, 27]。

1.1.2.3　国土资源规划

国土资源从狭义上讲是一个主权国家管辖范围内全部疆域的总称，包括领土、领海、领空，广义上则是一个国家主权疆域内所有自然、经济和社会资源的总称，是这些要素综合所形成的地域空间。

国土资源规划的概念源自日本，是一种战略性空间规划，其战略性表现为时间的长远性(15～20年)、空间的广域性和内容的综合性[28]。我国的国土资源规划系列是由不同部门主管的关于国土资源开发、利用、保护等的各类规划组合而成，包括国土规划、土地利用规划以及林地、草原、矿产资源、水资源等利用保护规划。国土规划是其中最重要的规划，土地利用规划在某种程度上是国土规划落地的实践环节。

1. 国土规划

国土规划是以国土资源以及相应的地域空间为对象，根据国家社会经济发展总的战略方向和目标，在对资源禀赋进行充分考察和科学评估的基础上，结合一定时期内社会经济发展的需要，对国土资源的开发、利用、整治、保护而进行的综合性战略部署，也是对国土重大建设活动的综合空间布局。它在地域空间内要协调好资源、经济、人口和环境四者之间的关系，做好产业结构调整及布局、城镇体系的规划和重大基础设施网的配置，把国土建设、资源的开发利用和环境的整治保护密切结合起来，达到人和自然和谐共生、社会经济可持续发展的目的。国土规划是促进国土资源保护和合理利用、解决国土开发重大战略问题、实现可持续发展的重要途径，是资源综合开发、建设总体布局、环境综合整治的指导性计划，是编制中、长期计划的重要依据，是政府优化配置国土资源、进行空间治理的重要手段。国土规划是国家最顶层的空间规划，就是要因地制宜，有效地综合开发利用不同地域的自然资源、劳动资源和经济资源，为在特定的土地上发展生产、从事各项建设、整治和保护环境、改善和丰富人民生活、提供最优条件。国土资源是有限的，如何在这有限的资源下养活尽可能多的人口是国土规划的重要课题。简言之，国土规划是一种发展手段，就是要在地域上对国民经济建设以及可持续发展进行总体部署，因此是动态的。

国土规划是对重要经济活动和资源的空间布局进行安排，要根据地区发展的历史和现实条件，明确规划区内国土资源方面限制社会经济发展的重要问题，要确定发展的方向和目标。它包含重要资源产业化的开发规模、布局等统筹安排，交通、通信、动力等基础设施的建设布局，人口配置、城镇规模和城乡一体化的协调及环境的综合治理保护等[29]。目标是为了协调建设活动同资源、环境之间的关系，以实现经济、社会和生态的综合效益[30]。同时，国土规划更强调自然规律和资源条件对国民经济发展的促进和制约作用[31]，侧重于资源的空间配置和布局，着重解决规划期内资源配置的效率和可持续发展问题，将规划的各项指标通过资源开发布局，最终分解落实到特定空间，还偏重于经济建设的空间布局与人口、资源、环境和发展(PRED)的协调[32]。总之，国土规划具有保护环境和保障发展双重属性。

2. **土地利用规划**

土地利用规划是在一定区域内，根据国家社会经济可持续发展的要求和当地自然、经济、社会条件、历史基础和现状特点等，对土地的开发、利用、治理、保护在空间上、时间上所作的总体安排和布局，也是对土地资源进行合理的组织利用和经营管理的一项综合性的技术经济措施，是国家实行土地用途管制的基础。土地利用规划是在土地利用过程中，为达到一定目的，对各类用地的结构和布局进行调整或配置的长期计划，是对一定区域未来土地利用超前性的安排。它是从全局和长远利益出发，以区域内全部土地为对象，合理调整土地利用结构和布局，以利用为中心，对土地开发、利用、整治、保护等方面做统筹安排和长远规划，其目的在于加强土地利用的宏观控制和计划管理，合理利用土地资源，促进国民经济协调发展。

我国土地利用规划体系按等级层次分为土地利用总体规划、土地利用详细规划和土地利用专项规划。土地利用总体规划是全局性的、居于最高层次，是土地利用详细规划与专项规划的依据，而详细规划和专项规划是实现总体规划的手段，是一项经常性的工作[33]。土地利用总体规划属于宏观土地利用规划，采用分级审批制度，是各级政府在其行政区域内，根据土地资源特点和社会经济发展要求，依法对今后一段时期内(通常为 15 年)土地利用的总体安排。国家、省(自治区、直辖市)和地区(省辖市)级属于政策型规划；县(市)级属于管理型规划，重在定性、定位和定量的落实；乡(镇)属于实施型规划，其内容应该达到控制性详规的要求[34]。土地利用详细规划是依据土地利用总体规划，一个区、一个村或一个企业对其内部一定时期的土地利用空间所作的具体安排和技术设计，包括其空间布局、利用分区、具体建设项目的设计，以及施工方案和搬迁计划等。土地利用专项规划是单项用地的利用规划或为解决土地的开发、利用、整治、保护中某一单项问题而进行的规划，如土地开发规划、土地整理规划、基本农田保护规划等。

1.1.2.4 生态环境规划

生态环境规划是随着生态环境问题的产生和恶化而出现的，最初是问题导向型的应激式处理方法，随着技术条件的不断改善以及社会对生态环境问题认识的加深，逐步发展为以预防生态问题、保护生态环境为主。我国的生态环境规划起步于 20 世纪 80 年代，在吸收借鉴发达国家优秀成果以及实践经验的基础上，建立了基本符合我国国情的生态环境保护规划体系，但诸如生态环境效益货币化等技术尚处于发展阶段，因此目前所进行的生态环境规划主要以生态环境投资最小或经济效益最大或满足生态环境标准为目标。

生态环境规划是生态环境决策在时间和空间上的具体安排，是规划决策者为实现一定时期内生态环境保护目标所做出的具体规定，是一种带有指令性的环境保护方案，其目的是在发展经济的同时保护生态环境，使社会经济与自然协调发展，最终实现人类的可持续发展。其实质是以可持续发展的理论为基础，遵循社会经济规律、生态规律，运用生态经济学、系统工程学、地理学以及数学模型等原理与方法，研究把握某一区域内社会-经济-自然复合生态系统在一个较长时间内的发展变化趋势，并对复合系统进行结构改善和功能强化使其中、长期发展和运行的战略部署，是一种在恢复和保持良好的生态环境、保护与合理利用各类自然资源的前提下，促进国民经济和社会健康、持续、稳定与协调发展的科学方法。

生态环境规划是制定和指导生态环境计划的重要依据，各级政府要根据生态环境规划要求，合理安排区域发展和资源开发的强度、途径，进一步实现资源的高效利用、环境有效保护、经济快速高效增长的良性循环[35]。生态环境规划具有很强的综合性和地域性，必须要根据地区生态环境的实际情况，加强区域特征的分析，因地制宜，要使得自然生态系统和人文生态系统在区域内平衡、协调发展。

我国的生态环境系列规划包括环境保护部的环境保护规划、生态功能区规划、生态示范区规划以及其他部门的专项规划，如国土资源部的地质灾害防治规划、国家林业局的水土保持、防风固沙等规划。

中国现行的城乡规划、发展规划、国土资源规划和生态环境规划 4 大类空间规划的异同点见表 1-1。

表 1-1　中国空间规划体系的对比表

<table>
<tr><th>系列</th><th colspan="3">类别</th><th>层级</th><th>主要内容</th><th>主管部门</th></tr>
<tr><td rowspan="4">城乡建设规划</td><td colspan="3">城镇村体系规划</td><td>国家、省、市、县、乡</td><td>1. 综合评价区域和城市建设和发展条件；2. 预测区域人口增长，确定城市化目标；3. 确定本地区的城市发展战略，划分城市经济区；4. 提出城镇体系的职能结构和城镇分工；5. 确定城镇体系的等级和规模结构规划；6. 确定城镇体系的空间布局；7. 统筹安排区域基础设施和社会设施；8. 确定区域保护生态环境、自然和人文景观以及历史遗产的原则和措施；9. 确定各时期重点发展的城镇，提出近期重点发展的城镇的规划建议；10. 提出规划实施的政策和措施</td><td rowspan="4">建设部门</td></tr>
<tr><td rowspan="3">城市规划</td><td colspan="2">总体规划</td><td rowspan="3">市（直辖市）、县</td><td>按城市自身建设条件和现状特点，合理制定城市经济和社会发展目标，确定城市的发展性质、规模和建设标准，安排城市用地的功能分区和各项建设的总体布局，布置城市道路和交通运输系统，选定规划定额指标，制定规划实施步骤和措施</td></tr>
<tr><td rowspan="2">详细规划</td><td>控制性详细规划</td><td>确定建设地区的土地使用性质和使用强度的控制指标、道路和工程管线控制性位置以及空间环境控制的规划要求</td></tr>
<tr><td>修建性详细规划</td><td>指导各项建筑和工程设施的设计和施工</td></tr>
</table>

续表

系列	类别			层级	主要内容	主管部门
	城镇规划	总体规划		市(直辖市)、县、乡	以发展定位、功能分区、用地布局、综合交通体系、管制分区、各类基础与公共设施等为主要内容，规划区范围、用地规模、基础与公共设施用地、水源地和水系、基本农田和绿化用地、环境保护、自然与历史文化遗产保护以及防灾减灾等应作为强制性内容	
		详细规划	控制性详细规划		以土地使用控制为重点，包括：地块用地功能和指标控制、基础与公共设施用地规模范围及控制要求、地下管线控制要求、“四线”及控制要求等	
			修建性详细规划		建设条件分析论证、用地平面布置和景观规划设计、日照分析、交通组织设计、管线规划设计、竖向规划设计、投资成本效益分析等	
	城镇专项规划			市(直辖市)、县、乡	交通、水利、电力、燃气、通信、给排水、环境卫生、绿化、消防、地下空间、人民防空、医疗、教育、文化、体育等建设的规划	多部门
	乡、村规划			乡、村	分总体规划和建设规划两个阶段，内容包括村庄(集镇)布点及其性质与规模等、生产生活服务设施和其他各项建设的用地布局与建设要求、自然历史文化遗产保护、防灾减灾等	建设部门
发展规划	国民经济和社会发展总体规划	长期规划、中期规划、短期规划		国家、省、市、县、乡	以国民经济、科技进步、社会发展、以及城乡建设等各个领域为规划对象，包含了政府在规划期内在社会经济发展中的战略目标、主要任务以及实施重点，尤其侧重产业发展	发改部门
	国民经济和社会发展区域规划			国家、省、市、县	合理配置区域内资源要素，构建合理的产业结构和基础设施体系，环境保护和生态建设，统筹区域内和区域间协调发展	
	国民经济和社会发展专项规划			国家、省、市、县、乡	针对国民经济和社会发展的重点领域和薄弱环节、关系全局的重大问题，涉及多部门、涵盖多领域	多部门
	全国主体功能区规划			国家、省	国土空间的分析评价，各类主体功能区的数量、位置和范围，各个主体功能区的功能定位、发展方向、开发时序和管制要求，差别化配套政策等	发改部门
国土资源规划	国土规划			国家、省	在地域空间内协调好资源、经济、人口和环境四者之间的关系，做好产业结构调整和布局、城镇体系的规划和重大基础设施网的配置，把国土建设和资源的开发利用和环境的整治保护密切结合起来，具有保护环境和保障发展双重属性	国土部门
	土地利用规划	土地利用总体规划		国家、省、市、县、乡	根据国家和社会经济可持续发展要求和当地土地开发条件，对今后一段时间的土地利用进行总体安排，将土地资源在各产业部门之间进行合理配置	
		土地利用详细规划		市、县、乡	一个区、一个村或一个企业对其内部一定时期的土地利用空间所作的具体安排和技术设计，包括其空间布局、利用分区、具体建设项目的设计，以及施工方案和搬迁计划等	
		土地利用专项规划		国家、省、市、县、乡	单项用地的利用规划或为解决土地的开发、利用、整治、保护中某一单项问题而进行的规划，如土地开发规划、土地整理规划、基本农田保护规划等	
	草原、矿产、水资源等利用保护规划			国家、省、市、县	针对各具体领域，进行利用规模、工程规划实施和审批、使用资格审批等	多部门

续表

系列	类别	层级	主要内容	主管部门
生态环境规划	环境保护规划	国家、省、市、县、乡	以污染防治为重点内容，包括大气、水体、固体废物、噪声、土壤等污染防治	环保部门
	生态功能区规划	国家、省、市、县	明确区域生态系统类型结构以及空间分布规律，确定区域生态环境敏感性分布点，将区域划分成不同生态功能区，明确各生态功能区功能定位、保护目标、建设与发展方向等	
	生态示范区规划	省、市、县、乡、村	包括“生态省-生态市-生态县-生态乡镇(原环境优美乡镇)-生态村-生态工业区”示范建设规划，内容主要是、基本情况与趋势分析、建设目标与指标、生态功能区划、生态产业、资源与生态环境、建设重点项目等	
	其他部门专项规划	国家、省、市、县(乡)	如国土部地质灾害防治规划和矿山环境保护规划，林业部的水土保持规划、防沙治沙规划、湿地保护规划	多部门

注：部分资料来源于参考文献[20]。

1.2　国内外研究进展

1.2.1　国外研究进展

空间规划的基本含义都是从自然、经济、社会和文化等综合条件出发，为了形成更合理的空间组织和相互关系、取得综合效益而对未来各种空间活动做出合理安排[18]。由于空间规划受地域、历史、文化、政体及政权组织形式等因素影响很大，因此各国对空间规划的定义都不同，并形成了各自的空间规划体系特点[10]。

国际上空间规划体系主要有三种类型：以美国为代表的自由型、以日本为代表的网络型及以德国为代表的垂直型(金字塔型)。此外，英国和欧盟的空间规划也具有一定的代表性。

1.2.1.1 美国空间规划体系及其经验

美国没有全国性的统一空间规划体系，规划的权利属于地方，因此各州的规划体系也有所不同。大部分的州以下政府通常分市政府、县政府、镇及村政府。与此相对应，具有代表性的是区域规划(跨州/跨市)、州综合规划或土地利用规划、市总体规划、县综合规划、镇和村规划。从土地利用规划情况看，全国只有四分之一的州制定全域用地规划和政策，有的把规划发展目标作为本州的法令通过，强制要求地方政府在各自的总体规划中贯彻体现；有的通过一系列的公众参与以及听证程序，由土地保护和开发委员会编制并出台一套州规划目标，包括程序目标、开发目标、保护目标以及海岸目标，并要求各区域和地方落实；有的要求各地方政府先制定发展规划，全州的总体规划综合所有地方规划而形成，采取自下而上汇总的方式。总体上美国的空间规划具有多样性和自由型的特点。

1.2.1.2　日本空间规划体系及其经验

日本由于人口密集、自然资源有限，因此为了合理利用国土资源、保护生态环境，构建科学的空间规划体系显得尤为重要。作为中央集权的国家，日本实行分工明确、职责分明、高度统一的规划管理体制，具有高强度的指令性和强烈的干预性，其规划体系既注重了作为规划主体的公众的参与性，又体现了规划管理法律法规的权威性[36]。与行政组织形式对应，日本的空间规划体系分为国家、区域、都道府县和市町村四级[37]，具有国土空间规划、土地利用规划和城市规划“三规”并存的特点，规划类型较多，总体表现为网络型。

日本的国土空间规划和土地利用规划由同一部门编制，各有重点、相互协调。根据国土空间规划划定的城市区域划定城市规划区，并在城市规划区内编制城市规划，城市规划包括土地使用规划、公共设施规划、城市开发计划等类型，而土地使用规划则分为地域划分、区划和街区规划三层次[38,39]。同时，日本也确立了与空间规划体系相配套的法规体系，国土规划遵从《国土综合开发法》，国土利用规划遵从《国土利用规划法》，《城市规划法》适合城市区域，而在农业、森林、公园、自然保护区等区域也均有其相应的配套法规。

日本的空间规划体系架构清晰，一方面，国土规划和城市规划的功能明确，国土规划是对国土空间的开发与控制，是一种融合经济、公共投资、土地使用等的宏观规划。而城市规划则是配合国土规划来引导地方和管理城市区域的建设发展，两者相辅相成；另一方面，中央和地方的权责界线十分清楚，中央对地方规划进行管控和干预，而地方则在中央的引导和管理下进行地区规划，不存在越权行为；此外，日本的空间规划体系具有完备的法律体系，各层级的规划都有其相应的法律法规，明确各部门的职责，保证各级规划的顺利进行。

1.2.1.3 德国空间规划体系及其经验

德国是空间规划起步最早的国家，也是空间规划体系最完备的国家之一。德国是一个联邦制国家，其《宪法》规定空间规划是联邦政府和州政府共同管理的领域。其空间规划分为空间总体规划和专业部门规划两部分，空间总体规划根据权限不同可分为战略控制性规划(国家、州规划层面)和建筑指导性规划(地方级)两大类。前者用以保障各个空间功能分区的综合发展，后者则用以准备和制定土地综合利用规划及相关的详细规划[40]。

德国的空间总体规划体系基本与其行政结构体系相对应，主要包括联邦规划、州规划和地方规划三个层级，在这三级主体规划之上有欧盟所制定的欧洲一级规划。联邦层面的规划即国家规划，主要构建空间布局政策的方向框架和措施框架，这两个框架对德国空间发展做出方向性指导，属于战略规划。州层面的规划包括州域规划和区域规划两个层级，各州不仅能制定自己的空间规划，还能制定与之相应的空间规划法律。虽然联邦对州层面的规划无直接管辖权，但州层面的规划必须在联邦规划的指导框架下进行，主要是根据各州实际情况对联邦规划的细化和具体化。区域规划是超越一个中心城镇但未覆盖全州地域范围的空间规划，是介于州层面和市镇之间的规划层次。地方规划即市镇层面规划，德国空间规划的最高法律《空间规划法》对其并不具备直接的法律效力，主要是根据实际情况，采取措施将联邦规划和州规划的发展目标实现可操作化，包括两个部分：预备性土地利用规划和建设规划，预备性土地利用规划根据城市发展的战略目标和各种土地需求，通过调研预测，确定土地利用类型、规模以及市政公共设施的规划，为土地资源的利用提供了基本意见。建设规划与我国城市规划中控制性详细规划类似，主要是采用一系列法定指标加以规范。

在德国空间规划体系中，专业部门规划(如交通规划、生态保护规划、水资源利用规划)贯穿始终，不同层面的空间总体规划总有不同层次的专业部门规划与其协调配合，二者共同构成了德国自上而下的空间规划体系。空间总体规划和专业部门规划均属于德国的法定规划，也叫作正式规划，除此之外，针对有特殊问题压力的地区或者特殊的地区，以问题为导向，以有限、有侧重点的规划空间为对象，还有相应的非正式规划。与正式规划相比，非正式规划不管是在规划程序还是规划参与者方面都更加灵活开放，解决一些实际问题也更加行之有效。

德国的空间规划的法律体系完善，从宏观的控制性规划，经过中观的建筑指导性规划，到微观的建筑施工规划，每个层次的规划都有相应的法律法规给予强有力的支撑，从上到下形成一个完整的法律体系，以法律的强制性和约束性来保证各层级规划有法可依。此外，德国的空间规划还注重公众参与和生态环境的保护以及可持续发展。在制定空间规划目标和制定空间规划计划时须有公共部门和公众的参与，公民可以在一定期限内查看用于规划的资料并对这些资料发表意见，且区域协会的组织形式、制度和选举方法也都通过公民选举产生，充分尊重公民的意愿。

1.2.1.4　英国空间规划体系及其经验

英国是传统的中央集权国家，是现代城市和城市规划的发源地，发达国家空间规划的兴起以英国最早。自 1909 年颁布第一部关于城乡规划的法律——《住房及城市规划诸法》以来，英国就一直实行城乡融合的空间规划体系，形成的是自上而下的三级规划体系：以全国发展规划、区域发展战略和区域规划构成的国家级的规划，以结构规划为主的郡级规划，以地方规划为主的地区规划。上下级之间的衔接主要通过政策的细化和落实而实现：国家级规划反映政府的综合政策倾向；中间的区域级和郡级规划一方面要落实和细化上级规划的政策要求，另一方面还要考虑区域内部规划之间的协调，且同时对下级规划的制定提出政策引导；地方规划则注重规划的可实施性。同时，配合空间规划也形成了一套完整的规划审批、听证等规章制度。

英国制定空间规划体系遵循的三大基本理念是：以可持续发展的原则，提供住宅和建筑，促进投资和创造更多的就业机会；在追求保护环境和地方特色的同时，积极促进地方竞争；促进可持续发展，强化中心市区的功能[9]。

1.2.1.5　欧盟空间规划体系及其经验

欧盟空间规划是世界上最早的跨国家空间规划。20 世纪 80 年代后期以来，随着全球化的加剧和欧洲区域化的发展，欧盟内部成员国城市和区域之间表现出更多的依赖和竞争，90 年代欧盟范围东扩，进一步造成内部区域间发展不平衡[41]。

针对欧盟内部存在的经济严重不平衡，以及自然文化遗产正受到经济现代化和社会现代化威胁的问题，1999 年欧盟空间规划部长级非正式会议通过了欧洲空间发展展望(European Spatial Development Perspective，ESDP)，以寻求欧盟地域范围内的平衡和可持续发展[42]。ESDP 并不是凌驾于各成员国规划之上的欧洲总体规划，并不具有法律约束力，而是一个指导性文件，为各成员国提供政策框架。它不是新增加一个规划，而是对现有规划的补充和完善[43]。ESDP 阐述的各国空间发展规划应遵循的原则及政策选择包括：发展多中心与均衡的城市体系，建立新型城乡关系；平等地获得基础设施和知识，提高交通、通信基础设施可达性及知识可获得性机会；以明智管理手段开发和保护自然与文化遗产。ESDP 同时指出，区域必须保持发展、平衡和保护三者的协调，各地方应根据自身情况确定这些目标各自应得到的重视程度以及协调彼此关系。ESDP 提倡在共同体、跨国/国家、区域/地方三个层面展开空间合作，并且从欧盟的视角看，跨国合作最为重要。

在起草 ESDP 的过程中，研究提出了区分欧洲区域构成的评价标准 NUTS(Nomenclature of Territorial Units for Statistics)。NUTS 是欧盟空间规划中区域社会经济状况分析和区域政策制定的基础，是欧盟空间规划的基本地域单元。“NUTS”有等级之分，共分为 3 级。通常一级“NUTS level 1”将各个成员国全部覆盖；然后，在一级“NUTS level 1”上分出二级“NUTS level 2”，二级再分第三级“NUTS level 3”。并尽量做到每级“NUTS”的划分依据具有与行政管理区可比的原则。NUTS 的划分标准有很多种，通常以行政管理区域范围和人口规模为基本依据，参考不同的地域功能划分。

欧洲空间规划研究项目(SPESP)是针对 ESDP 迫切需要提高政策制定依据的科学性而获得立项的，其目的在于对欧洲区域构成的评价标准进行细化。SPESP 的主要任务是进一步完善城乡合作概念、将 ESDP 提出的空间区分标准概念化和指标化、为空间政策的图形化阐释提供方案、组织所有成员国共同参与，形成网络化工作组。

1.2.2 国内研究进展

1.2.2.1 国内研究概况

我国的城市空间规划思想起源较早，春秋战国时期的《周礼·考工记》就记述了关于周代王城建设的空间布局，这是中国古代城市空间规划最早形成的时代[44]。但在近现代运行体制下，我国空间规划起步较晚，对于空间规划概念也没有明确阐述，空间规划体系也尚处于完善过程中。空间规划制度的发展历程主要围绕两条主线：一是空间规划编制审批制度和实施管理制度的具体演化和转变，二是空间规划工作指导思想、观念和认识上的转变过程[45]，前者是后者的物质反映。在我国计划经济时期，发展系列规划尤其是五年计划是我国规划体系中最重要的组成部分，其他的专项规划多以此为依据并为之服务。改革开放以后到“十一五”之前，社会主义市场经济体系的建立和一系列分权化改革的实验，逐步培养了多元化的市场主体[46]，规划类别也逐渐丰富和细化，地方政府逐渐成为地方发展战略、政策和规划的实际制定者和实施者。除发展系列规划以外，我国最早实施的是区域规划和城市规划，二者均是“一五”期间从苏联引进的，是在项目布局和联合选厂的基础上发展而来；而后在 1981 年由中共中央书记处作出了关于“搞好我国的国土整治”的决定[47]，自此国家国土规划研究体系逐步建立并发展；在进行经济发展，关注国土规划、城市规划的同时，面对生态环境问题日益严重的局面，国家于 1982 年成立环境保护局，1988 年从当时的城乡建设环境保护部独立，1998 年升级为国家环境保护总局，同年国务院颁布《关于印发全国生态环境建设规划的通知》，标志着我国生态环境系列规划的正式建立。

我国的规划体系从无到有、逐步发展，经过长期调整，已经基本形成符合我国国情和具有中国特色的空间规划体系。从横向上看，现已形成了由国务院及国家发展改革委主导的国民经济和社会发展系列规划，包括“区域规划”“主体功能区规划”等；国土资源部主导的“国土规划”“土地利用总体规划”；住房和城乡建设部主导的“城乡规划”；环境保护部主导的生态环境保护系列规划以及相对独立的基础设施建设规划。从纵向上看，我国的空间规划体系可分为国家级、省(直辖市、自治区)级、市县级、乡镇级。从规划层次上，可分为战略规划、区域规划、总体规划、详细规划、专项规划、项目规划等。原本由国民经济和社会发展规划所统领的综合性规划，已逐渐转变为以国民经济和社会发展规划作为战略统领，以主体功能区规划为基础，以国土规划、城乡规划、环境保护规划、海洋区划和其他各专项规划为支撑，各级各类规划定位清晰、功能互补、统一衔接的国家规划体系[48]。

如今，国家规划体系逐步完善，而众多规划的统筹、衔接将是当前和今后相当一段时间所要面临的重要任务。有学者从各个规划之间的定位和关系出发，研究如何实现各规划间的协调。比如林坚等认为各规划及部门应在共同责任下协作配合，加强层级衔接，重视土地权益，走向规划协同[49]；樊笑英和刘建芬则认为国土规划应置于我国空间规划体系的上位，并为城乡一体化提供指导[50，51]；牛慧恩认为国土规划、区域规划、城市规划三者之间应该建立一种从高到低的规划衔接关系，同时强调三者在规划内容上侧重各有不同，并且下层次规划应该符合并落实上层次规划的要求[52]。也有学者认为我们应该学习和借鉴发达国家在建立空间规划体系上的先进经验。比如蔡玉梅对众多发达国家空间规划的类型、进展及其运行体制进行了研究，总结出对我国空间规划的一些启示[53-55，18]；德国作为世界上空间规划体系最严谨的国家，也是国内学者研究和学习的热点[40，56-58]；刘慧、陈志敏、张书海等则分别对欧盟、英国以及荷兰的空间规划及其对我国的启示做了阐释[41，59，60]。

此外，由于我国空间规划体系过于庞杂，存在部门和层级间协调不畅、法制化和规范化建设落后、各类规划存在严重的重叠[20，61]等问题，因此对我国空间规划体系的问题研究并提出相应建议也是国内学者研究的热点。

1.2.2.2　“多规合一”和市县空间规划

我国空间规划体系庞杂，各类规划之间相互重叠且矛盾众多，尤其是市县规划层面所涉及的空间尺度较国家级和省级大幅减小，不仅各类规划之间自成体系、目标不一、内容冲突，各规划审批部门间也是“你争我夺、互不相让”。“多规合一”的概念就是为解决这些问题而提出，尤其是在市县空间层面上，“多规合一”是解决空间规划体系现存问题的有效方式。同时“多规合一”的发展不是一蹴而就的，而是经历了一个从“两”到“多”的发展过程，尽管目前我国“多规合一”仍有待摸索和发展，但不管是理论、制度还是技术方面都已取得了一定的成就。

“两规合一”是“多规合一”的萌芽，指对各类规划(国民经济与社会发展规划、主体功能区规划、土地利用总体规划、城市总体规划、生态保护规划等)每两项规划之间进行的协调规划。目前我国各市县已经开展的“两规合一”实践工作，以上海、深圳、武汉为代表，主要是指以“国民经济与社会发展规划”为发展目标，以“城市总体规划”和“土地利用规划”合一作为空间规划的主体，并行引导城市空间的可持续发展。在“两规合一”方案编制过程中，重点把握确定建设用地规模、优化布局、保证流量三个环节，最后取得以下成果：统一的数据底板和信息平台、“三条控制线”管控方案和相关配套政策及其实施机制。

“三规合一”是“多规合一”发展过程中的重要阶段，为后期的“多规合一”奠定了较全面的基础。“三规合一”并非指只有一个规划，而是指只有一个城市(或地域)空间，在规划安排上互相统一，同时加强规划编制体系、规划标准体系、规划协调机制等方面的制度建设，强化规划的实施和管理，使规划真正成为建设和管理的依据和龙头。“三规合一”主要是将国民经济和社会发展规划、城市总体规划、土地利用规划中涉及的相同内容统一起来，各规划的其他内容按相关专业要求各自补充完成。广东省河源市是最先探索“三规合一”的试点城市，以“三统一、二协调、一平台”为技术目标。“三统一”指统一数据与年限、统一目标、统一标准，即建立包括共同的经济、人口、土地利用、各类资源等在内的全方位的基础数据资料库，建立共同遵守的城市发展目标、发展地位、空间发展战略，建立涵盖城乡、内涵统一的用地分类与建设标准。“两协调”指协调土地利用和协调空间管制，“一平台”指搭建三规信息统一平台，建立“一图多规划”的空间信息基础平台。

“四规合一”和“五规合一”是“三规合一”到“多规合一”的过渡阶段。“四规合一”主要指国民经济与社会发展规划、主体功能区规划、土地利用总体规划和城市总体规划之间的协调规划，具体指哪几个规划之间的协调规划应视具体地区和情况而定。“五规合一”旨在推动国民经济与社会发展规划、产业发展规划、城市总体规划、土地利用总体规划以及人口与环境保护规划在时间和空间上的协调、融合，整合规划资源，促进空间协调、项目落地、调控统一。“五规合一”以重庆市沙坪坝区为试点，以发展规划为指导、空间规划为载体，统一规划编制的技术要求，增强各规划之间的协调性。

“多规合一”基本延续了“三规合一”的概念，同样也并不是要将所有的规划揉和而制定为一个规划，而是要将国民经济和社会发展规划、城乡规划、土地利用规划、生态环境保护规划等多个规划融合到一个区域上，实现一个市县一本规划、一张蓝图，解决现有各类规划自成体系、内容冲突、缺乏衔接等问题。进一步讲，“多规合一”是指在一级政府一级事权下，强化国民经济和社会发展规划、城乡规划、土地利用规划、环境保护、文物保护、林地与耕地保护、综合交通、水资源、文化与生态旅游资源、社会事业规划等各类规划的衔接，确保“多规”确定的保护性空间、开发边界、城市规模等重要空间参数一致，并在统一的空间信息平台上建立控制线体系，从而实现优化空间布局、有效配置土地资源、提高政府空间管控水平和治理能力的目标。

市县层面的空间规划改革是我国解决目前空间规划体系众多问题中的关键一环，而“多规合一”是市县空间规划改革的重要内容。国家发改委、国土部、环保部和住建部四部委 2014 年联合下发《关于开展市县“多规合一”试点工作的通知》，提出在全国 28 个市县开展“多规合一”试点，要求提出可复制、可推广的“多规合一”试点方案，形成一个市县一本规划、一张蓝图。目前一些试点城市在探索过程中推出“1+3+X”的规划模式，即把国民经济与社会发展规划作为“1”，围绕发展规划来编制土地利用规划、城乡发展规划、生态环境规划及其他相关规划；也有一些市县以主体功能规划为“1”，在此基础上再平行编制“X”规划[62]。但在“多规合一”中以谁为主导是一个问题，以哪个规划为主导就意味着相应的部门具有更大的审批和话语权，因此“多规合一”不仅是一个技术问题，还关系着各部门之间权力的分配和利益的角逐，同时“多规合一”目前也缺乏完备的法律规范体系，这些问题也使得“多规合一”不可能轻易实现。

各试点市县空间规划体系的改革大致包括 4 个模式：①机构改革模式。以上海市为例，将国土、规划两部门合并，采用“两规”并行、管理和编制机构双元整合等多种形式，突出行政部门的规划管理改革，从根本上解决土地的刚性要求，实现建设区用地性质的完全统一。②机制创新模式。以广州市为例，创新协调机制，充分发挥规划委员会的重要作用。③城乡统筹模式。以重庆市为例，统筹全域规划，破除城乡二元结构。④项目实施模式。以北京市为例，以重点区域、重大项目和核心保护区域为协调对象，保证重大项目的实施落地[63]。

总的来说，目前我国市县层面的“多规合一”探索已经取得了一定的成绩，提供了丰富的案例，未来我们应该通过实践经验的总结和国外优秀经验的借鉴，建立起高效的、合理的、合法的空间规划体系，实现国家规划体系和空间治理能力的现代化。

通过梳理国内外研究概况，可以发现现阶段各试点市县“多规合一”规划编制的核心包括：①建立规范的法律体系和组织机制。目前，缺乏规范的法律体系保障及部门间的相互不协调和掣肘是阻碍“多规合一”推进的两大难点，因此首先建立确保“多规合一”合法地位的法律体系是推进“多规合一”的基础，顺畅合理的部门协调机制则是关键的推进器。②确定合理的总体发展目标和规划期限。因地制宜，根据当地实际情况确定其发展目标是以经济发展为主还是生态保护功能为先。同时，规划时限应以中长期为主，确定可长期实施的目标和规划。③建立统一的技术平台，尤其是“3S”技术的整合，统一技术标准、管理平台和数据格式。④“一个空间，一张图”。确定统一的空间边界，各规划在“一张图”上进行，协调各部门之间的“事权”，避免规划间的空间衔接不畅。

“多规合一”的改革取向是重构国土空间规划体系[64]。本书的理论篇是在梳理国内外空间规划体系及其经验的基础上，就市县空间体系重构研究涉及的理论基础、空间性规划整合协调及其重点、空间规划体系重构、空间开发适宜性评价与空间功能分区做具体介绍。本书的应用篇，与广大读者分享在市县空间体系重构研究的关键技术与方法。专题一——内江市空间规划重构：空间开发适宜性评价与空间功能分区。主要介绍市县空间规划重构的关键核心内容，将市县空间上位规划的理念以及国土空间功能划分的相关理论应用于实践，科学展示内江市空间开发适宜性评价与空间功能分区的系统研究，为市县空间功能分区提供了翔实可操作的方法、技术。专题二：绵竹市空间规划重构：空间规划整合协调。绵竹市作为全国 28 个“多规合一”试点市县之一，积极探索建立“多规合一”规划信息平台，应用地理信息、云计算、大数据等技术，整合各类规划数据和基础地理信息数据形成“多规一张图”。作为市县空间规划重构的关键核心内容，该项成果为实现多规融合、多规衔接、空间管控、协同审批提供支撑。

第2章 理论基础

市县空间规划是协助政府实现区域空间协调发展的重要管理手段之一，空间规划体系重构研究是近年我国规划管理部门和学者关注的重点，对实现科学发展具有重要意义。市县空间规划的“市”主要是指地级市，“县”包括县级市、区、旗、县等县级行政空间单元。研究市县空间规划体系重构要从系统思想出发，将空间规划扩展为区域内全部有关社会经济发展的各项规划，将空间规划体系扩展为由规划内容体系、法律体系、运作管理体系以及相关的各种要素相辅相成构成的整体。可持续发展理论、人地关系理论是促进人与自然协调共生，推动整个经济社会发展的重要理论，是市县空间规划重构的理论宗旨；市县作为具体类型区，具有显著的自然地域分异规律，社会经济发展水平、生态系统特征以及人类活动也表现出空间分异特征，这种区域空间结构的分异性是开展空间规划体系重构的重要依据和指导。由此可见，自然地域分异理论是空间规划体系重构评估的认识基础；地域功能及规划理论是空间规划体系重构评估的理论指导；协作规划理论和公共策略理论是实现市县空间规划重构的重要手段和方法。“多规合一”规划信息平台是促进实现多规融合、多规衔接、空间管控的重要技术支撑，空间数据及其相关理论是其重要的理论基础。科学合理的理论基础是确保市县空间规划体系重构准确评价的关键。这里就空间规划体系重构涉及的理论基础做具体介绍。

2.1 可持续发展理论

可持续发展理论(sustainable development theory)是指既满足当代人的需要，又不对后代人满足其需要的能力构成危害的发展。1972 年，Dennis Meadows 在《增长的极限》(*The Limits to Growth*)一书中首次提出可持续发展的基本纲领，并提出保证经济持续发展的前提是必须考虑发展对自然资源的最终依赖性。1980 年，IUCN、UNEP、WWF 在《保护地球——可持续生存战略》中，提出的可持续发展定义：在生存不超出生态系统承载能力的情况下，提高人类的生活质量，强调可持续发展的最终落脚点是人类社会，即改善人类的生活质量。1987 年挪威前首相 Bruntland 在世界环境与发展委员会大会上对可持续发展给出明晰的定义：“可持续发展是既能满足当代人的发展需要，又不对后代人发展需要构成危害的发展。”[65]这也成为大众所接受的可持续发展的定义。

可持续发展理论提出的直接目的是解决生态恶化的困境，寻求克服传统发展方式对自然生态和环境的负面影响的有效途径，所要解决的核心矛盾是人与自然的对立问题。透过理论我们可以看出，它谋求的是经济发展与人、资源、环境协调，以期推动社会的全面进步，它强调环境与经济的协调，人与自然的和谐，其核心思想是健康的经济发展应建立在生态持续能力、社会公正和人民积极参与自身发展决策的基础上。它所追求的目标是既要使人类的各种需求得到满足，个人得到充分发展，又要保护生态环境，不对后代人的生存和发展构成危害。强调把环境保护作为发展进程的一个重要组成部分，作为衡量发展质量、发展水平和发展程度的客观标准之一。可持续发展概念体现了公平性、持续性和共同性三大原则，其中持续性原则的核心就是人类的经济社会活动不能超越资源与环境的承载能力。

可持续发展理论是市县空间规划体系重构的指导思想，具体而言，就是要在空间规划重构与发展过程中，实现环境资源永续利用、自然生态良性循环、社会经济持续发展，区内与区际、代内与代际相对公平的目标。

2.2 人-地关系理论

人地系统是在地球表层上人类活动与地理环境相互作用形成的开放复杂的巨系统[66]。人地关系具有多层次性、区域性、开放性、动态性和耗散性、相互作用的多样性、多要素、非线性和多维性，这些特性对人地关系的研究提出了更高的要求。过去在人地关系研究中强调因果关系；现在侧重于函数关系，用数学模型探索位置、距离、范围、密度、演替等人地空间要素在函数上的关系。

吴传钧院士中指出："任何区域开发、区域规划和区域管理都必须以改善区域人地相互作用结构、开发人地相互作用潜力和加快人地相互作用在人地关系地域系统中的良性循环为目标，为有效进行区域开发与区域管理提供理论依据。"[67]要协调人地关系，首先要谋求人和地两个系统各组成要素之间在结构和功能联系上保持相对平衡，保证地理环境对人类活动的可容忍度，使人与地能够持续共存[68]。

2.3 自然地域分异理论

自然地域分异是指自然地理环境各组分及其相互作用形成的自然综合体之间的相互分化，及由此而产生的差异，是地理学的基本理论之一。黄秉维院士认为"地理学以研究世界事物所组成之复杂体之区域的差异为目的"[69]。一般认为，自然地域分异规律包括地带性规律、非地带性规律及地方性规律等方面。对于地震灾区来说，由于区域相对较小，自然地域分异主要体现的是地方性差异，因此分异规律更不明显，这也增加了资源环境承载力问题的复杂性和难度。自然地域分异研究强调综合观点，因为任何一个地域都是一个复杂的自然综合体，其形成都包括地带性因素和非地带性因素，外生因素和内生因素，现代因素和历史因素。不同等级的地域分异，是不同等级的综合分析与主导分异因素的结合。

自然地域分异规律的研究具有重大的理论和实践意义，它代表人类由特殊到一般的认识过程，其研究成果又会反过来指导人类对地理环境的认识、利用和改造。郑度院士认为"地理研究的区域性要求把握区域要素的相互作用规律，要在揭示地域分异规律的同时，探讨区际之间的联系，为区域开发、区域协作和交流提供科学依据"。

市县空间规划体系重构评估的前提就是重视自然地域分异规律，强调资源环境本底的差异性，科学计算不同区域人口产业承载能力，推动不同功能区的形成，而功能区实质上又是自然地域分异在人文尺度上的体现和应用。

2.4 地域功能及规划理论

由于地理学研究的区域是一种全息区域[70]，它不局限于区域的自然、经济、文化等单一方面，更为重要的是研究其在区域内的联系及相互作用关系。地理学探讨的地域分工不是一种纯粹的自然分异，也不应该是一种纯粹的经济地域分工或纯粹社会、文化地域分工，而应该充分考虑区域自然、经济、社会文化的关联关系，在人地关系基础之上的全息地域分工[71]。地域分工的实质就是地域功能划分，它是指一定地域，在自然资源和生态环境系统中、在人类生产活动和生活活动中所履行的职能[72]。地域功能具有主观认知性、功能构成多样性、地域间相关作用性、时空尺度变异性等基本属性。由此引申出“地域功能区”的概念，即承载一定功能的地域，其强调区域的功能定位和区域间的联系，目前功能区合理组织被认为是实现区域有序发展的重要途径。

国家“十一五”规划根据资源环境承载能力、现有开发密度和发展潜力，统筹考虑未来我国人口分布、经济布局、国土利用和城镇化格局，将国土空间划分为优化开发、重点开发、限制开发和禁止开发四类主体功能区，按照主体功能定位调整完善区域政策和绩效评价，规范空间开发秩序，形成合理的空间开发结构[73]。

2.5 协作式规划理论

协作式规划(collaborative planning)源于 1981 年 Habermas 提出的“具有畅谈性的合理性”。20 世纪 90 年代以来，欧美越来越多规划师提倡协作式规划。英国的 Patsy Healey 是支持该理论的主要代表人物，他认为城市物质环境、空间规划往往受制于特定的政府管治或政策环境，规划对社会、经济、环境和政治之间的协调关系研究甚少，规划实施过程中并没有尊重政府部门内外不同产权所有者的利益，而采用协作式规划方式就能在市场经济中多变、多元投资环境下协调这些矛盾[74]。

我国的市县空间规划作为政府管理城市发展建设的公共政策，长期以来一直是“自上而下”的模式，是政府为城市制订的某一阶段内的发展目标，如城市规模、性质、功能、空间布局、基础设施和公共设施等。规划主要是以蓝图式的目标管理为主，如城市总体规划，是城市发展建设的总体蓝图；控制性详细规划则直接指导城市建设，规划要求和规划指标落实到每一个单位和地块，其作用是保证公共利益实现和维护公平权益。但是，规划实施却是依靠一个个分散的项目来实现的。总体规划、控制性详细规划是“自上而下”的，但建设项目是“自下而上”的，两者在对接时常常出现错配、错位，导致应该同期实现的，没有同期实现；应该配置的设施，没有配置。为有效解决规划“蓝图很美但实施不到位”问题，需要在实施规划的过程中通过开展协作规划管理的方式，加强多方参与和沟通合作，促进规划和实施环节的衔接，为规划实施创造条件[75]。

2.6 公共策略理论

协作规划理论是既倡导规划、联络规划、辩论式规划后，由英国学者提出，用来要求不同产权所有者采用辩论、分析、评定的方法，通过合作而不是竞争来达成共同的目标。其协作主体包括私人部门、公共部门、专业机构与公众群体等。虽然有学者置疑协作规划过于注重协作的过程(程序)，忽视了规划结果(待解决的实质问题)，但不可否认，这一理论为打破行政区界、化解部门隔阂、统一规划协调发展提供了可贵的思路[76]。

公共政策是公共权力机关经由政治过程所选择和制定的为解决公共问题、达成公共目标、以实现公共利益的方案，其作用是规范和指导有关机构、团体或个人的行动，其表达形式包括法律法规、行政规定或命令、国家领导人口头或书面的指示、政府规划等。

公共政策作为对社会利益的权威性分配，集中反映了社会利益，从而决定了公共政策必须反映大多数人的利益才能使其具有合法性。因而，许多学者都将公共政策的目标导向定位于公共利益的实现，认为公共利益是公共政策的价值取向和逻辑起点，是公共政策的本质与归属、出发点和最终目的。对于公共政策应该与公共利益还是私人利益保持一致这个问题，绝大多数人将选择公共利益。所谓公共政策的功能，就是指公共政策在社会公共事务管理中的功效与作用[77-82]。

对于市县空间规划体系重构评价而言，公共策略理论可以作为落实规划方法，提高规划重构效率的理论指导，也对分配社会资源、规范社会行为、解决社会问题、促进社会发展等起到积极作用。

2.7 空间数据及其相关理论

GIS(geography information system)是管理和分析空间数据的科学技术，是集地理学、计算机科学、测绘学、空间科学、信息科学和管理科学等学科为一体的新兴边缘学科，因此它的发展和应用具有多学科交叉的显著特征[83]。GIS 研究和解决的是空间问题，空间数据是 GIS 的核心概念。空间数据是地球表层所有涉及地理位置的事物或现象的数字表达，数字化和这些数字为所有地理事物输入计算机提供了可能性。

空间数据融合理论是研究如何将不同来源、不同尺度、不同格式、不同时态和不同精度的数据进行集成和融合，以便充分利用多源数据的有用信息，减少数据采集的高额开销，提高数据的复用度和共享度。数据融合需要研究不同空间数据的转换，包括比例尺缩放、图形平移和旋转等，特别是与地图投影变换关系最为密切。GIS 不但继承了测绘学及其分支科学的有关理论，例如误差理论、地图投影理论、图形理论及其相关的算法等，而且大大拓展了传统的空间数据变换算法，提出了基于 GIS 的数据集成技术框架和方法以及基于语义层次的数据转换共享模型。这种模型的转换特点是既有数据结构的转换，又有语义数据的操作和转换，提供了崭新的数据互操作模式，其最终目的是使数据客户能读取任意数据服务器提供的空间数据，实现数据的共享。20 世纪 60 年代初诞生的 GIS 空间数据概念，从最初关于地理要素的位置、形状及要素间关系等信息的载体，已经发展到空间元数据、空间数据库、空间数据基础设施、空间数据转换标准、空间参照、空间联接、空间建模、空间分析、空间查询、空间统计等，其内涵和功能已得到极大地提升 [84]。

对于“多规合一”规划信息平台建设而言，空间数据及其相关理论可以为其提供理论指导和技术支撑。

第3章 空间性规划整合协调

空间规划是经济、社会、文化、生态等政策的地理表达，是政府管理空间资源、保护生态环境、合理利用土地、改善民生质量、平衡地区发展的重要手段[85]，是市场条件下区域规划的核心内容[86]。国家对空间规划工作高度重视，党的十八届三中全会明确提出完善空间规划体系的要求，2015年中央城市工作会议更明确提出以主体功能区规划为基础统筹各类空间规划，推进“多规合一”。为此，国家相关部委先后选择部分省、市、县进行空间规划改革试点。近年来，空间规划也是学术界研究的一个热点，在空间规划体系建立和完善、“多规合一”等方面做了大量的研究工作[87-90]，但由于长期条块分割式的部门规划，“多规合一”落在实处仍有相当难度，弄清楚其中存在的一些问题，对有效地推进“多规合一”十分必要。

3.1 我国市县空间规划的现状与面临的主要问题

空间规划种类繁杂、内容交叉、规划类别间协调性差[87]，国民经济与社会发展规划、城乡规划、土地利用规划和生态环境规划以及其他各类基础规划之间存在许多不一致、不协调的现象，严重影响了管理水平和行政效率。为此，2014年中央新型城镇化工作会议上提出：“积极推进市、县规划体制改革，探索能够实现‘多规合一’的方式方法，实现一个市县一本规划、一张蓝图。”在此背景下，有必要厘清空间规划体系现状以及存在的一些问题，以促进空间规划体系的协调发展。

3.1.1 市县空间规划的现状

我国空间规划体系从无到有逐步形成，经历了较长时间的调整和完善过程。目前我国由政府出台的规划类型有80余种，其中法定规划就有20余种，主要包括城乡建设规划、发展规划、国土资源规划和生态环境规划等4大类[87]。在这4大类规划中，涉及省级空间规划主要包括城镇体系规划、城镇发展战略规划、城市总体规划、国民经济与社会发展规划、主体功能区规划、区域规划、土地利用总体规划、国土规划、生态功能区规划等。这些规划属于不同的行政部门，一个部门一种规划、一级政府一级规划，横纵向交织构成了我国复杂的空间规划体系[85]。市、县一级的空间规划，主要包括市县级国民经济和社会发展规划、市县级土地利用总体规划、城市总体规划、县级环境保护规划、县级农业发展规划、县级林业发展规划等。其中，国民经济和社会发展规划、城市总体规划、土地利用总体规划是目前我国市县在经济社会发展、资源有效配置及保护等方面起主导作用的几种主要规划。

国民经济与社会发展规划是战略性、纲领性及综合性规划，关注的是经济社会发展的全局性与战略性问题，由发改委组织编制和实施，是编制本级和下级专项规划的依据，主要包括发展环境与条件、发展目标与指标、产业转型与发展、区域协调、三农、科技、民生、文化和社会管理等内容；城市总体规划是城市空间布局和建设活动的总体安排，主要内容包括发展定位、功能分区、用地布局、综合交通体系、管制分区、各类基础与公共设施等；土地利用总体规划是对土地利用分类和规模、用途管制的规划，与城市总体规划相衔接，由国土资源管理部门组织编制和实施，包括利用现状分析、适宜性和潜力评价、供需分析、规划目标与指标、土地利用结构和布局调整、土地用途区划定、建设用地空间管制、土地整治、上级任务落实与下级规划指标分解控制等主要内容。

上述规划基本上采用“政府主导+部门负责”的方式加以编制，着重于主管部门的负责性，但规划职能划分不甚清晰，并大多采用自上而下的管理模式，这就导致除了经济社会发展总体规划对专项规划的统领地位之外，各个专项规划的主导形态为纵向操控，横向协调机制很难建立。

3.1.2　市县空间规划面临的主要问题

前已述及，现行市县空间规划包括国民经济和社会发展规划、城市总体规划、土地利用总体规划等，规划体系种类繁杂且协调性差。全国各地市也相继开展了“多规合一”工作，在实践过程中，主要是通过各规划部门之间协调，形成一张蓝图，并搭建信息平台以提高审批效率。但实际上，不同规划之间的指标体系尚未形成衔接和协调，反映在空间上就会存在各种冲突和矛盾[91]。然而，这些地市的实践探索也只能在短期内缓解规划之间的矛盾，并不能解决源于空间规划体系混乱而带来的深刻矛盾。因此，市县空间规划体系需要改革。

3.1.2.1　规划运作中的横向和纵向矛盾

市县空间规划体系的上下级行政部门之间存在职能同构、权利上行的问题，导致我国空间规划体系横向分权、纵向控权，出现横向规划之间缺乏协调、纵向规划之间缺乏明确分工的矛盾[92, 93]。在横向上，受部门利益的影响，不同规划部门从各自的角度争夺空间管控的主导权，各个部门争坐龙头的现象依旧存在，空间规划体系横向上缺少一个统一的规划运作协调机构[94]。国土部门、发改委及城乡建设主管部门等机构的关系是平行的，互相之间缺乏有效沟通，各部门的规划之间难以有效衔接，甚至出现在同一空间范围上各类规划之间不统一、相互矛盾的现象[95]。在纵向上，市县空间规划体系涉及省市县，内容涵盖广，各级规划主管部门主导下的各类规划运作本身存在着机制性和结构性的障碍，如城乡规划中的总体规划审批效率低，在审批通过后已经超出了规划的初期年限，对城乡空间的调控作用小，实际操作性差[96]。为此，从我国空间规划体系的横纵向规划内容可以发现，纵向规划之间的权责不明晰，且各项规划之间协调性差，规划内容重复编制，造成人力、财力、物力资源的极大浪费。

3.1.2.2　各项空间规划之间不统一

市县空间规划在基础数据、技术标准、坐标体系等方面不统一，这也是不同规划类别间协调性差的原因。发展、国土、规划、环保等部门对人口、用地等的统计口径、技术标准不统一，各部门采用不同的土地分类和数据成果，基础数据出入较大[97]；现有的市县空间规划编制办法或技术规程差异较大，如城市总体规划采用《城市规划编制办法》，用地分类标准采用国家标准——《城市用地分类与规划建设用地标准》，土地利用总体规划及其用地分类标准采用行业标准——《土地利用总体规划编制规程》，两者在编制方法、用地分类标准和土地空间管控分类方法上都存在较大差异；现有空间规划在规划期限上也存在较大差异，如城市总体规划期限一般为20年，土地利用规划期限一般为10～15年，国民经济与社会发展规划期限为5年，主体功能区规划期限为10年。各类空间规划技术标准的差异，不仅导致了现有空间规划时间不一致、编制内容与深度差别很大，也加大了各类空间规划之间的协调难度；我国常用的空间坐标体系包括北京54坐标系、西安80坐标系、WGS84坐标系、国家大地2000坐标系等，此外，为服务地方经济社会建设活动，地方测绘部门又专门形成地方独立坐标系。城乡规划成果与规划审批数据一般采用地方城建坐标，土地利用总体规划成果与国土审批数据采用西安80坐标系，发改委及其他部门相关数据因基础不同采用坐标也不同[98]。这些基础数据的坐标不统一，导致各类规划数据、行政审批数据之间难以进行精确对比和统一协调。

3.1.2.3 空间规划信息平台缺失

目前市县空间规划的信息平台缺失，而市县空间规划编制需要大量的数据信息作为支撑，这些数据分属发改、国土、民政、环保、住建、规划、交通、水利、林业、农业、统计、测绘、地震、气象、经信、旅游等部门，共50余类资料、数据，既有统计数据，也有各类空间数据；规划编制完成后，也需要对规划成果加以管理并可提供给行业部门和公众查询、使用，这就需要有一个信息平台作为支撑。尽管各个行业部门都建有自己的信息平台，但信息平台的建设标准、数据标准不统一，特别是空间规划最为重要的坐标体系目前就有城建的地方坐标体系、国土的西安80坐标体系、测绘的大地2000坐标体系，用地分类有国土部门的3大类、10中类和29小类，以及建设部门的建设用地8大类、35中类和42小类。数据基础不一，导致空间规划难以沿用现有的行业信息平台，必须要在统一数据基础上建立空间规划信息平台。

3.1.2.4 规划管理体制不健全

规划在编制前未充分考虑编制的必要性，很多规划编制的随意性较强，依据不充分，部分规划没有考虑其编制的实用性就进行编制，造成目前规划数量越来越多；规划编制的时序比较混乱，规划部门编制规划的时间没有一个统一的安排，时间多由上级规划部门确定，从而导致各类规划编制的完成时间、期限等不统一，造成规划之间衔接出现问题；此外，现有的市县空间规划审批管理权限不一，直接影响到不同规划间的协调，特别是省级政府批准的规划要协调国务院审批的规划，如果规划间存在差异的话，协调难度必然较大。尽管空间规划改革目前分别由住建、发改、国土和环保等4个部门牵头在进行试点，但规划编制、审批、修编以及各类空间规划之间的协调管理机制尚不明确，实施的统一性很难做到。

3.1.2.5 法律法规体系建设落后

我国空间规划体系相配套的法律法规体系建设落后，规划编制实施和管理的规范性差，现有的法律法规内容不完善[87]。虽在现有的空间规划体系中，城乡建设规划系列法规建设相对领先，但仍存在未明确国家法定法规法律性质、缺乏对公民权益保障和救济的规定、对乡村规划的法律规定很不充分等问题。此外，地位高、战略性强、纲领性强的发展系列规划除《宪法》少数条款外几乎无其他法律法规可依，其法制化建设十分滞后。其他规划类型也存在类似问题，在规划的编制与审批、内容、实施与修改等方面都缺乏基本的法律法规依据。因此，空间规划体系井然有序的运行迫切需要完备的法律法规体系作为依据和支撑。

3.2　我国市县空间规划体系的整合重点和路径

3.2.1　市县空间规划体系的整合重点

3.2.1.1　明确全域空间总体规划作为市县空间上位规划的法律地位

目前在法理层面上没有市县空间规划上位规划，而市县空间规划体系的建设需科学划定市县城镇、农业、生态三类空间，并依托三类空间落实经济社会发展任务、实施差异化管控措施，进一步推动“多规合一”工作的开展。而全域空间总体规划既可以在一定意义上作为区域规划在宏观层面上指导市域的城乡发展，也可以在中微观层面上作为专项规划研究，以解决地方城乡发展的实际问题。因此，为促进现有市县空间规划之间的协调发展，市县空间规划体系改革需要在法理层面明确全域空间总体规划作为市县空间上位规划的规划地位。

3.2.1.2　解决不同规划间职能和内容交叉重叠问题

各个规划部门间权责不明晰、强调“以我为本”导致各类规划自成体系，规划之间出现矛盾，衔接比较困难。因此，要保证“多规合一”工作的顺利展开，就必须明晰各级规划部门在空间管控领域的职能和作用，建立分工合作机制，保障各级部门工作开展不越位、各司其职，保障其工作执行的效力。在各级部门之间建立横向的分工协调机制后，还需要对空间规划体系进行纵向上的战略指导和布局，以解决纵向规划之间缺乏明确分工的矛盾。

3.2.1.3　解决不同规划间协调性差的问题

市县各项空间规划使用的基础数据不统一、坐标体系不同、技术标准有差异、规划用地含义有区别，因此规划之间的衔接比较困难，协调性差。目前市县各项空间规划在纵向上都有比较完善的规划编制技术标准，保证了部门规划编制的一致性和上下部门之间的衔接。但规划部门之间缺乏横向的统一的技术标准，因此“多规合一”需要在技术层面搭建横向衔接关系，建立“多规合一”的空间协调技术支撑体系。朱江和尹向东[94]指出，用地分类标准衔接、空间坐标体系转换、控制线体系设置以及信息联动平台建设是空间协调技术的关键。

3.2.1.4　解决空间规划体系法制化和规范化建设落后的问题

纵观国外发达国家空间规划建设的经验，都有与空间规划体系相配套的法律法规体系作为支撑，如德国每层次的空间规划都有坚实的法律基础作为支撑，比较而言，我国的空间规划法制化建设十分滞后，很多规划在编制过程中都缺乏依据，导致规划在实施环节出现各种问题。因此，要解决我国空间规划体系法制化建设落后的问题，就必须尽快制定和完善空间规划的法律体系，保证空间规划的强制性、约束性。

3.2.2 市县空间规划体系的整合路径

3.2.2.1 技术路径

市县空间规划体系整合的技术路径主要包括：首先，统一基础数据和空间坐标体系的转换标准，保证各类空间规划数据的一致性及其与其他行政审批数据的对照比较和统一协调；其次，进一步制定和完善空间规划编制技术标准，对发展规划、城乡规划、土地利用规划和环境保护规划涉及的功能区分类、划分标准等进行对接，并统一规划的划分方法、分区类型、图件比例尺和地图系统坐标系；最后，构建空间规划统一公共信息平台，将现有空间规划相关并分散在各个行业的基础地理信息数据、统计数据和规划空间数据统一纳入公共信息平台，以实现部门间的数据资源共享。

1. 明确统一衔接的基础数据和空间坐标体系的转换

各项空间规划需形成自然资源、经济、人口、社会、土地等统计口径统一的数据库，所有规划的编制必须参照该数据库。其中的空间数据统一城镇建设用地、耕地保有量面积和生态保护区面积三大数据，基本数据统一总人口、城镇化水平、地区生产总值、森林覆盖率、二氧化碳排放量和化学需氧量等 6 个数据[97]。此外，除了基本数据和空间数据需要统一外，基础图件和建设用地图斑也需要进行相应统一，并纳入核心数据库；此外，为保证各类规划数据、行政审批数据的对照比较、统一协调，需进行空间坐标体系的转换。在实际“多规合一”工作中，应建立西安 80 坐标系、北京 54 坐标系与地方城建坐标系的转换参数，搭建统一的坐标系转换平台，保证坐标系转换的标准统一，实现坐标系的实时转换。

2. 制定和完善空间规划编制技术标准

目前，城乡规划、土地利用规划的用地分类标准和土地空间管控分类方法存在较大差异，现有各类空间规划的规划期限也不一致，空间数据的坐标体系也完全不同，迫切需要从规划协调的角度对现有空间规划的技术标准体系加以修订和完善。在用地分类标准衔接中，明确城乡规划用地分类和土地利用规划分类的异同点，对现行城乡规划使用的《城市用地分类与规划建设用地标准》与土地利用总体规划使用的《县级土地利用总体规划编制规程》的土地利用规划分类标准进行一一对应，并搭建土地利用分类衔接平台，确保土地分类标准的衔接。对发展规划、城乡规划、土地利用规划和环境保护规划涉及的功能区分类、划分标准等进行对接，并统一规划的划分方法、分区类型、图件比例尺和地图系统坐标系，以 ArcGIS 软件系统作为平台重点对接统一城乡规划和土地利用总体规划的划分标准，统一比例尺图纸[97]。

3. 构建空间规划统一公共信息平台

为达到各类空间规划间的协调、融合，实现数据资源共享的空间规划改革目的，有必要构建市县空间规划公共信息平台。市县空间规划信息平台需要有统一的基础地理信息库和统一的规划编制底图，以及统一的空间数据标准和数据库技术标准，并制定数据资源共享的相关管理办法或条例，将现有空间规划相关并分散在各个行业的基础地理信息数据、统计数据和规划空间数据统一纳入公共信息平台，中心平台可与各业务部门的子平台进行数据交换，以实现部门间的信息共享，消除规划间的矛盾，推动各部门工作的高效协调运行。

3.2.2.2　制度路径

市县空间规划体系整合的制度路径主要包括：首先是规划部门之间的横向工作分工和纵向工作组织，横向上建立“发改定目标、国土定指标、规划定坐标、环保定底线、各部门依职能开展工作”的工作分工合作机制，纵向上建立规划协调工作组织，即由主要领导牵头的省/自治区/直辖市—市州—区县的三层次多层级的协调组织机构；其次，健全规划衔接协调机制和创新规划管理体制，在市县空间规划改革过程中，成立市县空间规划统筹委员会，在国家层面制订《空间规划法》，明确各类空间规划的地位，对现有规划审批管理办法加以修订，并在审批权限上增强市县政府对市县规划的自主权和统筹权；最后，重构空间规划法律法规体系，明确全域空间总体规划的法律地位，保证空间规划无论是在决策层面、执行层面还是在反馈层面都有法可依、有法可循。

1. 横向工作分工和纵向工作组织

横向上，规划部门之间的利益之争是规划之间出现矛盾的根本原因，各个规划部门在制定规划时强调“以我为本”，导致各类规划自成体系，规划之间的矛盾突出，衔接困难。因此，需要明晰各级规划行政部门空间管控领域的权责，建立“发改定目标、国土定指标、规划定坐标、环保定底线、各部门依职能开展工作”的工作分工合作机制[94]，以保障各规划部门在规划过程中准确定位自身的权责，使规划工作协调有序进行；纵向上，“多规合一”工作涉及内容广，包括建设空间与非建设工作，地块和图斑数量巨大，因此需建立规划协调工作组织以保证工作的顺利展开。该组织应成立由主要领导牵头的省/自治区/直辖市—市州—区县的三层次多层级的协调组织机构，下一层级应参照上层级设定相应的组织机构，及时协调相关问题，共同推进相关工作。

2. 健全规划衔接协调机制

现有各类空间规划之间难以协调，除了技术标准、数据基础等技术原因之外，在规划衔接机制上也存在一定的障碍，有必要在市县空间规划改革过程中，成立市县空间规划统筹委员会，由政府主要领导担任主任，下设办公室，负责推动空间规划立法，制定统一的规划编制规范、技术标准、修订程序，监督、评估规划实施，及协调各类规划冲突等。

3. 创新规划管理体制

鉴于市县空间规划改革面临的诸多问题需要在法理层面加以解决，有必要在国家层面制订《空间规划法》，明确各类空间规划的地位，各类规划之间的关系以及空间规划的管理等问题，市县层面，制订本级相关的地方条例。对现有的城镇体系规划、城市总体规划和土地利用总体规划等规划审批管理办法加以修订。市县城镇体系规划、城市总体规划、土地利用总体规划等规划审批权，可由国务院授权市县政府进行审批，增强市县政府对市县规划的自主权和统筹权。

4. 重构空间规划法律法规体系，明确全域空间总体规划的法律地位

由国家和地方制定的有关空间规划的法律、行政法规和技术管理规定，组成完整的空间规划法规体系，这是行政体系和编制体系的重要支撑[99]。法律法规的重构需要以新的空间规划行政与编制体系为基础，对现行的一系列空间规划法律法规进行横向梳理，还需要构建对空间规划运动起监督作用的法规体系，重点确保全域空间总体规划作为市县空间上位规划的法律地位。即以《空间规划法》作为空间规划的基本法，构建与其配套的空间规划编制与审批法规、空间规划实施法规、空间规划实施监督检查法规等，保证空间规划无论是在决策层面、执行层面还是在反馈层面都有法可依、有法可循，确保空间规划法律法规体系的顺利实施，进而保障空间规划体系建设的正常运行。

第 4 章　市县空间规划体系重构

4.1　市县空间体系重构的科学内涵

经过改革开放 30 多年的探索发展，我国初步建立了以土地利用总体规划、城乡规划、区域规划为主体的国土空间规划体系，在工业化、城镇化和农业现代化进程中发挥了重要作用。同时，现行规划体系存在的问题也很突出。随着我国经济社会的发展、新型城镇化的推进，“建立统一的空间规划体系”“一张蓝图干到底”成为我国破解多规矛盾、推进国家治理体系和治理能力现代化的重要手段。在市县“多规合一”试点实践的基础上，对空间规划体系重构的认知如下：

首先，坚持问题导向，进行顶层设计，深化空间规划法律、技术、管理体系研究，重塑空间规划体系。

其次，“多规合一” 的目的在于融合，实现多个规划目标的统一。 “合”的最后目标是“一本规划”而非“一个规划”，是“一套图”而非“一张图”，是要优势互补，和谐共生。通过“多规合一”工作，协调好各部门规划，形成有共识的“一张蓝图”，破解空间规划冲突。

再次，坚持底线思维，科学划定永久基本农田保护、生态保护、城镇开发边界三条红线，优化生产、生活、生态“三生”空间。以“统一发展目标、统一规划体系、统一规划基础、统一技术标准、统一规划蓝图、统一信息平台、统一管理机制”为目标，切实将发展与布局、开发与保护融为一体。

最后，在操作层面，尽快建立统一的工作平台。不仅要统一规划的目标、数据基础、用地分类、标准、期限，还要在规划编制、审批管理、实施监管等环节实现统一，进一步夯实“多规合一”的基础。建立“多规合一”规划信息平台，全面支撑多规融合中各种基础数据和规划数据的整合，进行广泛的数据共享，为多部门的业务决策提供统一的数据参考，为“多规合一”规划体系编制提供更丰富的信息参考。

开展市县“多规合一”是空间体系重构的重要举措，是解决市县规划自成体系、内容冲突、缺乏衔接协调等突出问题的迫切要求；是强化政府空间管控能力，实现国土空间集约、高效、可持续利用的重要举措；通过“多规合一”的机制创新，理顺管理机制，是建立统一衔接、功能互补、相互协调的空间规划体系的重要基础，对于加快转变经济发展方式和优化空间开发模式，坚定不移实施主体功能区制度，促进经济社会与生态环境协调发展都具有重要意义。

4.2　市县空间重构的基本原则

1. 以人为本，尊重自然

以国土空间分析评价为基础，充分考虑生活居住和生产活动对国土空间的要求。要高度重视自然生态系统功能和资源环境承载能力，将保障生态安全、改善环境质量放在重要位置。要着力引导人口和经济在国土空间上的合理集聚。

2. 明确定位，科学规划

严格按照市县主体功能定位谋划发展，按照优化开发、重点开发、限制开发和禁止开发的总体要求，明确经济社会发展的目标任务，科学谋划空间布局和发展方向。

3. 统筹协调，科学分区

统筹考虑资源环境承载能力和各类空间要素，充分借鉴不同空间管制分区划分方法，科学划定市县空间发展分区。确定城镇开发边界，划定生态安全红线和基本农田保护红线，保护生态环境利益。

4. 构建平台，强化衔接

采用统一的地理空间底图数据，形成规划衔接协调的基础平台，建立健全高效的衔接协调机制，为相关规划编制提供目标任务、空间布局、政策举措等方面的接口。

5. 管控结合、循序渐进

建立政府监督部门，监督与反馈同时进行。正确处理发展与管控的关系，严格确定控制界限，合理应用自然资源，稳步推进试点工作。

4.3 市县空间体系重构试点改革经验

四川省在积极推进以发展总体规划为统领的“多规合一”试点改革工作中，主要由发改系统牵头组织开展，在国家级试点市县绵竹市，省发展改革委开展的试点市县内江市、绵竹县、南溪区、蒲江县和昭觉县等地开展具体试点工作。并强化政府统筹协调，建立部门联动机制，制定“多规合一”试点改革实施方案，建立规划信息平台，初步构建起以发展总体规划为统领的规划体系[100]。主要取得以下经验。

1. 坚持以空间开发适宜性评价为基础

以国家发行的《市县经济社会发展总体规划技术规范与编制导则》为基础，结合四川实际情况，对评价指标、评价标准和阈值做相应调整，并制定《市县经济社会发展总体规划技术规范与编制导则》《四川省空间规划底图编制技术规程》，以此开展空间开发适宜性评价，明确了不同市县开发适宜性程度，并以此为依据划分出相应的城镇空间、农业空间和生态空间等三类主体功能空间。

2. 强化“多规合一”规划信息平台支撑作用

以第一次地理国情普查数据为基础，结合发改局、规划局、水务局、国土局、建设局、交通局等部门的相关规划数据，通过制定“多规合一”数据标准，搭建统一的坐标系转换平台，实现坐标系的实时转换。通过对多源数据改造与重构，形成最终坐标系统统一的规划成果数据库。通过构建整合各类规划成果的规划管理平台，整合各类规划数据和基础地理信息数据形成“多规一张图”，为助推空间规划体系改革、实现市县“多规合一”提供技术支撑。

4.4　市县空间体系重构内容

市县空间重构的最终目标是建立空间规划的顶层设计体系，形成一个市县一本规划、一张蓝图的管理目标。市县空间重构体系现行目标是促进多规融合，解决当前的空间规划冲突问题；建立“多规合一”规划信息平台，破解多规融合技术难题；构建行政机构协调机制和相关法律保障监督机制，保障多规合一有效实施。

由于市县空间体系重构涉及协调与管理体制、法律保障监督机制、技术应用等方方面面，而全面实现市县空间体系重构还需要一个过程，因此本节将结合四川省“多规合一”试点改革工作，就市县空间体系重构在技术应用层面涉及的主要内容做具体介绍。

4.4.1　市县空间上位规划

构建对空间规划运动起监督作用的法规体系，重点确保全域空间总体规划作为市县空间上位规划的法律地位。围绕多规合一的目标和实质，在各项规划之上，成立专门的委员会，监督考核全域空间总体规划编制，促进现有市县空间规划之间的协调发展；在规划层面，编制市县空间的上位规划，具体制定规划目标、规划期限和规划标准；在开展市县空间开发适宜性评价的基础上，结合现状地表分区，科学划定市县城镇、农业、生态三类空间，并依托三类空间落实城镇化发展、产业发展、基础设施建设发展、公共服务资源配置和生态环境保护等经济社会发展任务(详见第 5 章)，明确宏观边界规模及功能、定性、管控等，解决“多规合一”的基础技术问题。

4.4.2　标准体系重构

制定和完善空间规划编制技术标准。对发展规划、城乡规划、土地利用规划和环境保护规划涉及的功能区分类、划分标准等进行对接，并统一规划的划分方法、分区类型、图件比例尺和地图系统坐标系。统一规划目标与规划期限，实现规划期限、目标(发展方向与重点项目)、指标(用地指标)和坐标(空间布局)协调统一。

建立统一空间坐标系统。针对现有主要坐标体系(全球坐标系、国家坐标系和地方坐标系统)，建立 WGS-84 坐标系、北京 54 坐标系、西安 80 坐标系、地方坐标系、CGS 2000 坐标系统之间的转换参数，搭建统一的坐标系转换平台，保证坐标系转换的标准统一，实现坐标系的实时转换。

制定数据标准。在国家标准和行业标准的基础上，制定“多规合一”数据标准，为平台信息交换与共享提供保障。“多规合一”数据标准内容主要包括基础数据标准和规划成果数据标准。

4.4.3　数据改造与重构

“多规合一”信息平台数据包括基础地理信息数据和规划成果数据。在对平台数据进行改造前，必须要对数据进行整理分类，针对不同类型数据，进行数据格式转换-数据编辑-数据检查-成果整理，形成最终坐标系统统一的基础地理信息数据库和规划成果数据库，完成平台数据改造与工作(数据改造流程如图 4-1)。

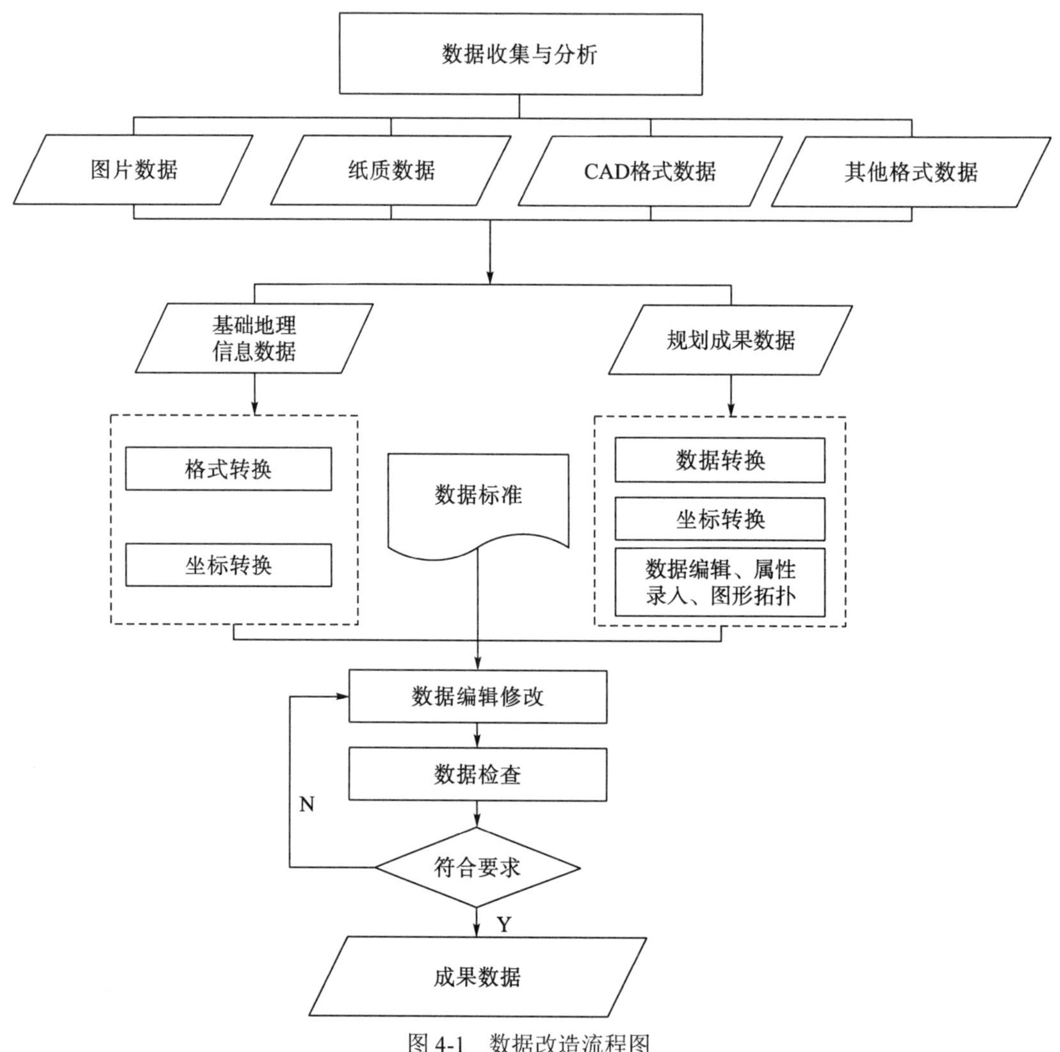

图 4-1 数据改造流程图

4.4.3.1 基础地理信息数据改造

对于不符合平台数据标准，需进行数据改造。如地形图坐标系为地方坐标系，格式为 AutoCAD DWG 格式的数据，具体改造步骤：①格式转换：AutoCAD DWG 格式转为 Geodatabase 格式；②坐标转换：对地形数据进行坐标系统转换处理(地方坐标系——2000 国家大地坐标系)。

4.4.3.2 规划成果数据改造

规划成果数据改造是通过对数据进行对象化处理、编码处理、属性录入、拓扑处理、格式转换、坐标转换等工作，使其满足地理信息空间分析需求。

具体改造步骤：首先按照格式转化、编辑重构的步骤改造规划成果数据。各辖区数据改造完毕后，分别对数据进行坐标系统转换处理，最后将各辖区数据统一拼接、检查，形成最终坐标系统统一的规划成果数据库。

4.4.4 “多规合一”规划信息平台

构建整合各类规划成果的规划管理平台，将现有空间规划相关并分散在各个行业的基础地理信息数据、统计数据和规划空间数据统一纳入公共信息平台，整合各类规划数据和基础地理信息数据形成“多规一张图”，为实现市县“多规合一”提供多规融合、多规衔接、空间管控、协同审批提供技术支撑。

“多规合一”规划信息平台建设主要包括数据层、服务层、应用层、运行支撑层。应在结合地方需求的基础上，开展平台建设。本书以绵竹市为例，介绍“多规合一”规划信息平台。主要包括系统概述、“多规一张图”功能简介两部分(详见第 7 章)。

4.4.4.1 系统概述

1. **总体框架**

“多规合一”规划信息平台采用 MVC 架构，分离各层关注业务。后台数据保存采用 Oracle 数据库集群，集群模式可最大限度保障系统稳定运行。业务服务器集群将系统的业务处理进行分布式部署，主要包括地图发布、业务图层发布、GIS 通用服务、系统服务、业务服务、三方接口等(图 4-2)。缓存服务器可以加速系统响应速度，提高用户感知。可以对外部系统提供必要的数据接口，满足外部系统的数据使用需求。系统使用 ArcGIS 地图服务引擎。通过对系统数据进行深度挖掘分析，可以对领导层进行重大决策提供必要的数据支撑。

图 4-2 “多规合一”规划信息平台整体框架图

2. 软件结构图

“多规合一”规划信息平台框架主要由应用层、服务层、数据层和运行支撑层组成(图 4-3)。通过“多规合一”规划信息平台，实现基础数据统一；规划指标、图件融合；实现平台数据动态更新维护，满足规划部门各种应用服务需求，实现各规划部门的业务协同。

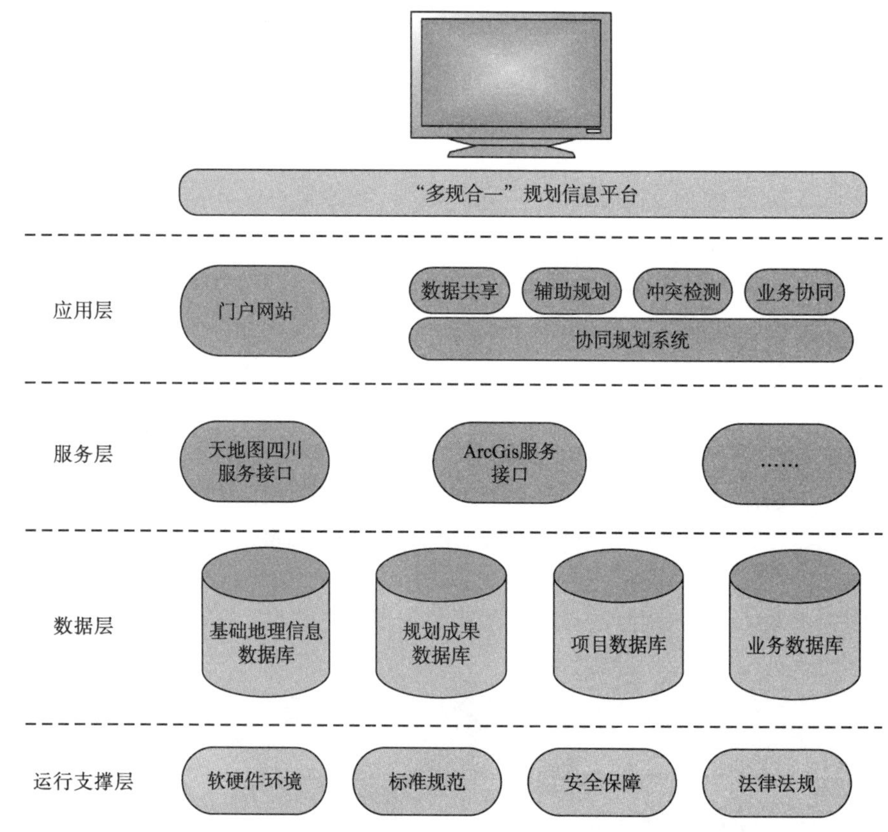

图 4-3 “多规合一”规划信息平台结构图

3. 系统性能设计

WEB 集群设计分流用户请求，负载均衡，提升效率。数据缓存和界面生成内容缓存。在数据结构设计和存储方面优化，如多表存储，根据查询条件分流。多线程并行处理，提高效率。在 GIS 服务层对 GIS 数据进行缓存，减少 GIS 平台访问次数，提高效率。

4.4.4.2 “多规一张图”功能介绍

“多规合一”规划信息平台门户网站，即多规一张图，是多个政府部门规划成果的展示平台，包括市发改局、规划局、水务局、国土局、建设局、交通局等部门，网站可对各规划数据进行展示、查询、冲突分析和规划检测。

“多规一张图”功能主要包括界面展示、地图展示、分类展示、列表展示、十三五规划展示、数据加载、地名搜索、空间查询、规划分析、冲突分析、基本功能、专题弹出框、周边搜索等。

4.4.4.3　协同规划系统功能介绍

协同规划系统主要提供的功能模块包括：规划决策辅助、业务协同、数据资源共享、系统管理。其中，规划决策辅助包括 GIS、三大空间划分、规划冲突检测、指标统计分析、指标统计检测 5 个功能模块；业务系统包括流程设计、项目查询、项目管理 3 个功能模块。用户点击业务协同菜单，系统加载 3 个功能模块的菜单；数据资源共享包括数据资源查询、数据资源维护、数据资源审批 3 个功能模块；系统管理包括用户管理、部门管理、权限管理、菜单管理、日志管理、数据库管理 6 个功能模块。

第 5 章　市县空间开发适宜性评价与空间功能分区

空间开发适宜性评价与空间功能分区是编制市县上位规划的重要前提，本章将结合四川省“多规合一”试点改革工作中的评估经验从技术方法层面做具体介绍。

5.1　空间开发适宜性评价

5.1.1　国土空间开发与空间开发适宜性评价

国土空间开发是以利用自然资源为目的的活动，也是综合利用自然资源、社会和经济资源实现区域工业化、城镇化的过程。国土空间开发主要强调的是在具有一定资源环境、经济潜力的地域空间上所能承载的城镇化和工业化的水平；国土空间开发格局是人类依托一定地理空间通过长时间生产和经营活动形成的分布状态。一般而言，根据提供产品的类别可将市县国土空间划分为城镇空间、农业空间和生态空间。

(1) 城镇空间。主要承担城镇建设和发展城镇经济等功能的地域，包括城镇建成区、城镇规划建设区以及初具规模的开发园区。

(2) 农业空间。主要承担农产品生产和农村生活等功能的地域，包括基本农田、一般农田等农业生产用地以及集镇和村庄等农村生活用地。

(3) 生态空间。主要承担生态服务和生态系统维护等功能的地域。生态空间以自然生态景观为主。

新中国成立以来特别是改革开放以来，我国现代化建设全面展开，国土空间发生了深刻变化，既有力支撑了经济快速发展和社会进步，也出现了一些必须高度重视和需要着力解决因无序开发、过度开发、分散开发导致的优质耕地和生态空间占用过多、生态破坏、环境污染等突出问题。优化国土空间开发格局是一个全局性的战略，必须按照人口资源环境相均衡、经济社会生态效益相统一原则，在尊重自然、顺应自然、保护自然的前提下更好地开发利用生产空间、生活空间、生态空间，构建科学合理的城镇化格局、农业发展格局、生态安全格局。

空间开发适宜性评价是根据国土空间的自然环境特征和社会经济状况，对国土空间预定用途适宜与否、适宜程度以及限制状况等进行的研究。尽管国土空间开发适宜性评价各有侧重，但不可否认的是国土空间开发适宜性评价是研究和解决区域协调问题和优化空间开发的科学基础，也是优化国土开发格局、合理布局空间格局的可靠依据。

5.1.2　空间开发适宜性评价的主要内容

国土空间开发适宜性是人文—经济地理、城市规划、土地科学等领域的重要研究问题，其基本理念都源于土地适宜性(简称“土宜”)思想[101]。国土空间开发适宜性侧重从宏观尺度判断国土空间承载城镇化、工业化开发这一地域功能的适宜程度。

基于“多规合一”的空间开发适宜性评价的目的在于从空间上合理组织“开发”活动。评价的主要内容包括单项指标评价、多指标综合评价、开发适宜性评价等。

5.1.2.1 单项指标评价

空间开发评价指标分为适宜性指标与约束性指标(表 5-1)。

表 5-1　空间开发评价指标项功能与含义

类别	指标项	功能	含义
适宜性指标	地形地势	评估一个地区建设用地适宜性指标项	由地形起伏度、坡度两个要素构成，通过地形起伏度适宜性、坡度适宜性来反映
	交通干线影响	评估一个地区现有通达水平的集成性评价指标项	由机场、港口、铁路、公路影响四个要素构成，交通干线的拥有性或空间影响范围来反映
	区位优势	评估一个地区客观存在的有利区位条件或优越地位	由外部区位、内部区位两个要素构成，通过采用市县各乡镇政府至本市县中心城区的车程距离、至周边大中心城区的车程距离、至本市县中心城区的交通距离来反映
	人口集聚度	评估一个地区现有人口集聚状态的集成性指标项	由人口密度和人口流动强度两个要素构成，通过采用县域人口密度和吸纳流动人口的规模来反映
	经济发展水平	反映一个地区经济发展现状和增长活力的综合性指标	由人均地区生产总值和地区生产总值增长强度两个要素构成，通过县域地区人均地区生产总值规模和地区生产总值增长率来反映
约束性指标	自然灾害影响	评估特定区域自然灾害发生的可能性和灾害损失的严重性而设计的指标	由洪水灾害影响、地质灾害影响、地震灾害影响三个要素构成，通过这三个要素灾害影响程度来反映
	可利用土地资源	评价一个地区剩余或潜在可利用土地资源对未来人口集聚、工业化和城镇化发展的承载能力	由后备适宜建设用地的数量、质量、集中规模三个要素构成，通过人均可利用土地资源或可利用土地资源来反映
	可利用水资源	评价一个地区剩余或潜在可利用水资源对未来社会经济发展的支撑能力	由本地及入境水资源的数量、可开发利用率、已开发利用量三个要素构成，通过人均可利用水资源来反映
	环境容量	评估一个地区在生态环境不受危害前提下可容纳污染物的能力	由大气环境容量承载指数、水环境容量承载指数和综合环境容量承载指数三个要素构成，通过大气和水环境对典型污染物的容纳能力来反映
	生态系统脆弱性	表征区域生态环境脆弱程度的集成性指标	由沙漠化、土壤侵蚀、石漠化三个要素构成，通过沙漠化脆弱性、土壤侵蚀脆弱性、石漠化脆弱性等级指标来反映

适宜性指标，指评价市县三类空间发展适宜程度的指标，包括地形地势、交通干线影响、区位优势、人口聚集度、经济发展水平五项指标。原则上，适宜性指标是每个市县必用指标。如遇到基础数据无法支撑单项指标评价的情况，可科学合理地选择或调整。

约束性指标，指约束和限定市县三类空间发展类型的指标，主要包括但不局限于自然灾害影响、可利用土地资源、可利用水资源、环境容量、生态系统脆弱性等。约束性指标并非每个市县必用指标，可根据实际情况，科学合理地选择或调整。

各单项指标的评价方法详见本书第二部分应用篇。

5.1.2.2 多指标综合评价

多指标综合评价是将市县域空间开发评价的各适宜性指标和约束性指标评价结果进行叠加与分级处理。评价模型与评价分级如下。

1. 多指标综合评价模型

将各单项指标评价结果进行加权综合。计算公式为

$$F_{\text{叠加分析}}=\sum_{i=0}^{n}\lambda_i\cdot f_i \tag{5-1}$$

式中，$F_{\text{叠加分析}}$为多指标综合评价值；i 为各单项指标；f_i为各单项指标评价值；λ_i为各单项指标权重值；n 为单项指标数量。

各指标权重值可根据市县实际情况进行设置(如以各指标对市县经济发展的贡献率为权重系数等)，各指标权重值总和为 1。

当$f_{\text{地形地势}}$、$f_{\text{自然灾害影响评价}}$、$f_{\text{可利用土地资源评价}}$、$f_{\text{可利用水资源评价}}$、$f_{\text{环境容量}}$、$f_{\text{生态系统脆弱性评价}}$中任意一项为 0 时，$F_{\text{叠加分析}}$值为 0，表明该区域土地不适宜开发。

2. 多指标综合评价分级

由公式(5-1)计算得到的 F 值，将 F 值进行四等分，并划定四个等级：一等为最适宜开发区域，二等为较适宜开发区域，三等为较不适宜开发区域，四等为最不适宜开发区域。

5.1.3 空间开发适宜性评价的基本流程

在了解了现状地表分区状况及国土空间开发负面清单数据生成的基础上，结合多指标综合评价最终形成空间开发适宜性评价，其关系如图 5-1。具体的评价步骤如下。

5.1.3.1 资料收集与处理

空间规划底图资料收集的范围为市县全域，内容包括测绘资料、规划资料、保护区、禁止(限制)开发区界线资料及其他资料。具体收集资料内容见表 5-2。

表 5-2 资料收集目录表

序号	资料类别	资料名称	资料来源
1	测绘资料	地理国情普查成果(包括地理国情普查数据与数字正射影像数据) 基础地理信息成果(包括 1∶10000 比例尺或 1∶50000 比例尺数字高程模型(DEM)、数字正射影像图(DOM)等)	测绘地信部门
2	规划资料	基本农田、地质公园、矿产、土地利用总体规划	国土部门
		自然保护区	环保、林业等部门
		森林公园、公益林	林业、森工、农垦部门
		风景名胜区、市县城镇体系规划	住建部门
		世界文化自然遗产	文化部门/住建部门
		湿地保护区、公益林	林业部门
		饮用水水源保护区、生态红线	环保部门

续表

序号	资料类别	资料名称	资料来源
3	其他资料	经济、人口	统计部门
		乡镇界	民政部门
		自然灾害(洪水、地质、地震、热带风暴潮)易发区范围及相关属性资料	国土、地震等部门
		可利用土地资源	国土部门
		可开发利用水资源	水利部门
		相关法律法规及政策	公开出版或发行
		交通数据、交通规划	交通局
		工业发展规划	经信局
		特色农产品发展规划	农业局

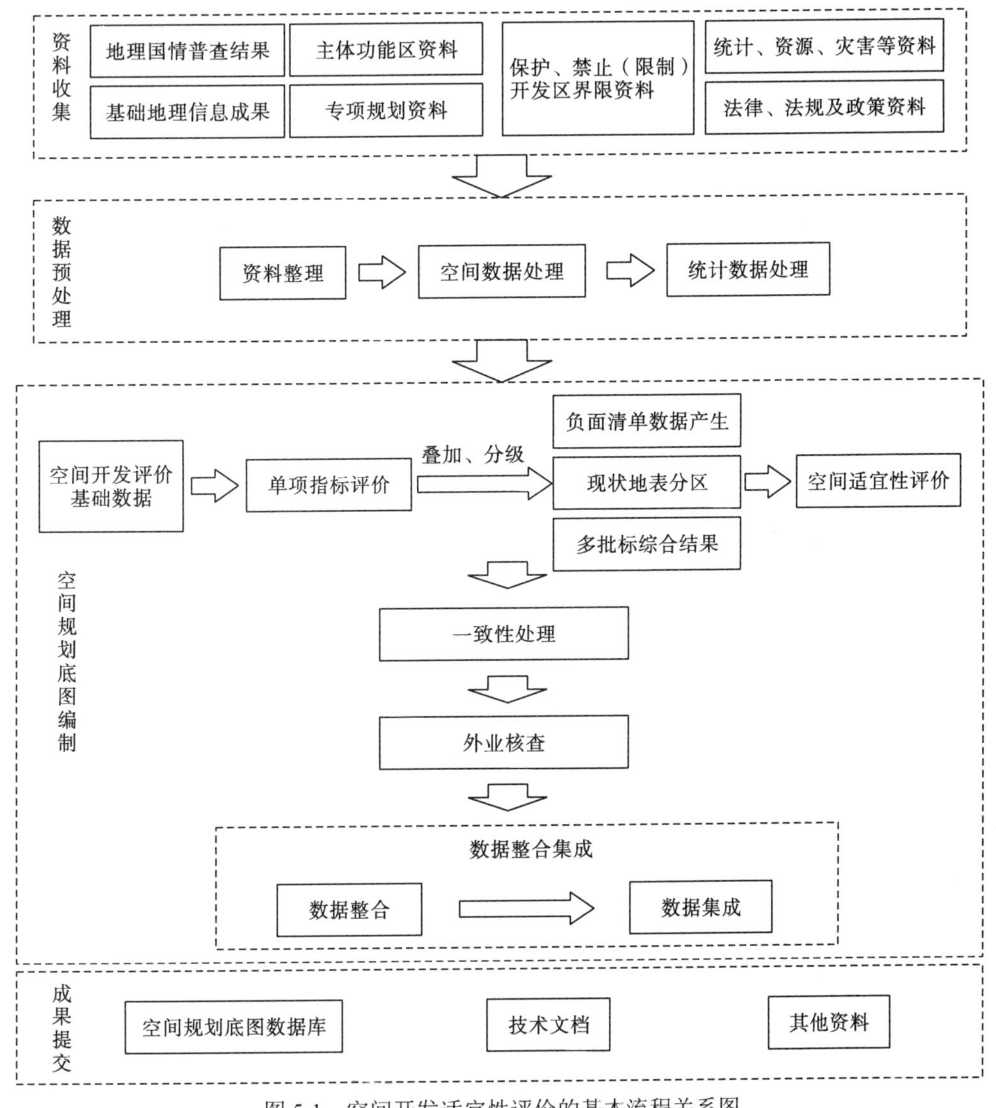

图 5-1　空间开发适宜性评价的基本流程关系图

1. 测绘资料收集与处理

收集整理地理国情普查成果和基础测绘成果，形成空间开发评价的基础数据。主要包括图像纠正、坐标转换、格式转化、数据拼接与裁切、区域单元定位点提取、坡度和高程分级等工作。

2. 规划资料收集与处理

收集整理全国/省级主体功能区规划、区域规划、市县城镇体系规划、市县土地利用总体规划、重点产业布局规划、交通规划、产业园区规划等各类规划资料，形成空间开发评价及发展任务布局的参考数据。主要包括数据一致性、空间矢量化等工作。

3. 其他相关数据源资料收集与处理

收集整理空间开发负面清单提取所需基础数据源、乡镇级行政区划界线、港口和机场、可开发利用土地资源、水资源等资料，以及人口、经济、生态环境等资料。主要包括数据一致性和空间化处理等工作。

各市县可根据实际情况，补充必要资料。

5.1.3.2 空间开发评价数据生产与评价

分析处理地理国情普查数据、基础测绘数据、规划数据及相关统计数据，提取行政区划、交通、水域，以及经济、人口、环境、可开发利用土地资源、可开发利用水资源、灾害等单指标要素数据，生产空间开发评价基础数据，并开展以适宜性指标与约束性指标为基础评价因子的单项指标评价；接着，利用公式(5-1)，对单因子评价结果进行叠加与分级处理，形成多指标综合评价结果。

5.1.3.3 空间规划底图编制

空间规划底图是指支撑市县经济社会发展总体规划编制的地理信息数据库，是划分城镇、农业、生态三类空间的基础底图。该底图基于地理国情普查成果和基础测绘成果，综合集成人口、经济、空间开发负面清单等相关资料和数据形成。

1. 空间开发负面清单数据生产

以地理国情普查数据为基础，结合所收集的各类保护、禁止(限制)开发区界线规划资料，提取、采集空间开发负面清单数据。空间开发负面清单主要包括但不局限于基本农田保护区、公益林、自然保护区、风景名胜区、森林公园、地质公园、世界文化自然遗产、水域及水利设施用地、湿地、饮用水水源保护区、生态红线等禁止开发，以及受地形地势影响不适宜大规模工业化城镇化开发的空间地域单元。

2. 现状建成区数据生产

以地表覆盖归类数据成果为基础，提取城镇空间中的房屋建筑区、广场、绿化林地、绿化草地、硬化地表、水工设施、固化池、工业设施、其他构筑物、建筑工地等图斑，生产现状建成区数据。

3. 过渡区数据生产

除空间开发负面清单和现状建成区以外的剩余区域为过渡区。过渡区又分为以农业为主的Ⅰ型过渡区、以天然生态为主的Ⅱ型过渡区及以地表破坏较大的露天采掘场等为主的Ⅲ型过渡区。以地理国情普查成果为基础，结合坡度数据，生成Ⅰ型过渡区、Ⅱ型过渡区和Ⅲ型过渡区数据。数据提取按照以下方式进行：

(1) 提取除基本农田保护区外坡度小于 25°的水田和旱地、果园、茶园、桑园、橡胶园、苗圃、花圃、其他园地、温室、大棚、场院、晒盐池等要素，生产以农业为主的Ⅰ型过渡区数据。

(2) 提取乔木林、灌木林、乔灌混合林、竹林、疏林、人工幼林、稀疏灌丛、天然草地、人工草地(除绿化草地)、沙障、堆放物、其他人工堆掘地、盐碱地表、泥土地表、沙质地表、砾石地表、岩石地表，以及坡度在 25°以上的除基本农田外的水田和旱地等要素，生产以天然生态为主的Ⅱ型过渡区数据。

(3) 提取地表破坏较大的露天采掘场，生产Ⅲ型过渡区数据。

5.1.3.4　空间开发适宜性评价

根据现状地表分区结果与多指标综合评价结果叠加规则表，将多指标综合评价结果与现状地表分区中的空间开发负面清单重叠区域，开发适宜性评价等级全部为四等；与Ⅰ型过渡区重叠区域，等级相同；与Ⅱ型过渡区重叠区域，等级均降一等；与Ⅲ型过渡区重叠区域，若多指标综合评价结果为一级，则开发适宜性评价等级为一等，若多指标综合评价结果为二级，则开发适宜性评价等级为三等，若多指标综合评价结果为三级和四级，则开发适宜性评价等级均为四等；与现状建成区重叠部分等级相同。最终得到市县开发适宜性评价结果，将研究区分为四个等级：一等为最适宜开发区域，二等为较适宜开发区域，三等为较不适宜开发区域，四等为最不适宜开发区域。

5.2　空间功能区

5.2.1　空间功能区的内涵与科学意义

空间功能区是指在区域空间功能布局中承担特定功能的空间单元，其内部功能具有较强的均质性和功能上的排他性。由此可见，空间功能区是一个相对具体的空间概念，其范围认定既有对现实布局格局和发展远景的客观评价，也有主观规划意志的影响。

空间功能区与主体功能区有着密切联系。主体功能区是中国在一定的社会经济发展阶段，为规划空间开发秩序，促进区域协调发展，在区域开发适宜性评价的基础上，由中央和地方政府共同协调协商划定和推动实施，凸显开发导向并在大区域中承担特定主体功能的区域。目前，我国主体功能区在国家和省层面将区域分为优化开发区域、重点开发区域、限制开发区域和禁止开发区域四种类型，他们具有主体功能区的共同特征，但也具有明显的内涵和发展导向上的差异。国家和省层面主体功能区划分都是以县级行政单元为基本空间单元，从国家和省视角来看是合理的，它能够突出全国范围和省域范围的主体功能，但这种划分方法在更小的行政区域主体功能区划分中无法满足凸显区域主体功能的要求，因此在县级主体功能区划分中应划分空间功能区(即类型区)从而将主体功能区建设具体落地。就二者关系而言，空间功能区其实是对主体功能区的进一步落实，主体功能区中可以存在不同的空间功能区，空间功能区集中体现为区域的主体功能。

空间功能区划分是按照某种标准把整体空间分成若干类型区域，这些区域内部功能一致。因不同研究区域和研究目的，其划分方案也是不同的。主体功能区建设侧重于优化宏观空间结构，只能为形成合理的空间结构提供框架和方向，具体实施需要结合空间功能区的建设。因此，市县级空间功能区划分应该延续主体功能区建设自上而下的划分理念，从空间功能角度出发分为城镇空间、农业空间和生态空间。这三类空间功能各异，但联系紧密且相互转化。城镇空间主要承担城镇建设和发展城镇经济等功能，包括城镇建成区、城镇规划建设区以及初具规模的开发园区。农业空间主要承担农产品生产和农村生活等功能，包括基本农田、一般农田等农业生产用地以及集镇和村庄等农村生活用地。生态空间主要承担生态服务和生态系统维护等功能，以自然生态景观为主划定。

县域空间功能区划分是国家、省级主体功能区建设研究理论向县域延伸的尝试性探索，是主体功能区划的落地规划。县域空间功能区划分将空间适宜性放在首要位置，在此基础上确定各区的定位和发展方向，做到经济社会和资源经济协调发展。县域空间功能区划分在规划理念上有所创新，其摒弃了 GDP 增长至上的理念，强调生态环境优先，改变过去重开发轻保护的状况。在传统的县域规划体制中存在“重城镇、轻农村”的弊端，只着眼于城市与城镇的规划，而忽略或轻视农村地区的规划，这就导致了县域空间开发无序、资源破坏严重等问题的出现。本书主要讨论在国家、省级主体功能区建设要求下，基于资源环境承载力对县域空间适宜性进行评价，在此基础上划分空间功能区。结合县发展现状及政策导向最终对乡镇职能进行定位，以配合主体功能区的有效实施，这是主体功能区建设理论的延伸，是主体功能区划的实施层，对县域社会经济发展具有指导作用，因此，该研究具有一定的理论和实践意义。

5.2.2 空间功能区的基本原则

进行市县空间功能分区，除了要遵循《国家发改委关于“十三五”市县经济社会发展规划改革创新的指导意见》，还要把握以下原则。

(1) 以人为本，尊重自然。市县空间功能分区要以国土空间分析评价为基础，充分考虑生活居住和生产活动对国土空间的要求。要高度重视自然生态系统功能和资源环境承载能力，将保障生态安全、改善环境质量放在重要位置。要着力引导人口和经济在国土空间上的合理集聚。

(2) 明确定位，科学规划。严格按照市县主体功能定位谋划发展，按照优化开发、重点开发、限制开发和禁止开发的总体要求，明确经济社会发展的目标任务，科学谋划空间布局和发展方向。

(3) 统筹协调，科学分区。统筹考虑资源环境承载能力和各类空间要素，充分借鉴不同空间管制分区划分方法，科学划定市县空间发展分区。

(4) 构建平台，强化衔接。采用统一的地理空间底图数据，形成规划衔接协调的基础平台，建立健全高效的衔接协调机制，为相关规划编制提供目标任务、空间布局、政策举措等方面的接口。

(5) 定量为主，定性为辅。市县空间功能分区应建立在定量分析评价基础上，凡是能够采用定量方法的工作步骤，都应力求采用定量方法。对于难以定量分析的问题，要进行深入的定性判断。

5.2.3 空间功能区的主要研究内容

5.2.3.1 三类空间功能区划分

基于开发适宜性评价结果，结合现状地表分区，划分城镇、农业、生态三类空间。在数据整合与一致性处理的基础上，借助辅助因子最终划定三类空间功能区。具体划分如表 5-3。

表 5-3 县域空间功能区划分方法

空间功能区	辅助因子
城镇空间	· 现状建成区 · 与开发适宜性评价结果为一等和二等现状建成区相邻的Ⅰ型过渡区 · 与开发适宜性评价结果为一等和二等现状建成区相邻的Ⅱ型过渡区中的沙障、堆放物、其他人工堆掘地、盐碱地表、泥土地表、沙质地表、砾石地表、岩石地表 · 开发适宜性等级为一等的Ⅲ型过渡区
农业空间	· 基本农田保护区 · 与开发适宜性评价结果为三等和四等的现状建成区相邻的Ⅰ型过渡区 · 不与现状建成区相邻的Ⅰ型过渡区
生态空间	· 空间开发负面清单中除基本农田外的其他用地 · 除被划入城镇空间的其他Ⅱ型过渡区和Ⅲ型过渡区

数据归类可参照以下方式进行：

能够直接归类的地表覆盖要素图斑，直接归类至相对应的城镇、农业与生态等空间功能区中；无法直接归类以及类型不确定的地表覆盖要素图斑，按照下列步骤判定其所属功能空间：

(1) 城市中心城区优先原则。城市中心城区范围内的无法明确归类的地表覆盖要素图斑，优先归类于城镇空间。

(2) 负面清单原则。负面清单范围内的无法明确归类的地表覆盖要素图斑，归类于生态空间。

(3) 生态空间优先原则。无法明确归类的林地、草地、荒漠与裸露地表等地表覆盖要素图斑，优先归类于生态空间。

(4) 就近就大原则。实际位于某一空间中但与该空间定义不符的地表覆盖要素图斑，图斑面积小于各要素采集指标 5 倍时，就近归并；图斑位于两类功能空间之间时，则归入较大的空间中。

在三类空间基础上，可进一步划定农业和生态保护最小边界、城镇发展最大边界。其中，农业和生态保护最小边界分别为基本农田保护区和生态空间的保护界线；在农业和生态保护最小边界基础上，向外扩展 0.5 km 的缓冲区生成的边界即为城镇发展最大边界，当现状建成区与基本农田或生态区相邻距离小于 0.5 km 时，则现状建成区的边界即为城镇发展最大边界，城市建设不得突破此界线。当农业或者生态保护最小边界发生变化时，城镇发展最大边界也会随之发生变化。

5.2.3.2 三类空间功能区界限确认

三类空间功能区内地物归属的合理性需经当地政府确认。其界线的合理性需影像解译核实、实地核查，与相邻市县接壤处，需进行协调处理。

5.2.3.3 发展任务布局

对市县进行了空间功能区划分后还需要根据各市县/乡镇三类空间功能区划分结果及功能定位，结合地方需求，进行发展任务布局。

5.2.4 空间功能分区的基本流程

第一步，基于开发适宜性评价结果，结合现状地表分区，初步划分城镇、农业、生态三类空间。

第二步，数据整合集成与一致性处理。

按照精度优先(位置、属性、时间、比例尺等精度)原则，对所提取的各类功能空间数据间存在的矛盾问题进行协调处理，同时对相应修改内容进行记录。对内业无法处理的问题形成问题记录。

对生产的底图数据进行外业核查确认，同时对内业作业过程中所缺少的资料进行补充收集。外业核查结果须经当地规划编制部门(政府部门)确认。具体核查内容如下。

(1)对空间开发负面清单边界和属性不完整的数据，进行外业核实与调查补充。

(2)对乡镇界线进行核查与确认。

(3)对一致性处理无法解决的问题，按问题记录进行外业核查。

(4)在调查与核查的同时，补充收集规划编制所需最新的数据资料。

(5)对周边市县的经济统计数据进行补充收集。

外业核查确认后，对经数据提取采集、一致性处理、外业核查、数据整合等形成的地表覆盖归类数据、负面清单数据、行政区划单元数据、交通数据、水域数据、地名数据、人口与经济数据、城镇建成区数据、地形起伏度与坡度数据等，按照数据分层的规定进行整理，形成空间规划底图数据库。

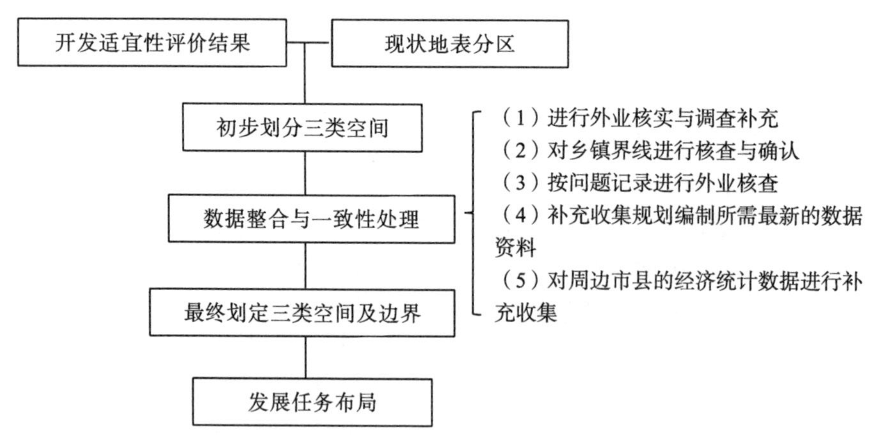

图 5-2 空间功能分区基本流程图

第三步，借助辅助因子，结合内业并遵循市中心城区优先原则、负面清单原则、生态空间优先原则、就近就大原则等空间数据归类原则，最终划定三类空间功能区，确认三类空间界线。在三类空间基础上，可进一步划定农业和生态保护最小边界、城镇发展最大边界。

第四步，结合地方需求，根据各市县三类空间功能区划分结果及功能定位，进行发展任务布局。

5.2.5　空间功能区划分的发展任务布局

发展任务布局主要包括：城镇化发展、产业发展、基础设施建设发展、公共服务资源配置和生态环境保护，下面将对不同的发展任务布局的总体要求和管控原则进行具体介绍。

5.2.5.1　城镇化发展

市县城镇化发展要体现不同主体功能定位的要求，坚持以人为本，更多注重为农村人口转移和流动务工人员的本地化创造条件。重点开发区域的乡镇应注重培育中心城镇，提升城镇组团的集聚效应；农产品主产区域的乡镇要强化点上开发、面上保护的空间格局。

城镇组团和城镇的建设范围均不得突破城镇空间边界。严格市县新城新区设立条件，因中心城区功能过度叠加、人口密度过高或规避自然灾害等原因，确须规划建设新城新区，必须以人口密度、产出强度和资源环境承载力为基础，与行政区划相协调，严格控制建设用地规模，控制建设标准过度超前。

5.2.5.2　产业发展

产业发展应按照主体功能定位要求，准确分析把握未来发展环境和趋势，充分发挥市场配置资源的决定性作用，体现区域比较优势和市县发展实际。重点开发区域要着力产业转移承接、传统产业提升、配套产业培育等，增强人口经济集聚能力；农业主产区域要增强农业综合生产能力，积极发展农产品深加工等产业链延伸项目。

第二产业发展要按照集中集聚的原则，严格遵循国家安全生产规范，着眼于培育产业链、产业集群，集约高效布局在城镇空间的产业发展控制范围内，并体现产城融合的要求。第一产业和第三产业的发展要结合三类空间的不同需求和主要特征，实施各有侧重的发展策略。第一产业在农业空间要注重提升种养业规模化、专业化水平，加快农业内部融合发展，促进产业链条延伸，在城镇空间要推动农产品精深加工与产地初加工协同发展，完善农产品集散、配送、展销等配套服务体系，在生态空间要因地制宜适度发展采掘业和特色生态农业。第三产业在城镇空间要注重提高生产性服务业的层次和生活性服务业的质量，在农业空间要注重加强与农业的深度融合，提高农产品和田园休闲产品的附加值，在生态空间要注重改善生态旅游层次和水平。

5.2.5.3　基础设施建设发展

基础设施建设发展要与城镇、农业、生态三类空间分布相协调。城镇空间，优先布局服务全市县的基础设施，重点布局对市县域经济社会发展有重大影响的基础设施；农业空间，重点布局乡村道路、农田水利等服务农业生产和农民生活的基础设施；生态空间，原则上只布局生态保护、旅游开发必需的基础设施。

基础设施建设发展要统筹考虑以下几方面因素：①立足于区域综合基础设施布局框架，加强与区域基础设施的互联互通；②与人口分布规律及变动趋势相适应，合理谋划线网布局与建设规模；③满足城镇化和产业发展需要，适度超前布局建设，加大通往重点城镇和产业集聚区的基础设施布局力度，逐步减少规模缩减村镇的基础设施数量；④顺应地形地貌等自然本底特征，充分利用现有基础设施通道资源，尽可能减少新占土地资源，最大限度减少对自然生态环境的扰动和破坏，严禁穿越生态空间核心区域；⑤统筹考虑气象、水文等条件，避免对村镇发展和人民生产生活造成负面影响；⑥对于人口趋于减少、自然条件恶劣的边远地区，采取临时通达措施、分布式电源和微网建设等方式，解决基础设施需求问题。

5.2.5.4 公共服务资源配置

市县公共服务资源配置要与城镇、农业、生态三类空间相协调。城镇空间公共服务资源布局配置，既要提高城镇居住人口的服务水平，又要增强对周边农业、生态空间内居民的服务功能；农业空间，重点布局超出城镇空间辐射范围、散状分布集镇村庄居民生活需要的公共服务资源；生态空间，要适应人口减少的趋势，适度布局满足居民生活必需的公共服务资源。

公共服务资源配置，要强调服务到位、方便有效、全面覆盖、相对聚集、节约公共资源，应与市县空间体系重构相适应。市县公共服务资源布局建设，要重视建立跨部门跨地区、业务协同、共建共享的公共服务信息服务体系，利用信息技术，创新发展教育、就业、社保、养老、医疗和文化的服务模式。

5.2.5.5 生态环境保护

按照加快生态文明建设的总体要求，树立尊重自然、顺应自然、保护自然的理念，突出市县地域特色，体现主体功能定位，围绕保障生态安全、维护生态系统的完整性、提高生态系统服务功能、强化环境保护和监管，把生态环境保护的任务分类落实到三类空间。

按照主体功能定位，突出生态环境保护的重点。重点开发区域的市县，要针对工业化、城镇化进程加快，生态环境恶化压力等问题，强调预防与治理并重，杜绝以牺牲资源环境为代价实现短期增长。农产品主产区的市县，要针对近年来农业面源污染加剧的突出矛盾，把农地的污染治理作为突出任务，加大土壤环境监测，从源头上保障食品安全。

按照三类空间面临的突出问题，强化生态环境保护的针对性。城镇空间应突出营造宜居的生态环境，保持并尽可能扩大绿色开敞空间，加强生产、生活污水和垃圾的无害化处理。农业空间应注重维护和改善农业生态系统，加强面源污染的控制和土壤污染的治理。生态空间应突出提升生态服务功能，实施生态修复工程，严格控制各类开发活动，减轻生产生活对生态环境的压力。涉及矿产资源开发的独立工矿区，要按照点上开发、面上保护的要求，加强生态环境的修复和治理，推动绿色矿山建设。

第二部分　应　用　篇

第 6 章　内江市空间规划重构：空间开发适宜性评价

内江市既是交通运输部规划的国家公路运输主枢纽之一、四川省第二大交通枢纽和西南陆路交通的重要交汇点，又是成渝经济区的中心城市，素有“川南咽喉”“巴蜀要塞”之称。同时，也是国家商品粮生产基地，全省粮食和经济作物的主产区和水产产业化试点市。

2015 年，内江市作为四川省唯一的地级市市县经济社会发展总体规划编制试点，按照“多规合一”思想，依据国家发展改革委与国家测绘地理信息局联合印发的《市县经济社会发展总体规划技术规范与编制导则》（试行）要求，完成了内江市“十三五”规划编制。规划综合利用了地理国情普查成果数据、基础测绘成果以及专题资料，制作了数据格式与坐标体系统一的规划底图，以资源环境承载力评价为基础，开展了内江市全域空间开发适宜性评价，对内江市的自然地理条件、经济社会发展态势以及生态环境状况等方面进行了科学和系统分析，并将内江全域划分为城镇、农业、生态三大空间，明确各类空间的位置和范围，形成统领内江市发展全局的规划蓝图、布局总图，强化内江市“十三五”规划空间管控，保障规划有效落地。同时，内江市积极推进“多规合一”规划信息平台建设，按照国家试点工作要求，整合各类基础数据和规划成果数据，构建“多规合一”规划信息平台，为地方加强国土空间管控提供技术支撑。本试点工作数据以 2014 年为准。

空间开发适宜性评价是推动市县经济社会发展总体规划编制试点工作改革创新，扎实做好“十三五”规划编制工作的重要任务，是实施主体功能区制度，强化政府空间管控能力的客观需要，是完成规划体系，推动“多规合一”的重要基础。同时，空间开发适宜性评价是编制市县上位规划的重要前提，本章将结合理论篇的相关理论和方法，从技术、方法应用层面做详细介绍。

6.1　内江市概况

内江市位于四川省东南部、沱江下游中段、成渝高速公路中段，距成都 173km，距重庆 167km。地跨东经104°14′~105°26′，北纬 29°5′~30°2′，东西长约 121.5km，南北宽约 94.7km。东邻重庆市，西连乐山、眉山市，南与自贡、泸州市接壤，北与资阳市相依。现辖市中区、东兴区、资中县、威远县、隆昌县，共 111 个乡镇、1680 个行政村、10 个街道办事处、257 个社区，面积 5385.04km^2，总人口约 430 万。

6.1.1　自然地理概况

6.1.1.1　地质

内江市位于扬子准地台四川台拗川中台拱的自贡台凹北部，威远背斜北东倾末端与自流井背斜北东倾末端间的向斜部位，地表构造主要为极平缓的鼻状背、向斜，主要有烂泥背斜、白鹤场向斜和白马镇向斜等，无大的断裂发育。区内主要出露侏罗系沙溪庙组(J_2s)地层，沿江河流岸边分布第四系(Q)沉积物。

6.1.1.2 地貌

内江地处于四川盆地中心，西靠龙泉山脉，东界重庆市与华蓥山余脉相接，地势平缓，浅丘平坝相间，向南北延伸，地形总体北高南低，主要地形区海拔 300～500m，属典型的川中丘陵区地貌。俩母山海拔 834m，是内江海拔最高点，也是流向沱江水系的清溪河和流向岷江水系的越溪河的分水岭。

域内由侏罗系、白垩系红色地层演变而成的浅丘地形占市域面积的 88.8%，其余为低山地形。地质构造属新华夏系沉降带的一部分，褶断规模小。地表由较平缓的紫色砂岩与泥岩组成，经长期流水侵蚀切割后，多呈浑圆状和垄岗状浅丘，高差起伏 20～30m。沱江及大、小支流两岸形成侵蚀堆积漫滩与阶地，漫滩一般宽 80～100m，呈狭长小块，海拔 290～320m，阶地宽 40～120m，呈条带状，海拔 315～340m。丘间沟谷狭长平直，从丘顶到沟谷多为梯形缓坡，构成层层台阶的粮田。

6.1.1.3 气候

内江属于中亚热带湿润季风气候区。年平均气温 15～28℃，一月均温 6～8℃，七月均温 26～28℃，最高气温可达 41℃，最低气温-5.4℃，活动积温 5598℃左右。热量资源比较丰富，年总日照时数 1100～1300 h，无霜期达 330 天。全年有霜日一般为 4～8 天，灾害性天气以旱为主，旱涝交替出现；春夏秋冬，低温、风、暴雨时有发生，绵雨显著。全年有明显的冬干春旱现象，同时，夏季伏旱的现象也时有发生。年降雨量 1000mm 左右，多分布在夏季，约占全年雨量的 60%，高温期与多雨季基本一致，春季约占 17%，冬季仅占 4%。

6.1.1.4 水系

沱江是市区内的主要河流，流经资中县、东兴区及市中区，是市内水路运输要道。沱江水流缓急交替，滩沱相间，蜿蜒曲折，常年平均流量为 375m^3/s，自然落差 135.5m，平均比降 4.5%，水能蕴藏量有 14.5 万 kW 可供开发。较大的支流有资中县的球溪河、东兴区的大清流河等，水能蕴藏量约有 3.5 万 kW 可供开发；沱江的水能资源，年发电量可达 9.2 亿 kW·h。现在境内水电装机容量达万千瓦。

清流河分大清流河和小清流河。大清流河和小清流河在石子汇合后合称清流河，全长 121.74 km(内江河段 94 km)，流域面积 1538.3 km^2(内江河段 523 km^2)。小青龙河经大治、太安，于小河口入沱江，全长 56 km，流域面积 532 km^2。

6.1.1.5 植被

内江市属亚热带常绿阔叶林带，气候温和，雨量充沛，适宜多种林木生长。树种资源有 60 多个科，110 多个属，190 多个种。内江由于海拔高差不大，地形多为丘陵、低山，森林植被种类、群落组成以及群落动态特征，随土壤理化性质差异呈较明显的地带变化，并在相应范围内，有相对的稳定性，其森林植被主要有针叶林、阔叶林、竹林、灌木林等。从用途上看，内江森林植被以用材林为主，其中面积最大的是威远县，最小的是市中区；经济林树种丰富，主要有油桐林、油茶林、柑橘林，其他还有落叶果林，如梨、苹、桃、李、杏、樱桃、葡萄以及桑林、茶林、油橄榄、棕榈、核桃、白蜡等经济林木；薪炭林是内江市农村重要的生活资料，分布广，产量高，多数可再生更新，主要树种有桤木、紫槐、马桑、黄荆等；其他还有特种用途的环境保护林、实验林、母树林、风景林、名胜古迹和革命圣地林、自然保护区林等，其优势树种有马尾松、香樟、楠木、黄连木、柏木等，主要分布在市中区、资中等地名胜古迹风景区。

6.1.1.6　土壤

内江市是典型的丘陵无灌溉条件农业区，土壤主要有水稻土、紫色土、黄壤土、黄色石灰土。地表由较平缓的紫色砂岩与泥岩组成，经长期流水侵蚀切割后，多呈浑圆状和垄岗状浅丘；丘间沟谷狭长平直，从丘顶到沟谷多为梯形缓坡，构成层层台阶的粮田。泥质中以泥土、粗砂土和红砂土、豆面泥土、黄泥砂土为主，这些土壤保水性能良好，抗旱力强，有利于农作物生长。

6.1.2　自然资源及其开发利用

6.1.2.1　土地资源

内江市共有土地资源 5385.04 km^2。受内江地貌格局和气候的控制，内江的土地利用以耕地、林地、建设用地为主。耕地是内江市土地资源的主体部分，主要分布在河谷坪坝、浅丘区。耕地面积 3230.77 km^2，占比 60.00%，其中水田主要分布在资中、隆昌、威远和东兴，旱地主要分布在资中、东兴和威远；林地次之，占 16.57 %；建设用地 708.25 km^2，占 13.15%；水域及水利设施用地 224.25 km^2，占 4.16%；其他土地 6.73 km^2，占 0.12%。耕地是内江市土地资源的主体部分。

6.1.2.2　水资源

内江市年降雨量约为 1042mm。全年当地地表径流量约 15.5 亿 m^3，外来地表水约 51.9 亿 m^3；地下水总储量约 1.9 亿 m^3。可开采量 1.2 亿 m^3。因此，内江是四川省有名的径流低值区，水资源总量不足，加之降雨时空分布不均，常有冬干春旱发生。特别是由于沱江上流布局了重化工业企业，超标排放问题导致内江城区、资中城区饮用水安全受到极大威胁。

6.1.2.3　生物资源

内江市属亚热带常绿阔叶林带，气候温和，雨量充沛，适宜多种林木生长。树种资源有 60 多个科，110 多个属，190 多个种。其森林植被主要有针叶林、阔叶林、竹林、灌木林等，以用材林为主，经济林主要有油桐林、油茶林、柑橘林，其他还有落叶果林，如梨、苹、桃、李、杏、樱桃、葡萄以及桑林、茶林、油橄榄、棕榈、核桃、白蜡等经济林木；薪炭林是内江市农村重要的生活燃料，分布广、产量高，多数可再生更新，主要树种有桤木、紫槐、马桑、黄荆等；其他还有马尾松、香樟、楠木、黄连木、柏木等。目前，在资中和隆昌发现有少量桫椤、红杉等名贵树种。

动物资源主要有各种家畜、家禽及部分野生动物。家养动物包括兽类、鸟类、昆虫类、鱼类及家养野生动物。兽类中有猪、牛、羊、兔以及少量的马、骡、驴；鸟类主要有鸡、鹅、鸭、鹌鹑和鸽；昆虫类有蜜蜂、蚕；鱼类有鲤、鲫、草、青、鲢、鳙、大口鲶、团鱼等；家养野生动物有水獭、鸬鹚、梅花鹿、黑熊等。野生动物有 240 多种，主要有麻雀、斑鸠、乌稍蛇、青蛙、黄鳝、泥鳅以及野猫、野兔等。

6.1.2.4 自然和文化旅游资源

内江历史悠久，素有“文化之乡”的美称，是川中著名的文化发祥地之一，有名垂青史的苌虹、邵子南、范长江等先贤、英豪，有为世界所瞩目的著名国画家张大千、张善孖、公孙长子等。众多的名人轶事、历史掌故、民俗风情、风味小吃、土特产品等构成了丰富的旅游资源。市内有大洲广场、大千广场、甜城湖亲水步道、清溪湿地公园、大千园、喻培伦(黄花岗七十二烈士之一)大将军纪念馆、范长江故居、“川中第一祥林”圣水寺等景点。在古建筑中，资中的文庙、武庙、清代一条街，隆昌的高洞寺、牌坊群、威远的静宁寺以及资中重龙山、东岩、西岩摩崖造像等保存完好。自然风光中，威远的穹窿地貌、资中的白云峡、圣灵山溶洞、隆昌古宇湖等特色突出。

6.1.2.5 矿产资源

内江市能源矿产主要有煤、天然气、油页岩；非金属与建材矿产有石灰石、石砂岩、页岩、耐火黏土、铝土矿、大理石、河沙、砾石与陶瓷黏土等；金属矿产与稀散元素有铁、钾、金等，以及与盐矿、钾矿和煤层共生的铝、镓、铷及锂等分散元素；化工矿产有盐矿和含钾水云母黏土矿等。矿产资源主要分布在威远、资中、隆昌三县，常规天然气主要产于“资威穹窿背斜”和“圣灯穹窿背斜”两大构造带上，已探明的储量达 600 多亿 m^3。内江市境内有四川长宁-威远和永川-隆昌两个国家级页岩气示范区，其中长宁-威远为全国第一个示范区，境内页岩气钻深在 4500m 以内的资源量约 2 万亿 m^3，可开采量在 4000 亿 m^3 以上。煤炭资源量丰富。目前全市煤炭保有资源储量约 0.9 亿 t，随着资威煤田资源储量的查明，累计查明煤炭资源量将达约 5.4 亿 t。沙金主要产于沱江沿线的资中县、市中区和东兴区。

6.1.3 生态与环境概况

6.1.3.1 生态现状

内江市生态类型多样，森林、湿地等生态系统均有分布。森林覆盖率 32.6%，生态状况总体较好。土壤侵蚀脆弱、较脆弱、一般脆弱占内江市总面积的 62.57%，土壤侵蚀脆弱性较高，土壤侵蚀脆弱地区主要集中在威远县北部的观英滩镇、黄荆沟镇、山王镇、碗厂镇、小河镇等乡镇。

6.1.3.2 受保护的区域

内江市现有国家级湿地公园 1 处、国家级水产种质资源保护区 1 处、省级地质公园 1 处、省级森林公园 2 处、省级风景名胜区 2 处、市级森林公园 2 处、市级湿地公园 1 处。有文物保护单位 188 处，其中全国重点文物保护单位 6 处、四川省重点文物保护单位 39 处、内江市级重点文物保护单位 16 处、县(区)级重点文物保护单位 127 处。内江市城市集中式饮用水源地 8 处，乡镇集集中式饮用水源地 80 处。

6.1.3.3 环境污染物排放与环境质量

2014 年 SO_2 排放总量为 9.22 万 t，化学需氧量 COD 排放总量为 0.54 万 t。环境质量优良，其中 SO_2、NO_2、可吸入颗粒物(PM_{10})年均值符合《环境空气质量标准》(GB3095—1996)二级标准。根据《内江市环境质量报告》，内江市空气质量优良 337 天，优良率为 92.3%；2014 年内江市水环境状况良好，境内水质采用《地表水环境质量标准》(GB3838—2002)III类标准，干流地表水达标率总体高于支流达标率。需要加强水环境保护措施，调整产业结构，强化政策引导，发挥市场资源配置作用。

6.1.4　社会与经济概况

6.1.4.1　人口

据公安部门统计，内江市 2014 年末户籍总人口为 425.96 万人，比上年减少 8802 人，人口出生率为 9.11‰，人口死亡率为 6.94‰，人口自然增长率为 2.17‰，计划生育率为 80.9%。全年城镇居民人均可支配收入为 23162 元，比上年增长 9.7%，城镇居民家庭恩格尔系数为 40.5%。农民人均纯收入为 9565 元，农村居民家庭恩格尔系数为 46.0%。城镇化率为 44.21%，平均人口密度为 793.51 人/km^2，人口密度较高值区和高值区则主要分布在市中区中心地段。

6.1.4.2　经济

2014 年，内江市地区生产总值 1156.77 亿元，同比增长 8.9%。增速高于四川省平均增速 0.4 个百分点，居四川省第 12 位。其中，第一产业增加值 185.56 亿元，增长 3.8%；第二产业增加值 712.87 亿元，增长 9.6%；第三产业增加值 258.35 亿元，增长 9.9%。人均地区生产总值 31024 元，增长 8.7%。三次产业结构由上年的 16.5∶61.8∶21.7 调整为 16.0∶61.6∶22.4。年非公有制经济实现增加值 697.38 亿元，增长 10.1%，占 GDP 比重达 60.3%，比上年提高 0.2 个百分点。从主要经济指标发展看，工业对经济稳定发挥了基础作用，投资对经济增长发挥了关键作用，服务业相关指标的快速发展对经济增长起到了助推支撑作用。

6.1.4.3　基础设施

2014 年，交通建设项目投资完成 53.39 亿元。建成通乡、通村公路共计 1536.7km。完成 15 个农村客运码头的建设，完成农村渡改桥 14 座，完成公路安保工程国省道 59.2km，2014 年末内江市公路管养里程达 9904km(不含 242km 高速公路)，其中等级公路 6362km。

内江交通区位优势突出。内江是四川省内仅次于成都的第二大交通枢纽，素有“川中枢纽”“川南咽喉”之称，是川东南乃至西南各省交通的重要交汇点。全市境内有铁路 5 条(成渝、内昆、资威、归连、隆黄)、运营高铁 1 条(成渝高铁)、在建快速铁路 2 条(川南城际铁路)；有过境高速公路 5 条(成渝、内宜、隆纳、内遂、成自泸赤、自隆、内威荣)、在建高速公路 3 条(内江市城市过境高速公路)；有 3 条国道(G247、G321、G348 线)、8 条省道(S210、S212、S213、S308、S309、S401、S426、S427)、144 条县道、337 条乡道，全市公路总里程 10146 km。正在规划建设通用机场和沱江复航项目。

全年实现邮电业务收入 2.65 亿元，增长 35.5%。年末固定电话用户 49.75 万户，增长 4.8%；移动电话用户 245.73 万户，增长 4.0%。广播覆盖率为 96.19%。电视覆盖率为 97.72%。全市新型农村合作医疗参保人数 320.97 万人，参合率达 99.83%。

6.1.5　四川省主体功能定位

根据《四川省主体功能区规划》，内江市的市中区、东兴区、威远县、隆昌县 4 区县被界定为省级层面重点开发区，资中县是国家层面限制开发区(农产品主产区)。其中资中县被列为省级层面的点状开发的城镇(表 6-1)。

表 6-1 内江市主体功能定位

县(市、区)	四川省主体功能定位	备注
市中区	省级层面重点开发区域	川南地区
东兴区	省级层面重点开发区域	川南地区
威远县	省级层面重点开发区域	川南地区
隆昌县	省级层面重点开发区域	川南地区
资中县	省级层面的点状开发的城镇 限制开发区域(农产品主产区)	盆地中部平原浅丘区

6.2 内江市全域空间开发适宜性评价

6.2.1 地形地势评价

地形是地表各种各样的形态，地势是指地表高低起伏的总趋势。复杂的地貌环境，如海拔、坡度等要素引起的各种变化，是一个区域的建设用地适宜性的最直接最重要的因素。针对内江的1∶50000的DEM基础数据，对内江2区3县共121个乡镇和街道主要使用相对高差与坡度两个指标进行地形地势评价。

6.2.1.1 指标分级

结合当地实际情况，计算内江市地形起伏度相对高差，按照相对高差<20m、20～30 m、30～70 m、＞70 m将内江区域空间离散化并分别赋值；根据城市建设用地对坡度适宜性的要求，将内江市全域用地按照＜3°、3°～5°、5°～8°、8°～15°和＞15°的坡度进行分级，并分别赋值。详见表6-2。

表 6-2 地形地势分级表

影响因子	分级区间	适宜开发程度	分值
相对高差	≤20m	适宜性好	$X_{相对高差}=4$
	20～30 m	适宜性较好	$X_{相对高差}=3$
	30～70 m	适宜性中等	$X_{相对高差}=2$
	＞70 m	适宜性较差	$X_{相对高差}=1$
坡度	≤3°	适宜性好	$X_{坡度}=4$
	3°～5°	适宜性较好	$X_{坡度}=3$
	5°～8°	适宜性中等	$X_{坡度}=2$
	8°～15°	适宜性较差	$X_{坡度}=1$
	＞15°	适宜性差	$X_{坡度}=0$

6.2.1.2　指标评价

对相对高差≤70m 的区域，以相对高差作为区域的地形地势主控因子。

(1) 地形地势评价函数为

$$f_{地形地势}=\begin{cases}4 & X_{相对高差}\leqslant 20\text{m}\\ 3 & 20\text{m}<X_{相对高差}\leqslant 30\text{m}\\ 2 & 30\text{m}<X_{相对高差}\leqslant 70\text{m}\end{cases} \tag{6-1}$$

对相对高差>70m 的区域，以相对高差、坡度作为区域的地形地势主控因子。

(2) 地形地势评价函数为

$$f_{地形地势}=\begin{cases}4 & X_{相对高差}\times X_{坡度}=4\\ 3 & X_{相对高差}\times X_{坡度}=3\\ 2 & X_{相对高差}\times X_{坡度}=2\\ 1 & X_{相对高差}\times X_{坡度}=1\\ 0 & X_{相对高差}\times X_{坡度}=0\end{cases} \tag{6-2}$$

式中，$f_{地形地势}$为地形地势评价值，$X_{相对高差}$为相对高差评价值，$X_{坡度}$为坡度评价值；$f_{地形地势}$分值越高，说明空间开发适宜程度越高，当$f_{地形地势}=0$时，说明空间开发适宜性差。

(3) 生成地形地势评价图。

根据计算结果将地形地势评价按分值赋相应色值，生成地形地势评价图，详见图 6-1。

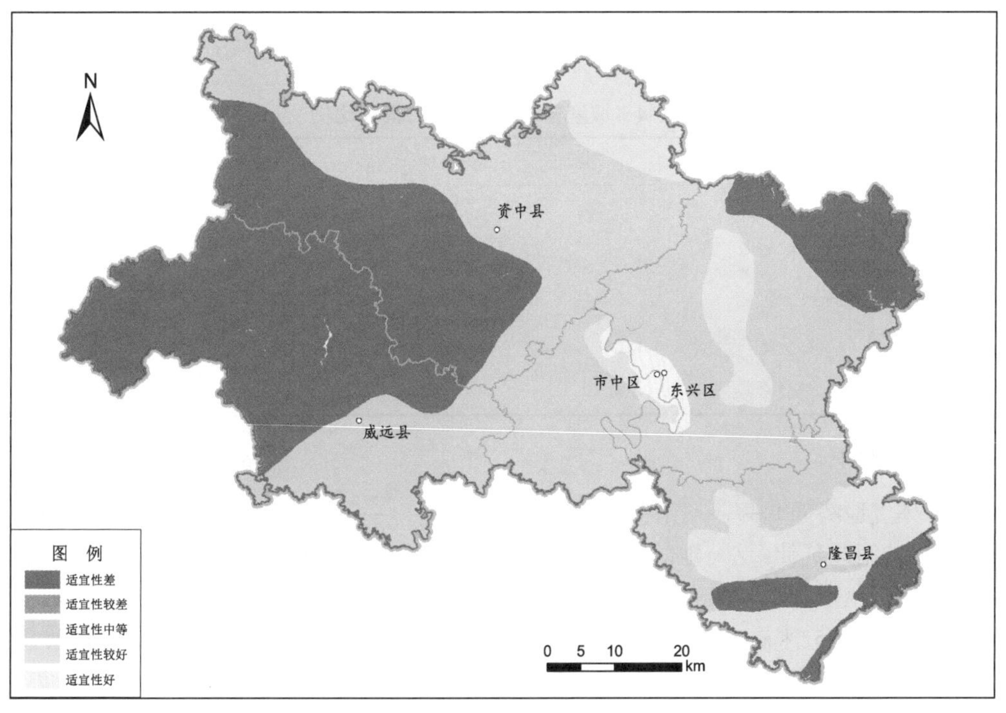

图 6-1　内江地形地势评价图

6.2.1.3 评价结果

1. **相对高差因子评价**

评价结果根据相对高差分级提取方法，得到内江市相对高差分级，详见表 6-3。以内江市相对高差分级而言，相对高差低于 70m 区域占全市面积的 63.65%。相对高差的高值区主要分布西北部龙泉山和西南九宫山等山脉附近，相对高差的低值区主要分布在河流沿岸。

表 6-3 相对高差分级区间所占面积比重

相对高差分级/m	所占面积比例/%
≤20	1.05
20～30	13.52
30～70	49.08
70～200	13.76
>200	22.59

2. **坡度因子评价**

评价结果根据坡度分级提取方法，得到内江市坡度分级，详见表 6-4。以内江市的坡度分级而言，全市小于 3°的区域仅占市域面积的 0.74%、3°～5°的区域仅占市域面积的 0.56%、5°～8°的区域仅占市域面积的 0.98%、8°～15°的区域占市域面积的 2.93%，而大于 15°的区域占市域面积的 94.79%。

表 6-4 坡度分级区间占全市面积比例

坡度分级	所占面积比例/%
<3°	0.74
3°～5°	0.56
5°～8°	0.98
8°～15°	2.93
>15°	94.79

3. **地形地势评价**

内江市总体上地势西北高，东南低，地貌以丘陵为主，东南、西南面有低山环绕，地势平缓，浅丘平坝相间，向南北延伸。这一地貌背景条件决定了内江市适宜建设用地资源的总体格局呈现“星点状”零散分布在全市，较为集中的分布在沱江、清流河、小青龙河等河流及支流沿岸。从各乡镇的地形地势指数(表 6-5)来看，总体上较为适宜开发区域在市中区的城西街道、城东街道、城南街道、玉溪街道、牌楼街道、壕子口街道、乐贤街道和四合镇等，东兴区的西林街道、新江街道、东兴街道、田家镇和同福乡等，隆昌县的古湖街道、石碾镇、周兴镇、渔箭镇、龙市镇、胡家镇、金鹅街道等，威远县的山王镇、严陵镇和新店镇等，资中县的孟塘镇、龙江镇等。

表 6-5　内江市乡镇级行政区地形地势指数

县(市、区)	乡镇(街道)	地形地势指数
市中区	玉溪街道	4.0000
	城西街道	4.0000
	城南街道	4.0000
	城东街道	4.0000
	白马镇	2.0015
	牌楼街道	4.0000
	乐贤街道	3.3386
	靖民镇	2.0886
	凌家镇	2.0000
	朝阳镇	2.0000
	全安镇	2.0000
	沱江乡	2.0000
	永安镇	2.0000
	凤鸣乡	2.0000
	史家镇	2.7335
	伏龙乡	2.0000
	龚家镇	2.0613
	壕子口街道	3.4451
	交通镇	2.7927
	四合镇	3.3668
东兴区	东兴街道	2.5913
	西林街道	3.9198
	新江街道	3.5205
	椑木镇	2.2866
	郭北镇	2.2464
	田家镇	2.9282
	高梁镇	0.8391
	白合镇	1.7285
	顺河镇	2.2618
	胜利街道	2.3596
	高桥镇	2.0000
	双才镇	2.0229
	杨家镇	0.0747
	小河口镇	2.1456
	石子镇	0.9128
	椑南镇	2.0000

续表

县(市、区)	乡镇(街道)	地形地势指数
	同福乡	2.5611
	三烈乡	2.0000
	双桥乡	1.2508
	新店乡	2.3690
	大治乡	0.5213
	太安乡	2.2348
	永福乡	0.0758
	苏家乡	0.1923
	平坦镇	2.0000
	柳桥乡	2.2832
	永兴镇	2.0000
	富溪乡	2.0182
	中山乡	2.0000
威远县	严陵镇	1.4919
	铺子湾镇	0.0304
	镇西镇	1.0306
	庆卫镇	0.0162
	向义镇	2.0000
	新店镇	2.0000
	界牌镇	2.0000
	新场镇	0.0255
	连界镇	0.0186
	山王镇	0.1609
	观英滩镇	0.0303
	黄荆沟镇	0.0068
	越溪镇	0.0113
	两河镇	0.0137
	小河镇	0.0176
	碗厂镇	0.0279
	龙会镇	1.6861
	高石镇	0.1789
	靖和镇	2.0000
	东联镇	2.0000
资中县	重龙镇	2.0000
	水南镇	1.2450
	板栗桠乡	0.6671

续表

县(市、区)	乡镇(街道)	地形地势指数
	苏家湾镇	2.0000
	狮子镇	2.0000
	太平镇	2.0229
	龙山乡	2.0000
	双龙镇	2.0275
	马鞍镇	2.1731
	骝马镇	2.0325
	龙江镇	2.8472
	孟塘镇	2.8905
	银山镇	1.8169
	明心寺镇	1.2374
	公民镇	0.6133
	双河镇	0.0437
	宋家镇	0.0304
	陈家镇	1.0250
	新桥镇	0.0212
	兴隆街镇	0.0357
	鱼溪镇	0.2032
	金李井镇	0.0283
	铁佛镇	0.0475
	高楼镇	1.2943
	归德镇	1.7166
	甘露镇	2.0000
	球溪镇	1.7674
	顺河场镇	2.0000
	走马镇	1.1383
	龙结镇	0.0447
	罗泉镇	0.0500
	发轮镇	1.9996
	配龙镇	1.5072
隆昌市	金鹅街道	2.7519
	圣灯镇	0.1705
	响石镇	1.9399
	黄家镇	2.2022
	桂花井镇	2.0000
	双凤镇	2.2940

续表

县(市、区)	乡镇(街道)	地形地势指数
	迎祥镇	2.1692
	普润镇	2.5108
	界市镇	2.0194
	石碾镇	3.0000
	周兴镇	2.9757
	石燕桥镇	1.1921
	李市镇	0.1555
	渔箭镇	2.8922
	云顶镇	2.0621
	胡家镇	2.7846
	山川镇	1.8245
	龙市镇	2.8152
	古湖街道	2.3976

6.2.2 交通干线影响度评价

交通干线影响度是用来评价一个地区受交通干线影响强弱的一个指标，反映区域国土空间开发的交通基础设施支撑能力。考虑 5 个区 121 个乡镇、街道对受飞机场、铁路车站、港口、各等级道路等交通干线的辐射影响，对每个乡镇进行交通干线影响的综合评价。

6.2.2.1 技术流程

参照《市县经济社会发展总体规划技术规范与编制导则》，结合内江市实际和周边重要交通枢纽对其影响，交通干线影响评价的技术流程如下：

第一步，从空间规划底图中提取区县铁路车站、高速公路、各级主要道路及附近的港口和机场等交通数据。

第二步，分别对交通干线影响因子进行等级划分，并赋分值。铁路车站、高速公路、各级主要道路等以 3km 和 6km 为缓冲半径，干线机场以 30km、90km 和 150km 为缓冲半径，支线机场以 30km 和 60km 为缓冲半径，港口以 30km 和 60km 为缓冲半径。具体见表 6-6。

表 6-6 交通干线影响分级表

影响因子		分级区间	分值
机场	干线机场	距离干线机场≤30km	$X_{机场}=5$
		30km＜距离干线机场≤90km	$X_{机场}=4$
		90km＜距离干线机场≤150km	$X_{机场}=3$
		距离支线机场＞150km	$X_{机场}=0$
	支线机场	距离支线机场≤30km	$X_{机场}=4$
		30km＜距离支线机场≤60km	$X_{机场}=3$

续表

影响因子		分级区间	分值
		距离支线机场＞60km	$X_{机场}=0$
港口	主要港口	距离主要港口≤30km	$X_{港口}=3$
		30km＜距离主要港口≤60km	$X_{港口}=2$
		距离主要港口＞60km	$X_{港口}=0$
	一般港口	距离一般港口≤30km	$X_{港口}=2$
		距离一般港口＞30km	$X_{港口}=0$
铁路	高铁站	距离高铁车站≤3km	$X_{铁路}=5$
		3km＜距离高铁车站≤6km	$X_{铁路}=4$
		距离高铁车站＞6km	$X_{铁路}=0$
	普通车站	距离高铁车站≤3km	$X_{铁路}=4$
		3km＜距离高铁车站≤6km	$X_{铁路}=3$
		距离高铁车站＞6km	$X_{铁路}=0$
公路	高速公路	距离高速公路≤3km	$X_{公路}=5$
		3km＜距离高速公路≤6km	$X_{公路}=4$
		距离高速公路＞6km	$X_{公路}=0$
	一级公路	距离一级公路≤3km	$X_{公路}=4$
		3km＜距离一级公路≤6km	$X_{公路}=3$
		距离一级公路＞6km	$X_{公路}=0$
	二级公路	距离二级公路≤3km	$X_{公路}=3$
		3km＜距离二级公路≤6km	$X_{公路}=2$
		距离二级公路＞6km	$X_{公路}=0$
	三级公路	距离三级公路≤3km	$X_{公路}=2$
		3km＜距离三级公路≤6km	$X_{公路}=1$
		距离三级公路＞6km	$X_{公路}=0$
	四级公路	距离四级公路≤3km	$X_{公路}=1$
		距离四级公路＞3km	$X_{公路}=0$

注：主要港口指特大型港口（年吞吐量＞3000 万 t）和大型港口（年吞吐量 1000 万～3000 万 t），一般港口指中型港口（年吞吐量 100 万～1000 万 t）和小型港口（年吞吐量＜100 万 t）。

根据内江和周边城市交通实际，机场方面主要考虑成都双流国际机场和重庆江北国际机场这两个干线机场，港口主要考虑泸州港和宜宾港这两个主要港口，铁路方面主要考虑资中北站、内江北站、隆昌北站三个高铁站和资中站、内江站、隆昌站三个普通车站，公路方面根据四川省地理国情普查数据中的道路等级进行缓冲赋值。

第三步，生成交通干线影响评价图。将交通干线影响评价结果按分值赋相应色值，生成交通干线影响评价图。

6.2.2.2 指标评价

交通干线影响评价函数为

$$f_{交通干线影响}=\begin{cases}4 & X_{机场}+X_{港口}+X_{铁路}+X_{公路}>3\max/4\\3 & \max/2<X_{机场}+X_{港口}+X_{铁路}+X_{公路}\leqslant 3\max/4\\2 & \max/4<X_{机场}+X_{港口}+X_{铁路}+X_{公路}\leqslant \max/2\\1 & 0<X_{机场}+X_{港口}+X_{铁路}+X_{公路}\leqslant \max/4\\0 & X_{机场}+X_{港口}+X_{铁路}+X_{公路}=0\end{cases}$$

式中，$f_{交通干线影响}$为交通干线影响评价值，$X_{机场}$为机场影响评价值；$X_{港口}$为港口影响评价值；$X_{铁路}$为铁路影响评价值；$X_{公路}$为公路影响评价值；max 为$X_{机场}$、$X_{港口}$、$X_{铁路}$、$X_{公路}$加总后的最大值。$f_{交通干线影响}$分值越大，表明区域受交通干线影响越大。

6.2.2.3 评价结果

根据上面的缓冲区分区赋分原则，各要素缓冲区分析情况如下表 6-7 所示。

表 6-7 交通干线缓冲区分析情况表

影响因子		分级区间	受影响乡镇
机场	成都双流国际机场	距离干线机场≤30km	无
		30km＜距离干线机场≤90km	资中县的发轮镇和配龙镇
		90km＜距离干线机场≤150km	资中县和威远县的所有乡镇，以及市中区和东兴区的部分乡镇
	重庆江北国际机场	距离干线机场≤30km	无
		30km＜距离干线机场≤90km	无
		90km＜距离干线机场≤150km	隆昌县和东兴区的部分乡镇
港口	泸州港	距离主要港口≤30km	无
		30km＜距离主要港口≤60km	隆昌县的全部乡镇和东兴区、市中区的部分乡镇
	宜宾港	距离主要港口≤30km	无
		30km＜距离主要港口≤60km	无
铁路	高铁站	成渝高铁上的资中北站、内江北站位于城市周边，其 3km 和 6km 缓冲区影响了市区所在地乡镇和周边乡镇	
		成渝高铁上的隆昌北站位于隆昌县界市镇，其影响了界市镇和普润镇	
	普通车站	成渝铁路上的资中站、内江站、隆昌站均位于市区，其 3km 和 6km 缓冲区均影响的是市区所在地和周边乡镇	
公路		主要是高等级公路周边线状展布的乡镇受交通影响较大，例如厦蓉高速、遂内高速、成泸高速、广成公路等主要交通干线周边线状分布的乡镇受公路影响较大	

成都双流国际机场 30～90km 缓冲区只影响了资中县的发轮镇和配龙镇，90～150km 缓冲区影响了资中县和威远县的所有乡镇，以及东兴区和市中区的部分乡镇，而隆昌县域内的乡镇都不受其影响；重庆江北国际机场只有 90～150km 缓冲区影响了隆昌县和东兴区的部分乡镇，而市中区、威

远县和资中县的乡镇均不受其影响。港口方面，考虑的两个港口——宜宾港和泸州港，只有隆昌县的全部乡镇和市中区、东兴区的部分乡镇受泸州港 30～60km 缓冲区影响，而宜宾港对所有乡镇的缓冲距离均超过 60km。铁路方面，威远境内没有考虑的车站，其所有乡镇均没有铁路方面缓冲区的影响；而成渝高铁上的高铁站和成渝铁路上的普通站一般影响范围为市区所在地乡镇和周边乡镇，只有隆昌高铁站位于界市镇，缓冲区影响了界市镇和普润镇。公路方面，厦蓉高速、遂内高速、成泸高速、广州公路等主要交通干线周边线状分布的乡镇受公路影响较大。

根据评价结果，将内江市域内的乡镇受交通干线影响情况分为四个等级，整体来看内江市域内的交通状况呈现出两大趋势。第一，5 个区县均是县城(市区)所在地及其周边乡镇交通状况最好，受交通干线影响的较强，而随着乡镇远离县市中心，其受交通干线影响越弱；第二，受交通干线影响强的乡镇沿厦蓉高速、遂内高速、成泸高速等主要交通干线周边呈线状分布，远离交通干线的乡镇受到的影响较小，而各区县所在地既是主要交通干线通过的乡镇，也是次要交通干线的汇聚区域，其交通干线影响评价得分最高。五大区县的比较来看，威远县受交通干线影响最弱，其境内乡镇没有受交通干线影响等级最高的乡镇，等级较高的乡镇主要分布在从县城所在地严陵镇出发的成泸高速沿线；而资中县、市中区和东兴区的乡镇整体受交通干线影响较强，均有交通干线影响评价等级最高的乡镇分布，等级较高的乡镇分布在县市中心区域和沿成渝高速和铁路周边线状分布，另有部分乡镇离县市中心较远得分较低；隆昌县域内的乡镇受交通干线影响整体状况最好，市域内受交通影响较高等级乡镇较多，主要分布在市区周边和成渝高速沿线，并且其境内没有等级最低的乡镇分布。四个等级的乡镇评价数据见表 6-8，图 6-2。

表 6-8　交通干线影响评价数据表

乡镇(街道)	县(市、区)	机场影响评价	港口影响评价	铁路影响评价	公路影响评价	交通干线影响	交通干线影响分级
玉溪街道	市中区	0	0	8	15	23	4
城西街道	市中区	0	0	8	14	22	4
城南街道	市中区	0	2	4	14	20	3
城东街道	市中区	0	0	4	14	18	3
白马镇	市中区	0	2	0	9	11	2
牌楼街道	市中区	0	2	8	15	25	4
乐贤街道	市中区	0	2	0	15	17	3
靖民镇	市中区	3	0	0	12	15	3
凌家镇	市中区	0	0	0	10	10	2
朝阳镇	市中区	3	0	0	9	12	2
全安镇	市中区	3	0	0	3	6	1
沱江乡	市中区	0	2	0	2	4	1
永安镇	市中区	0	0	0	9	9	2
凤鸣乡	市中区	3	0	0	8	11	2
史家镇	市中区	3	0	0	15	18	3
伏龙乡	市中区	0	2	0	7	9	2

续表

乡镇(街道)	县(市、区)	机场影响评价	港口影响评价	铁路影响评价	公路影响评价	交通干线影响	交通干线影响分级
龚家镇	市中区	3	0	0	6	9	2
壕子口街道	市中区	0	0	8	15	23	4
交通镇	市中区	0	0	4	15	19	3
四合镇	市中区	3	0	3	14	20	3
东兴街道	东兴区	0	0	8	14	22	4
西林街道	东兴区	0	0	8	15	23	4
新江街道	东兴区	0	2	7	14	23	4
椑木镇	东兴区	0	2	0	15	17	3
郭北镇	东兴区	3	2	0	8	13	2
田家镇	东兴区	3	0	0	6	9	2
高梁镇	东兴区	3	0	0	3	6	1
白合镇	东兴区	3	0	0	4	7	2
顺河镇	东兴区	3	2	0	3	8	2
胜利街道	东兴区	3	0	8	14	25	4
高桥镇	东兴区	3	0	4	10	17	3
双才镇	东兴区	3	0	0	12	15	3
杨家镇	东兴区	3	0	0	2	5	1
小河口镇	东兴区	0	2	0	15	17	3
石子镇	东兴区	3	2	0	4	9	2
椑南镇	东兴区	3	2	0	14	19	3
同福乡	东兴区	6	0	0	10	16	3
三烈乡	东兴区	3	0	0	9	12	2
双桥乡	兴区	6	0	0	10	16	3
新店乡	东兴区	6	0	0	9	15	3
大治乡	东兴区	6	0	0	7	13	2
太安乡	东兴区	3	0	0	5	8	2
永福乡	东兴区	3	0	0	3	6	1
苏家乡	东兴区	3	0	0	4	7	2
平坦镇	东兴区	3	2	0	1	6	1
柳桥乡	东兴区	3	2	0	6	11	2
永东乡	东兴区	3	2	0	2	7	2
富溪乡	东兴区	3	0	0	15	18	3
中山乡	东兴区	0	2	0	11	13	2
严陵镇	威远县	3	0	0	14	17	3
铺子湾镇	威远县	3	0	0	14	17	3

续表

乡镇(街道)	县(市、区)	机场影响评价	港口影响评价	铁路影响评价	公路影响评价	交通干线影响	交通干线影响分级
镇西镇	威远县	3	0	0	9	12	2
庆卫镇	威远县	3	0	0	10	13	2
向义镇	威远县	3	0	0	5	8	2
新店镇	威远县	3	0	0	10	13	2
界牌镇	威远县	3	0	0	10	13	2
新场镇	威远县	3	0	0	11	14	3
连界镇	威远县	3	0	0	11	14	3
山王镇	威远县	3	0	0	3	6	1
观英滩镇	威远县	3	0	0	3	6	1
黄荆沟镇	威远县	3	0	0	4	7	2
越溪镇	威远县	3	0	0	3	6	1
两河镇	威远县	3	0	0	10	13	2
小河镇	威远县	3	0	0	3	6	1
碗厂镇	威远县	3	0	0	3	6	1
龙会镇	威远县	3	0	0	6	9	2
高石镇	威远县	3	0	0	9	12	2
靖和镇	威远县	3	0	0	9	12	2
东联镇	威远县	3	0	0	6	9	2
重龙镇	资中县	3	0	9	15	27	4
水南镇	资中县	3	0	8	15	26	4
板栗椏乡	资中县	3	0	0	13	16	3
苏家湾镇	资中县	3	0	0	7	10	2
狮子镇	资中县	3	0	0	1	4	1
太平镇	资中县	3	0	0	2	5	1
龙山乡	资中县	3	0	0	6	9	2
双龙镇	资中县	3	0	0	4	7	2
马鞍镇	资中县	3	0	0	4	7	2
骝马镇	资中县	3	0	0	4	7	2
龙江镇	资中县	3	0	0	4	7	2
孟塘镇	资中县	3	0	0	1	4	1
银山镇	资中县	3	0	0	13	16	3
明心寺镇	资中县	3	0	3	12	18	3
公民镇	资中县	3	0	0	4	7	2
双河镇	资中县	3	0	0	4	7	2
宋家镇	资中县	3	0	0	4	7	2

续表

乡镇(街道)	县(市、区)	机场影响评价	港口影响评价	铁路影响评价	公路影响评价	交通干线影响	交通干线影响分级
陈家镇	资中县	3	0	0	3	6	1
新桥镇	资中县	3	0	0	7	10	2
兴隆街镇	资中县	3	0	0	7	10	2
鱼溪镇	资中县	3	0	0	9	12	2
金李井镇	资中县	3	0	0	8	11	2
铁佛镇	资中县	3	0	0	5	8	2
高楼镇	资中县	3	0	0	9	12	2
归德镇	资中县	3	0	0	8	11	2
甘露镇	资中县	3	0	0	3	6	1
球溪镇	资中县	3	0	0	11	14	3
顺河场镇	资中县	3	0	0	9	12	2
走马镇	资中县	3	0	0	7	10	2
龙结镇	资中县	3	0	0	5	8	2
罗泉镇	资中县	3	0	0	1	4	1
发轮镇	资中县	4	0	0	1	5	1
配龙镇	资中县	4	0	0	3	7	2
金鹅镇	隆昌县	3	2	3	15	23	4
圣灯镇	隆昌县	3	2	0	6	11	2
响石镇	隆昌县	0	2	0	5	7	2
黄家镇	隆昌县	0	2	0	6	8	2
桂花井镇	隆昌县	0	2	0	6	8	2
双凤镇	隆昌县	3	2	0	11	16	3
迎祥镇	隆昌县	3	2	0	11	16	3
普润镇	隆昌县	3	2	4	9	18	3
界市镇	隆昌县	3	2	5	5	15	3
石碾镇	隆昌县	3	2	0	9	14	3
周兴镇	隆昌县	3	2	0	6	11	2
石燕桥镇	隆昌县	3	2	0	12	17	3
李市镇	隆昌县	3	2	0	6	11	2
渔箭镇	隆昌县	3	2	0	8	13	2
云顶镇	隆昌县	3	2	0	7	12	2
胡家镇	隆昌县	3	2	0	5	10	2
山川镇	隆昌县	3	2	3	14	22	4
龙市镇	隆昌县	3	2	0	9	14	3
古湖街道	隆昌县	3	2	4	15	24	4

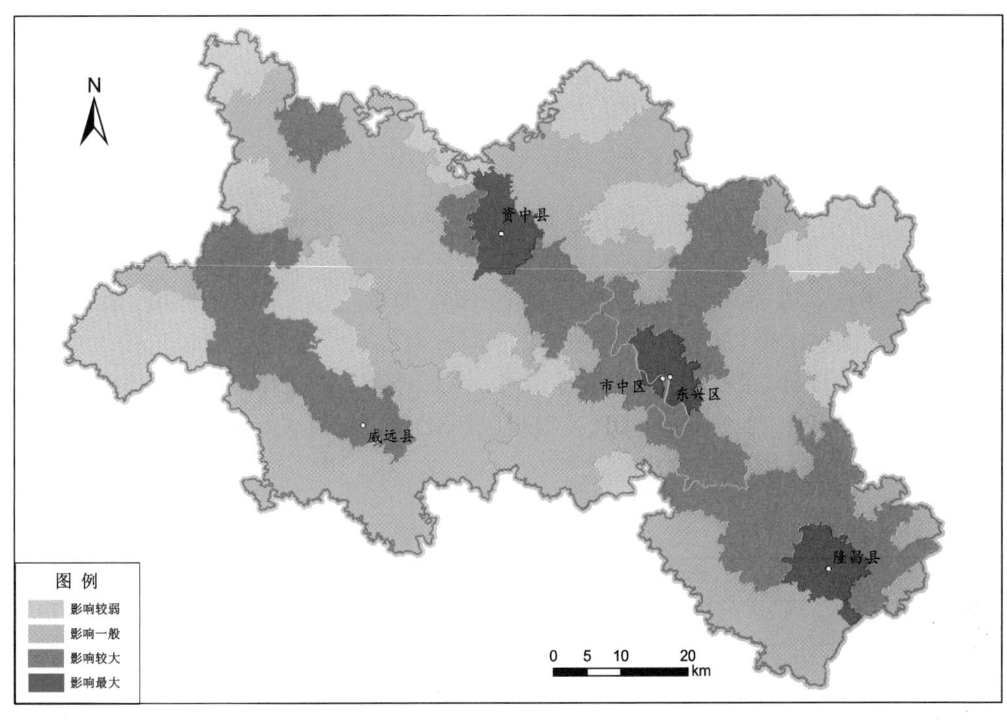

图 6-2　内江市 2 乡镇交通干线影响评价图

交通干线影响 4 级：此等级乡镇受交通干线影响最强，总共有 13 个，主要有隆昌县城所在地的金鹅镇，及其周边的古湖街道和山川镇，市中区的壕子口街道、玉溪街道、牌楼街道、城西街道，东兴区的胜利街道、东兴街道、新江街道，资中县城所在地重龙镇及其紧邻的水南镇；威远县内没有等级最高的乡镇分布。

交通干线影响 3 级：此等级乡镇受交通干线影响也较强，主要分布于县城(市区)周边及沿主要交通干线分布，总共有 31 个。东兴区此类乡镇最多，沿遂内高速、成渝高速分布有 9 个乡镇；隆昌县、市中区此类乡镇也较多，各有 7 个，都沿成渝高速和成渝铁路分布；威远县和资中县此类乡镇各有 4 个，资中县内此类乡镇沿成渝高速分布，威远县内此类乡镇沿成泸高速分布。

交通干线影响 2 级：此等级乡镇受交通干线影响较弱，数量最多，总共有 59 个，它们一般离县城(市区)所在地有一定距离，离主要交通干线较远，这些乡镇内部主要是低等级道路穿过或汇聚。

交通干线影响 1 级：此等级乡镇受交通干线影响最弱，总共有 18 个乡镇，基本上分布于县域内的最偏远地区，离主要交通干线最远。这些乡镇有资中县的发轮镇、甘露镇、罗泉镇、太平镇、孟塘镇、狮子镇、陈家镇，市中区的全安镇、沱江乡，东兴区的平坦镇、杨家镇、永福乡、高梁镇，威远县的小河镇、山王镇、碗厂镇、观音滩镇、越溪镇。

6.2.3　区位优势评价

区位优势度是用来评价一个区域在周边大区域中经济社会发展相对优势性的指标，既要考虑外部的区位优势性，例如跟周边中心城市联系的便利性，又要考虑内部的区位优势性，跟各自县域中心联系的方便性。对 5 个区县 121 个乡镇、街道考虑受重庆、成都、内江三个外部中心城市的影响和与其联系的外部区位优势性，又考虑跟各自县域中心联系的内部区位优势性，通过外部和内部求和，对每个乡镇进行区位优势性的综合评价。

6.2.3.1 技术流程

参照《导则》，结合内江在成渝经济区中的区位状况，对各乡镇进行区位优势性的评价技术流程如下：

第一步，提取重庆、成都、内江三市 2014 年的 GDP 数据。计算市县各乡镇到这三个中心城区的交通距离。

第二步，计算区位评价系数。按 GDP 降序，将重庆、成都、内江排序为 a、b、c，其 GDP 值排序为 GDP_a、GDP_b、GDP_c；分别计算 GDP_a、GDP_b 与 GDP_c 的比值 a_a、a_b；将比值进行分等，并对外部区位评价系数 β 赋值。具体见表 6-9。

表 6-9 系数 β 的取值

α 值范围	$[1，a_a/4+3/4]$	$(a_a/4+3/4，a_a/2+1/2]$	$(a_a/2+1/2，3a_a/4+1/4]$	$(3a_a/4+1/4，a_a]$
β 系数	1	2	3	4

将市县各乡镇至重庆、成都的车程距离按 120 min、150 min、180 min 和 210 min 车程分为五个区段，将市县各乡镇至内江中心城区的车程距离按 30 min、60 min、90 min 和 120 min 分为 5 个区段，并赋外部区位分值。计算市县中心城区至本市县行政边界最远距离，取其 1/5 设为 D 值，将市县各乡镇至中心城区的交通距离分为五个区段，并赋内部区位分值。见表 6-10。

第三步，生成区位优势评价图。将区位优势评价结果按分值赋相应色值，生成区位优势评价图。

表 6-10 区位优势分级表

影响因子	区段分级	分值
本市县各乡镇至内江中心城区的车程距离	车程≤30 min	$X_{外部区位}=\alpha\cdot\beta$
	30min＜车程≤60 min	$X_{外部区位}=3\alpha\cdot\beta/4$
	60min＜车程≤90 min	$X_{外部区位}=\alpha\cdot\beta/2$
	90min＜车程≤120 min	$X_{外部区位}=\alpha\cdot\beta/4$
	车程＞120 min	$X_{外部区位}=0$
本市县各乡镇至重庆、成都中心城区的车程距离	车程≤120 min	$X_{外部区位}=\alpha\cdot\beta$
	120min＜车程≤150 min	$X_{外部区位}=3\alpha\cdot\beta/4$
	150min＜车程≤180 min	$X_{外部区位}=\alpha\cdot\beta/2$
	180min＜车程≤210 min	$X_{外部区位}=\alpha\cdot\beta/4$
县各乡镇至本市县中心城区的交通距离	距离≤D	4
	D＜距离≤$2D$	3
	$2D$＜距离≤$3D$	2
	$3D$＜距离≤$4D$	1
	距离＞$4D$	0

6.2.3.2　指标评价

区位优势的评价函数为

$$f_{外部区位}=\begin{cases}4 & X_{外部区位a}+X_{外部区位b}+\cdots+X_{外部区位z}>3\max/4\\ 3 & \max/2<X_{外部区位a}+X_{外部区位b}+\cdots+X_{外部区位z}\leqslant 3\max/4\\ 2 & \max/4<X_{外部区位a}+X_{外部区位b}+\cdots+X_{外部区位z}\leqslant \max/2\\ 1 & 0<X_{外部区位a}+X_{外部区位b}+\cdots+X_{外部区位z}\leqslant \max/4\\ 0 & X_{外部区位a}+X_{外部区位b}+\cdots+X_{外部区位z}=0\end{cases}\tag{6-3}$$

$$f_{内部区位}=\begin{cases}4 & X_{内部区位}\leqslant D\\ 3 & D<X_{内部区位}\leqslant 2D\\ 2 & 2D<X_{内部区位}\leqslant 3D\\ 1 & 3D<X_{内部区位}\leqslant 4D\\ 0 & X_{内部区位}>4D\end{cases}\tag{6-4}$$

$$f_{区位优势}=\begin{cases}4 & f_{外部区位}+f_{内部区位}=7,8\\ 3 & f_{外部区位}+f_{内部区位}=5,6\\ 2 & f_{外部区位}+f_{内部区位}=3,4\\ 1 & f_{外部区位}+f_{内部区位}=1,2\\ 0 & f_{外部区位}+f_{内部区位}=0\end{cases}\tag{6-5}$$

式中，$f_{区位优势}$为市县各地的区位优势评价值；$f_{外部区位}$为外部区位评价值；$f_{内部区位}$为内部区位评价值。$f_{区位优势}$分值越高，表明区位优势越大。

6.2.3.3　评价结果

根据上述区位评价系数赋值方法，重庆外部区位评价系数为 4、成都为 3、内江为 1，利用上述车程区间分段方法，求得每个镇的外部区位优势值，利用内部区位优势车程区间分段和赋值方法求得内部区位优势评价值，加总求得每个乡镇的区位优势评价值。最后将所有乡镇的区位优势分为四级，级别越高，区位优势越强，如表 6-11、图 6-3。

表 6-11　区位优势数据表

乡镇(街道)	县(市、区)	成都外部区位分值	重庆外部区位分值	内江外部区位分值	外部区位优势分值	外部区位优势评价值	内部区位优势评价值	区位优势评价值
玉溪街道	市中区	13.04	24.66	1	38.70	4	4	4
城西街道	市中区	13.04	24.66	1	38.70	4	4	4
城南街道	市中区	13.04	12.33	1	26.37	3	4	4
城东街道	市中区	13.04	24.66	1	38.70	4	4	4
白马镇	市中区	13.04	24.66	1	38.70	4	2	3
牌楼街道	市中区	13.04	12.33	1	26.37	3	4	4
乐贤街道	市中区	13.04	12.33	1	26.37	3	3	3
靖民镇	市中区	13.04	12.33	0.75	26.12	3	1	2

续表

乡镇(街道)	县(市、区)	成都外部区位分值	重庆外部区位分值	内江外部区位分值	外部区位优势分值	外部区位优势评价值	内部区位优势评价值	区位优势评价值
凌家镇	市中区	13.04	12.33	1	26.37	3	0	2
朝阳镇	市中区	13.04	12.33	1	26.37	3	0	2
全安镇	市中区	13.04	0.00	0.75	13.79	2	1	2
沱江乡	市中区	13.04	0.00	0.75	13.79	2	0	1
永安镇	市中区	19.56	24.66	1	45.22	4	1	3
凤鸣乡	市中区	13.04	12.33	0.75	26.12	3	1	2
史家镇	市中区	19.56	24.66	1	45.22	4	2	3
伏龙乡	市中区	13.04	12.33	0.75	26.12	3	0	2
龚家镇	市中区	13.04	12.33	1	26.37	3	2	3
壕子口街道	市中区	13.04	24.66	1	38.70	4	4	4
交通镇	市中区	19.56	12.33	1	32.89	3	4	4
四合镇	市中区	19.56	24.66	1	45.22	4	3	4
东兴街道	东兴区	13.04	24.66	1	38.70	4	4	4
西林街道	东兴区	19.56	24.66	1	45.22	4	4	4
新江街道	东兴区	19.56	24.66	1	45.22	4	4	4
椑木镇	东兴区	13.04	24.66	1	38.70	4	3	4
郭北镇	东兴区	13.04	12.33	1	26.37	3	3	3
田家镇	东兴区	13.04	12.33	0.75	26.12	3	3	3
高梁镇	东兴区	6.52	24.66	0.5	31.68	3	1	2
白合镇	东兴区	6.52	24.66	0.75	31.93	3	1	2
顺河镇	东兴区	13.04	12.33	0.75	26.12	3	2	3
胜利街道	东兴区	19.56	24.66	1	45.22	4	4	4
高桥镇	东兴区	13.04	12.33	1	26.37	3	4	4
双才镇	东兴区	13.04	12.33	1	26.37	3	3	3
杨家镇	东兴区	6.52	24.66	0.5	31.68	3	0	2
小河口镇	东兴区	13.04	24.66	1	38.70	4	3	4
石子镇	东兴区	6.52	36.99	0.75	44.26	4	0	2
椑南镇	东兴区	13.04	24.66	1	38.70	4	2	3
同福乡	东兴区	13.04	12.33	0.75	26.12	3	2	3
三烈乡	东兴区	13.04	12.33	0.75	26.12	3	2	3
双桥乡	东兴区	13.04	12.33	0.75	26.12	3	1	2
新店乡	东兴区	13.04	12.33	0.75	26.12	3	1	2
大治乡	东兴区	13.04	12.33	0.75	26.12	3	0	2
太安乡	东兴区	6.52	12.33	0.75	19.60	2	2	2
永福乡	东兴区	6.52	12.33	0.5	19.35	2	0	1
苏家乡	东兴区	6.52	24.66	0.5	31.68	3	0	2

续表

乡镇(街道)	县(市、区)	成都外部区位分值	重庆外部区位分值	内江外部区位分值	外部区位优势分值	外部区位优势评价值	内部区位优势评价值	区位优势评价值
平坦镇	东兴区	6.52	12.33	0.75	19.60	2	1	2
柳桥乡	东兴区	13.04	24.66	0.75	38.45	4	2	3
永东乡	东兴区	6.52	12.33	0.75	19.60	2	2	2
富溪乡	东兴区	6.52	0.00	0.75	7.27	1	1	1
中山乡	东兴区	13.04	24.66	0.75	38.45	4	2	3
严陵镇	威远县	19.56	0.00	0.75	20.31	2	4	3
铺子湾镇	威远县	19.56	0.00	0.5	20.06	2	4	3
镇西镇	威远县	19.56	0.00	0.75	20.31	2	3	3
庆卫镇	威远县	19.56	0.00	0.25	19.81	2	3	3
向义镇	威远县	19.56	12.33	0.75	32.64	3	3	3
新店镇	威远县	19.56	12.33	0.75	32.64	3	3	3
界牌镇	威远县	13.04	12.33	0.75	26.12	3	3	3
新场镇	威远县	19.56	0.00	0.5	20.06	2	1	2
连界镇	威远县	26.08	0.00	0.5	26.58	3	0	2
山王镇	威远县	13.04	0.00	0.5	13.54	2	2	2
观英滩镇	威远县	19.56	0.00	0.25	19.81	2	0	1
黄荆沟镇	威远县	13.04	0.00	0.5	13.54	2	2	2
越溪镇	威远县	19.56	0.00	0.25	19.81	2	0	1
两河镇	威远县	26.08	0.00	0.5	26.58	3	0	2
小河镇	威远县	19.56	0.00	0.25	19.81	2	0	1
碗厂镇	威远县	26.08	0.00	0.25	26.33	3	0	2
龙会镇	威远县	13.04	0.00	0.5	13.54	2	3	3
高石镇	威远县	13.04	0.00	0.5	13.54	2	3	3
靖和镇	威远县	13.04	0.00	0.75	13.79	2	2	2
东联镇	威远县	13.04	0.00	0.75	13.79	2	2	2
重龙镇	资中县	19.56	12.33	0.75	32.64	3	4	4
水南镇	资中县	19.56	12.33	0.75	32.64	3	4	4
板栗椏乡	资中县	19.56	12.33	0.75	32.64	3	4	4
苏家湾镇	资中县	19.56	12.33	0.5	32.39	3	3	3
狮子镇	资中县	13.04	12.33	0.75	26.12	3	2	3
太平镇	资中县	13.04	12.33	0.75	26.12	3	2	3
龙山乡	资中县	13.04	12.33	0.75	26.12	3		2
双龙镇	资中县	13.04	0.00	0.5	13.54	2	3	3
马鞍镇	资中县	13.04	12.33	0.5	25.87	3	2	3
骝马镇	资中县	13.04	0.00	0.5	13.54	2	2	2

续表

乡镇(街道)	县(市、区)	成都外部区位分值	重庆外部区位分值	内江外部区位分值	外部区位优势分值	外部区位优势评价值	内部区位优势评价值	区位优势评价值
龙江镇	资中县	6.52	12.33	0.5	19.35	2	1	2
孟塘镇	资中县	6.52	0.00	0.5	7.02	1	0	1
银山镇	资中县	19.56	24.66	1	45.22	4	3	4
明心寺镇	资中县	19.56	12.33	0.75	32.64	3	4	4
公民镇	资中县	19.56	12.33	0.75	32.64	3	3	3
双河镇	资中县	19.56	12.33	0.75	32.64	3	3	3
宋家镇	资中县	13.04	0.00	0.25	13.29	2	2	2
陈家镇	资中县	13.04	0.00	0.5	13.54	2	2	2
新桥镇	资中县	19.56	12.33	0.5	32.39	3	3	3
兴隆街镇	资中县	19.56	12.33	0.75	32.64	3	3	3
鱼溪镇	资中县	26.08	12.33	0.75	39.16	4	3	4
金李井镇	资中县	26.08	12.33	0.75	39.16	4	2	3
铁佛镇	资中县	19.56	12.33	0.5	32.39	3	1	2
高楼镇	资中县	26.08	12.33	0.5	38.91	4	2	3
归德镇	资中县	19.56	12.33	0.5	32.39	3	2	3
甘露镇	资中县	13.04	0.00	0.5	13.54	2	2	2
球溪镇	资中县	26.08	12.33	0.5	38.91	4	1	3
顺河场镇	资中县	26.08	12.33	0.5	38.91	4	0	2
走马镇	资中县	19.56	0.00	0.5	20.06	2	1	2
龙结镇	资中县	19.56	0.00	0.5	20.06	2	0	1
罗泉镇	资中县	19.56	0.00	0.25	19.81	2	0	1
发轮镇	资中县	19.56	0.00	0.25	19.81	2	0	1
配龙镇	资中县	19.56	0.00	0.5	20.06	2	0	1
金鹅镇	隆昌县	13.04	24.66	0.75	38.45	4	4	4
圣灯镇	隆昌县	6.52	24.66	0.75	31.93	3	2	3
响石镇	隆昌县	6.52	24.66	0.5	31.68	3	1	2
黄家镇	隆昌县	13.04	24.66	0.75	38.45	4	1	3
桂花井镇	隆昌县	13.04	24.66	0.75	38.45	4	0	2
双凤镇	隆昌县	13.04	24.66	0.75	38.45	4	0	2
迎祥镇	隆昌县	13.04	24.66	0.75	38.45	4	2	3
普润镇	隆昌县	6.52	24.66	0.75	31.93	3	2	3
界市镇	隆昌县	6.52	24.66	0.5	31.68	3	1	2
石碾镇	隆昌县	6.52	24.66	0.75	31.93	3	3	3
周兴镇	隆昌县	6.52	24.66	0.75	31.93	3	2	3
石燕桥镇	隆昌县	6.52	24.66	0.75	31.93	3	3	3
李市镇	隆昌县	6.52	24.66	0.75	31.93	3	2	3

续表

乡镇(街道)	县(市、区)	成都外部区位分值	重庆外部区位分值	内江外部区位分值	外部区位优势分值	外部区位优势评价值	内部区位优势评价值	区位优势评价值
渔箭镇	隆昌县	13.04	36.99	0.75	50.78	4	1	3
云顶镇	隆昌县	6.52	24.66	0.75	31.93	3	2	3
胡家镇	隆昌县	6.52	24.66	0.75	31.93	3	1	2
山川镇	隆昌县	6.52	24.66	0.75	31.93	3	3	3
龙市镇	隆昌县	6.52	24.66	0.5	31.68	3	2	3
古湖街道	隆昌县	13.04	24.66	0.75	38.45	4	4	4

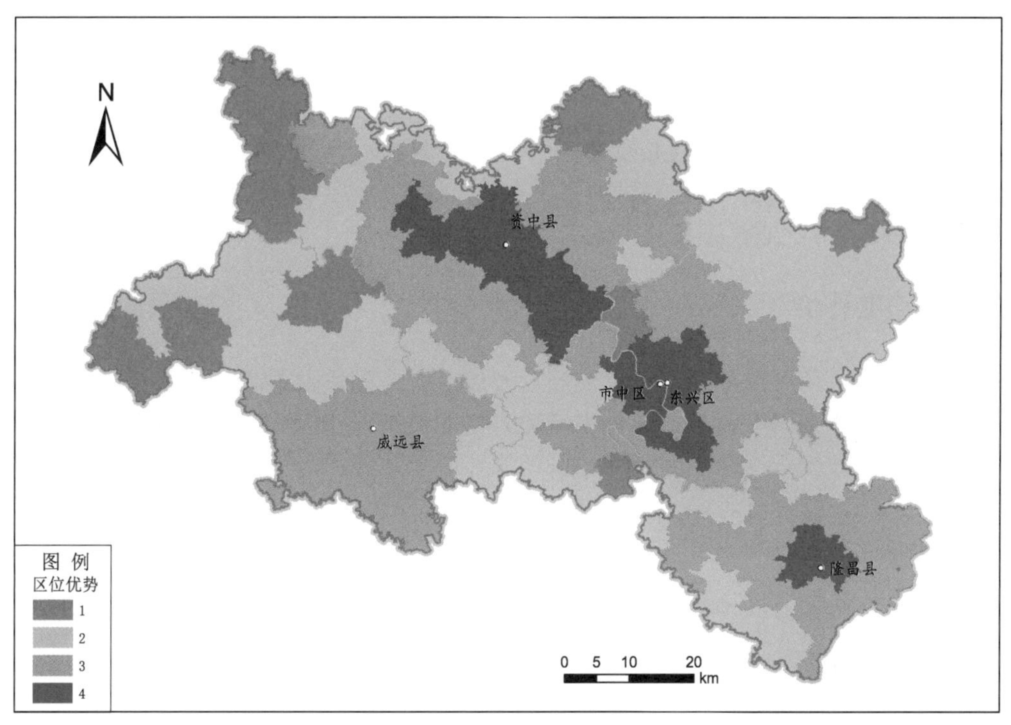

图 6-3　内江市乡镇区位优势图

整体来看，内江市域内的乡镇区位优势呈现出由中心城区向周边递减的趋势。每个县域内基本上是县城所在地和紧邻乡镇区位优势性最强，而县域内边远乡镇区位优势性最弱。另外，处于内外部主要交通通道周边线状分布的乡镇在区位上有一定优势。五个区县比较来看，威远县内乡镇整体区位优势性最差，威远县内没有区位优势性评价等级最高的乡镇，另有 3 个乡镇区位优势性最弱；其次，资中县、市中区和东兴区乡镇区位优势性较好，资中县内有 6 个乡镇区位优势性为最高等级，但同时也有 5 个乡镇处于区位优势性最弱等级，市中区和东兴区的街道中除了市中区的乐贤街道外，其余都是区位优势性最高等级，市中区和东兴区都各只有一个乡镇优势性等级最弱，分别为沱江乡和永福乡；隆昌县区位优势性整体最好，市区周边的两个乡镇等级最高，周边一圈乡镇区位优势性均较好，而没有得分等级最弱的乡镇。各等级乡镇情况如下。

区位优势性 4 级：此等级乡镇区位优势性最强，全部位于各自县城中心和紧邻县城中心。这些乡镇有隆昌县区所在金鹅镇和紧邻的古湖街道，市中区的玉溪街道、城西街道、城东街道、城南街道、牌楼街道、交通镇、四合镇、壕子口街道，东兴区的西林街道、胜利街道、东兴街道、新江街道、高桥镇、小河口镇、椑木镇，市中区和东兴区的这些区位优势性最好的街道和乡镇都位于市区或者紧邻市区，资中县等级最高的乡镇较多，除了市区所在地重龙镇和水南镇之外，紧邻市区并且沿成渝交通走廊分布的乡镇——鱼溪镇、板栗椏乡、明心寺镇、银山镇区位优势性也都处于最高等级；而威远县没有区位优势性最高等级的乡镇分布。

区位优势性 3 级：低等级乡镇区位优势较好，数量最多，基本都位于各县区中心城区周边，离中心城区距离相对较近。隆昌县内此等级乡镇围绕市区所在地金鹅镇和古湖街道呈圆状分布；威远县域内此等级乡镇为最高等级，基本也是围绕县城所在地严陵镇呈圆状分布；而市中区、东兴区和资中县此等级的乡镇除了具有上述分布特征外，主要沿着成渝高速通道平行线状分布。

区位优势性 2 级：此等级乡镇区位优势性较差，数量较多，它们一般离各自县城和主要交通干线较远，在县域版图上快处于边界位置。

区位优势性 1 级：此等级乡镇区位优势性最差，数量较少，它们基本都位于各区县的最边远位置。这些乡镇有市中区的沱江乡，东兴区的富溪乡和永福乡，资中县的孟塘镇、发轮镇、配龙镇、罗泉镇，威远县的小河镇、越溪镇和观音滩镇。

6.2.4 人口聚集度评价

人口集聚度是指一个区域资源环境以及产业发展对人口的集聚能力，既包括区域总人口的集聚，也包括城镇及其产业对城镇人口或外来流动人口的集聚。作为一个综合性人口状况指标不仅准确反应了地区人口集聚程度，也是反映地区资源环境承载能力、区域现有开发强度及区域未来开发潜力的重要标志。针对内江市 5 个区县 121 个乡镇、街道主要使用人口密度和人口聚集度两个指标进行评价。

6.2.4.1 技术流程

第一步，利用空间规划底图中的人口数据，以乡镇为单元，计算人口聚集度。

计算公式为：乡镇人口聚集度= 乡镇人口密度×d

其中，乡镇人口密度=乡镇总人口 / 乡镇土地面积。d 为乡镇人口增长率权系数，乡镇人口增长率分为 5 个等级，具体见表 6-12。根据数据获取情况，人口聚集度根据 2013 年、2014 年的人口数据测算。

表 6-12 各乡镇 d 值的取值

人口增长率	＜0‰	0～5‰	5‰～10‰	10‰～15‰	＞15‰
d 值	0.8	1.2	1.4	1.6	1.8

第二步，将计算得到的乡镇人口聚集度划分为 4 个区间，并赋分值。

第三步，生成人口聚集度评价图。将人口聚集度评价结果按分值赋相应色值，生成人口聚集度评价图。

6.2.4.2　指标分级

在 GIS 制图软件支持下，将“人口集聚度”指标值由高值样本区向低值样本区，依次按样本数的分布频率自然分等，评价指标分级阈值如表 6-13。

表 6-13　相关分级阈值

等级	4	3	2	1
人口聚集度分级	≥10000	4000～10000	1500～4000	<1500

6.2.4.3　评价结果

1. 人口密度

内江市人口密度最大值为 44562.67 人/km^2，最小值为 258.30 人/km^2。按照自然分级分为 4 级后，103 个乡镇为人口密度低值区，占全市面积的 93.64%；12 个乡镇为人口密度中值区，占全市面积的 6.22%；3 个乡镇为人口密度较高值区，占全市面积的 0.1%；3 个乡镇为人口密度高值区，占全市面积的 0.04%。从 5 个区市县人口密度的内部空间差异而言，人口密度低值区分布范围较广，人口密度中值区主要是各个区市县的中心乡镇，人口密度较高值区和高值区则主要分布在市中区中心地段。

2. 人口聚集度

从总体来看，内江市 5 区市县有 101 个乡镇的人口聚集度低，占全市面积的 92.50%，分布范围较广；有 12 个乡镇的人口聚集度为人口聚集中值区，占全市面积的 6.94%，主要分布在各个区市县的中心；而剩余的 8 个乡镇的人口聚集度则偏高，属于人口聚集度较高值区和高值区，分别占全市面积的 0.42%和 0.14%。其中，人口聚集度较高值区包括 2 个乡镇，且均属于东兴区，而人口聚集度高值区包括 6 个乡镇，均分布于市中区的中心地带。就人口聚集度的空间格局而言，人口聚集度中值区及以上的区域主要为各个区市县的中心镇，从空间上呈现以中心镇为原点向外围扩散的圈层式格局。资中县以重龙镇和水南镇为中心向外围人口聚集度逐渐降低，威远县以严陵镇为中心向外围人口聚集度降低，隆昌县以金鹅镇、古湖街道为中心向外围人口聚集度降低，东兴区人口聚集度呈扇形扩散，西林街道和东兴街道人口聚集度较高，呈扇形向外围人口聚集度逐渐降低，市中区以城南街道、城东街道、牌楼街道等 6 个街道为中心呈扇形向外围人口聚集度逐渐降低(表 6-14、图 6-4)。

表 6-14　内江市 121 个乡镇人口聚集度评价

序号	乡镇(街道)	区县	土地面积/km^2	人口密度/(人/km^2)	人口聚集度/(人/km^2)
人口聚集度第 4 级					
1	城南街道	市中区	0.73	44562.67	53475.20
2	城东街道	市中区	0.58	38456.80	46148.16
3	牌楼街道	市中区	1.69	21441.53	30018.14
4	玉溪街道	市中区	0.96	37106.41	29685.13
5	城西街道	市中区	1.30	24337.17	29204.61

续表

序号	乡镇(街道)	区县	土地面积/km^2	人口密度/(人/km^2)	人口聚集度/(人/km^2)
6	壕子口街道	市中区	2.28	12526.25	10021.00
人口聚集度第3级					
1	西林街道	东兴区	11.01	4498.15	5397.78
2	东兴街道	东兴区	11.66	3724.63	4469.55
人口聚集度第2级					
1	四合镇	市中区	12.00	1638.70	2949.66
2	古湖街道	隆昌县	38.11	2368.46	2842.15
3	严陵镇	威远县	70.58	2294.45	2753.34
4	水南镇	资中县	46.43	1938.23	2325.88
5	胜利街道	东兴区	24.33	1860.89	2233.07
6	新江街道	东兴区	16.67	1626.13	1951.36
7	乐贤街道	市中区	10.53	2397.52	1918.02
8	金鹅镇	隆昌县	32.34	2357.18	1885.74
9	白马镇	市中区	37.16	1426.27	1711.52
10	重龙镇	资中县	47.84	2106.26	1685.01
11	椑木镇	东兴区	13.43	2000.37	1600.30
12	交通镇	市中区	24.06	888.67	1599.61
人口聚集度第1级					
1	周兴镇	隆昌县	23.82	1011.27	1213.52
2	凤鸣乡	市中区	22.54	1001.58	1201.89
3	全安镇	市中区	26.75	994.73	1193.67
4	史家镇	市中区	18.25	968.57	1162.28
5	小河口镇	东兴区	36.77	968.38	1162.06
6	响石镇	隆昌县	54.37	913.66	1096.39
7	永安镇	市中区	48.35	910.02	1092.03
8	高桥镇	东兴区	36.10	907.48	1088.97
9	椑南镇	东兴区	40.75	888.30	1065.96
10	山川镇	隆昌县	18.75	1312.39	1049.91
11	龙市镇	隆昌县	65.57	852.89	1023.46
12	中山乡	东兴区	25.74	845.37	1014.44
13	朝阳镇	市中区	35.83	830.66	996.79
14	普润镇	隆昌县	28.73	820.81	984.97
15	走马镇	资中县	40.70	812.00	974.40
16	双才镇	东兴区	55.57	792.73	951.27
17	胡家镇	隆昌县	61.36	792.49	950.99

续表

序号	乡镇(街道)	区县	土地面积/km^2	人口密度/(人/km^2)	人口聚集度/(人/km^2)
18	郭北镇	东兴区	60.12	769.87	923.84
19	田家镇	东兴区	40.96	754.57	905.48
20	沱江乡	市中区	26.74	753.22	903.86
21	界市镇	隆昌县	69.36	683.15	819.78
22	云顶镇	隆昌县	41.48	1015.45	812.36
23	富溪乡	东兴区	38.90	671.98	806.38
24	桂花井镇	隆昌县	16.42	993.20	794.56
25	石子镇	东兴区	41.33	653.17	783.81
26	黄家镇	隆昌县	63.87	970.61	776.49
27	石碾镇	隆昌县	40.16	956.47	765.17
28	铁佛镇	资中县	55.69	594.68	713.62
29	明心寺镇	资中县	38.08	889.59	711.67
30	柳桥乡	东兴区	45.57	589.78	707.73
31	双凤镇	隆昌县	55.22	863.12	690.50
32	苏家乡	东兴区	43.34	573.54	688.25
33	圣灯镇	隆昌县	28.90	860.26	688.21
34	李市镇	隆昌县	19.97	841.13	672.91
35	球溪镇	资中县	59.52	829.92	663.94
36	凌家镇	市中区	47.67	822.36	657.89
37	顺河镇	东兴区	83.89	547.85	657.42
38	高梁镇	东兴区	57.98	546.98	656.38
39	公民镇	资中县	62.24	812.61	650.09
40	高楼镇	资中县	48.62	809.50	647.60
41	双龙镇	资中县	62.23	799.51	639.61
42	鱼溪镇	资中县	53.85	791.35	633.08
43	银山镇	资中县	82.72	784.22	627.38
44	板栗桠乡	资中县	33.26	772.50	618.00
45	骝马镇	资中县	38.79	765.85	612.68
46	马鞍镇	资中县	41.45	762.98	610.39
47	狮子镇	资中县	50.08	760.43	608.34
48	新店镇	威远县	69.79	752.68	602.14
49	石燕桥镇	隆昌县	58.44	752.27	601.82
50	太平镇	资中县	58.22	746.99	597.59
51	向义镇	威远县	47.32	743.55	594.84
52	龙结镇	资中县	58.69	717.15	573.72

续表

序号	乡镇(街道)	区县	土地面积/km^2	人口密度/(人/km^2)	人口聚集度/(人/km^2)
53	迎祥镇	隆昌县	55.26	709.47	567.58
54	渔箭镇	隆昌县	21.79	708.23	566.59
55	永东乡	东兴区	54.56	707.88	566.31
56	龙会镇	威远县	55.38	706.80	565.44
57	东联镇	威远县	31.52	697.20	557.76
58	界牌镇	威远县	43.28	693.77	555.02
59	龙山乡	资中县	28.52	692.68	554.14
60	发轮镇	资中县	55.17	692.49	553.99
61	靖和镇	威远县	34.71	690.15	552.12
62	高石镇	威远县	54.21	673.05	538.44
63	双河镇	资中县	52.32	662.58	530.07
64	归德镇	资中县	46.03	662.44	529.95
65	陈家镇	资中县	53.66	656.82	525.45
66	靖民镇	市中区	23.09	652.19	521.75
67	镇西镇	威远县	110.38	651.92	521.54
68	龙江镇	资中县	90.18	647.71	518.17
69	三烈乡	东兴区	23.52	644.76	515.81
70	太安乡	东兴区	40.96	426.67	512.00
71	配龙镇	资中县	41.13	636.12	508.90
72	兴隆街镇	资中县	35.00	625.44	500.35
73	伏龙乡	市中区	24.10	612.71	490.17
74	杨家镇	东兴区	46.54	612.24	489.79
75	宋家镇	资中县	42.14	611.23	488.98
76	龚家镇	市中区	21.50	608.14	486.51
77	白合镇	东兴区	64.31	606.81	485.45
78	铺子湾镇	威远县	32.30	597.56	478.05
79	永福乡	东兴区	42.47	596.75	477.40
80	金李井镇	资中县	43.88	582.89	466.32
81	同福乡	东兴区	30.06	577.20	461.76
82	甘露镇	资中县	37.22	554.78	443.82
83	孟塘镇	资中县	94.71	536.24	429.00
84	苏家湾镇	资中县	65.41	533.20	426.56
85	罗泉镇	资中县	64.44	530.56	424.45
86	顺河场镇	资中县	35.47	502.70	402.16
87	双桥乡	东兴区	49.34	488.97	391.18

续表

序号	乡镇(街道)	区县	土地面积/km^2	人口密度/(人/km^2)	人口聚集度/(人/km^2)
88	新店乡	东兴区	48.32	483.48	386.79
89	平坦镇	东兴区	60.38	473.16	378.53
90	黄荆沟镇	威远县	56.85	464.64	371.71
91	连界镇	威远县	128.17	433.88	347.10
92	大治乡	东兴区	35.91	413.74	330.99
93	庆卫镇	威远县	40.42	393.78	315.02
94	新桥镇	资中县	71.35	393.07	314.45
95	两河镇	威远县	40.02	354.04	283.23
96	碗厂镇	威远县	33.71	345.57	276.46
97	山王镇	威远县	47.15	306.73	245.39
98	新场镇	威远县	135.85	304.13	243.31
99	小河镇	威远县	80.35	294.45	235.56
100	越溪镇	威远县	77.66	258.55	206.84
101	观英滩镇	威远县	99.81	258.30	206.64

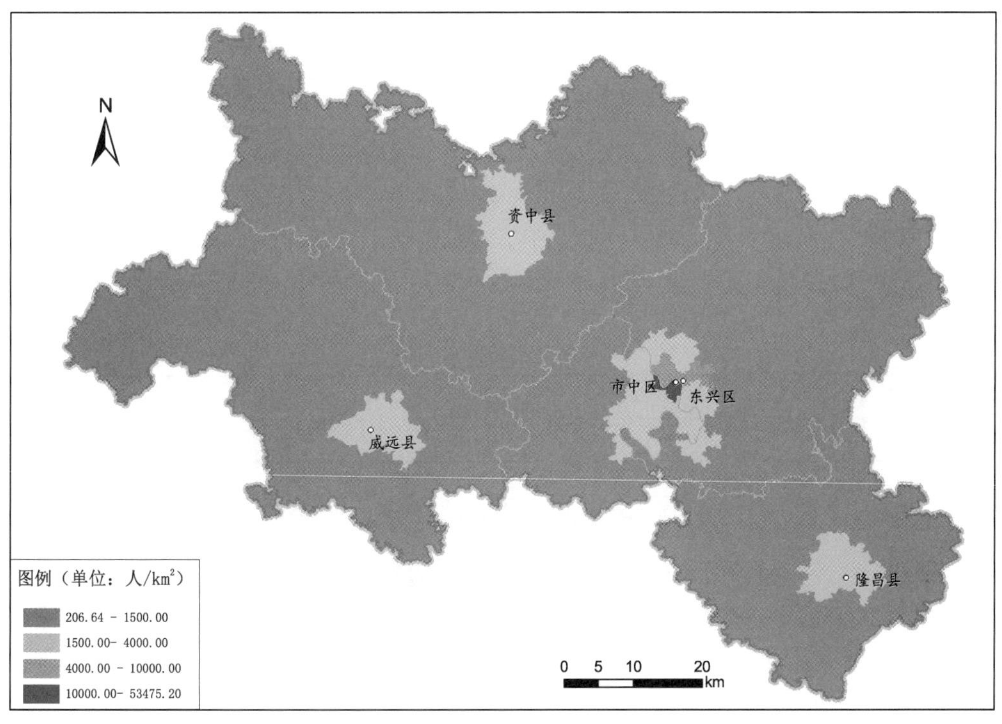

图 6-4　内江市人口聚集度评价图

6.2.5 经济发展水平评价

经济发展水平是评价区域自身经济发展状态的重要指标，是衡量经济发展状态、潜力的标志。拟对 5 个区市县(市中区、东兴区、威远县、资中县、隆昌县)的经济发展水平以乡镇行政单元为尺度进行评价，根据数据的获取情况，选取乡镇人均 GDP 作为评价指标。

6.2.5.1 技术流程

第一步，利用空间规划底图中的经济数据，以乡镇为单元，计算经济发展水平。

计算公式为：乡镇经济发展水平=乡镇人均 GDP ×k

式中：乡镇人均 GDP=乡镇 GDP / 乡镇总人口；k 为 GDP 增长的强度权系数，根据 2013 年、2014 年的经济增长强度分级赋值，具体见表 6-15。根据实际情况，人均 GDP 可用人均总税收收入、人均工商税收、农民人均纯收入、城镇居民可支配收入等其他指标替代；经济增长强度可用相应的总税收收入增长强度、工商税收增长强度、农民人均纯收入增长强度、城镇居民可支配收入增长强度等进行替代。

表 6-15 各乡镇 k 值的取值

经济增长强度	<5%	5%～10%	10%～20%	20%～30%	>30%
k 值	1	1.2	1.3	1.4	1.5

第二步，将计算得到的乡镇经济发展水平划分为 4 个区间，并赋分值。

第三步，生成经济发展水平评价图。将经济发展水平评价结果按分值赋相应色值，生成经济发展水平评价图。

6.2.5.2 指标分级

在 GIS 制图软件支持下，将“经济发展水平”指标值由高值样本区向低值样本区，评价指标分级阈值如表 6-16。

表 6-16 相关分级阈值

等级	4	3	2	1
经济发展水平分级	≥25	10～25	2.5～10	<3.5

6.2.5.3 评价结果

从评价结果来看(表 6-17、图 6-5)，这 5 区县 121 个乡镇、街道中，经济发展水平较高的共有 3 个镇，均属于市中区。其中，乐贤街道属于第 4 级别，经济发展水平最高。白马镇和交通镇经济发展水平次之，属于第 3 级别。乐贤街道地理位置得天独厚，区位优势突出，工业经济占全镇经济的 90%，乐贤片区是内江市重要的工业基地，工业基础雄厚，辖区内有各类企业 86 个，其中规模企业 30 个。因此，工业经济的发达促进了乐贤街道整体经济的较快发展。白马镇和交通镇地处乐贤街道的西北向，交通镇紧邻乐贤街道，交通发达，而白马镇是经济开发区的政治中心，成为市中区唯一一个纳入全国重点镇的乡镇，是内江新城建设的组成部分和高新区建设的承载地，位于“内自一体化”腹心地带，区位优势明显，在市域经济社会发展中起着核心作用，承担着加快城镇化进程和带动周围农村地区发展的任务，是小城镇建设的重点和龙头。因此，市中区这 3 个乡镇的经济发展较快，经济发展水平较高。

表 6-17　内江市 5 区市县乡镇经济发展水平等级

级别	等级名	乡镇(街道)	区县	人均 GDP (万元/人)	经济发展水平 (万元/人)
4	高	乐贤街道	市中区	36.43	43.71
3	较高	白马镇	市中区	21.04	21.04
		交通镇	市中区	11.70	14.04
2	中等	金鹅镇	隆昌县	8.26	9.91
		椑木镇	东兴区	7.12	8.54
		东兴街道	东兴区	6.98	8.37
		圣灯镇	隆昌县	6.63	7.96
		新江街道	东兴区	6.59	7.91
		桂花井镇	隆昌县	6.04	7.25
		西林街道	东兴区	5.89	7.07
		胜利街道	东兴区	5.85	7.02
		壕子口街道	市中区	5.83	7.00
		四合镇	市中区	5.30	6.37
		城西街道	市中区	5.23	6.28
		水南镇	资中县	4.51	5.86
		古湖街道	隆昌县	4.46	5.36
		双河镇	资中县	4.27	5.13
		石燕桥镇	隆昌县	4.20	5.04
		山川镇	隆昌县	4.12	4.95
		城东街道	市中区	4.94	4.94
		两河镇	威远县	3.71	4.82
		李市镇	隆昌县	3.90	4.68
		伏龙乡	市中区	3.87	4.64
		铺子湾镇	威远县	3.57	4.64
		小河镇	威远县	3.53	4.58
		同福乡	东兴区	3.60	4.32
		牌楼街道	市中区	4.21	4.21
		重龙镇	资中县	3.40	4.08
		城南街道	市中区	3.04	3.96
		宋家镇	资中县	3.30	3.96
		玉溪街道	市中区	3.81	3.81
		云顶镇	隆昌县	3.01	3.61

续表

级别	等级名	乡镇(街道)	区县	人均 GDP（万元/人）	经济发展水平（万元/人）
		兴隆街镇	资中县	2.99	3.59
		小河口镇	东兴区	2.76	3.32
		银山镇	资中县	2.48	3.22
		球溪镇	资中县	2.59	3.11
		黄荆沟镇	威远县	2.58	3.09
		碗厂镇	威远县	2.52	3.02
		严陵镇	威远县	2.20	2.86
		凌家镇	市中区	1.84	2.76
		连界镇	威远县	2.10	2.73
		越溪镇	威远县	2.70	2.70
		靖民镇	市中区	2.16	2.59
		黄家镇	隆昌县	2.12	2.54
		龙市镇	隆昌县	2.03	2.44
		铁佛镇	资中县	1.92	2.31
		高桥镇	东兴区	1.85	2.22
		田家镇	东兴区	1.76	2.12
		新场镇	威远县	1.72	2.06
		胡家镇	隆昌县	1.66	2.00
		高石镇	威远县	1.60	1.92
		顺河场镇	资中县	1.57	1.89
		明心寺镇	资中县	1.55	1.87
		郭北镇	东兴区	1.53	1.83
		向义镇	威远县	1.52	1.82
1	低	高梁镇	东兴区	1.43	1.72
		普润镇	隆昌县	1.41	1.70
		马鞍镇	资中县	1.36	1.63
		鱼溪镇	资中县	1.35	1.62
		观英滩镇	威远县	1.34	1.61
		大治乡	东兴区	1.33	1.60
		石子镇	东兴区	1.33	1.59
		白合镇	东兴区	1.32	1.58
		公民镇	资中县	1.30	1.56
		响石镇	隆昌县	1.30	1.56
		太安乡	东兴区	1.29	1.55
		新店镇	威远县	1.29	1.55

续表

级别	等级名	乡镇(街道)	区县	人均 GDP (万元/人)	经济发展水平 (万元/人)
		罗泉镇	资中县	1.55	1.55
		归德镇	资中县	1.54	1.54
		三烈乡	东兴区	1.26	1.52
		双凤镇	隆昌县	1.21	1.45
		龙江镇	资中县	1.20	1.44
		椑南镇	东兴区	1.19	1.43
		板栗椏乡	资中县	1.19	1.43
		太平镇	资中县	1.20	1.43
		甘露镇	资中县	1.18	1.41
		高楼镇	资中县	1.16	1.40
		双桥乡	东兴区	1.16	1.39
		龙会镇	威远县	1.15	1.38
		走马镇	资中县	1.15	1.38
		界市镇	隆昌县	1.15	1.38
		顺河镇	东兴区	1.13	1.35
		靖和镇	威远县	1.11	1.33
		双才镇	东兴区	1.09	1.30
		东联镇	威远县	1.08	1.29
		山王镇	威远县	1.05	1.26
		金李井镇	资中县	1.05	1.26
		龙结镇	资中县	1.05	1.26
		渔箭镇	隆昌县	1.05	1.26
		新店乡	东兴区	1.04	1.25
		苏家乡	东兴区	1.04	1.25
		骝马镇	资中县	1.25	1.25
		配龙镇	资中县	1.05	1.25
		石碾镇	隆昌县	1.04	1.25
		界牌镇	威远县	1.03	1.24
		镇西镇	威远县	1.01	1.21
		孟塘镇	资中县	1.01	1.21
		陈家镇	资中县	1.00	1.20
		中山乡	东兴区	0.99	1.19
		迎祥镇	隆昌县	0.98	1.18
		庆卫镇	威远县	0.97	1.17
		富溪乡	东兴区	0.97	1.16
		杨家镇	东兴区	0.96	1.15

续表

级别	等级名	乡镇(街道)	区县	人均 GDP (万元/人)	经济发展水平 (万元/人)
		永福乡	东兴区	0.96	1.15
		发轮镇	资中县	0.96	1.15
		平坦镇	东兴区	0.95	1.14
		苏家湾镇	资中县	0.93	1.11
		新桥镇	资中县	0.91	1.10
		柳桥乡	东兴区	0.90	1.08
		周兴镇	隆昌县	0.88	1.05
		永东乡	东兴区	0.86	1.03
		狮子镇	资中县	0.86	1.03
		龙山乡	资中县	0.98	0.98
		双龙镇	资中县	0.91	0.91
		全安镇	市中区	0.59	0.76
		永安镇	市中区	0.66	0.66
		朝阳镇	市中区	0.45	0.54
		史家镇	市中区	0.45	0.54
		凤鸣乡	市中区	0.38	0.46
		沱江乡	市中区	0.37	0.37
		龚家镇	市中区	0.25	0.25

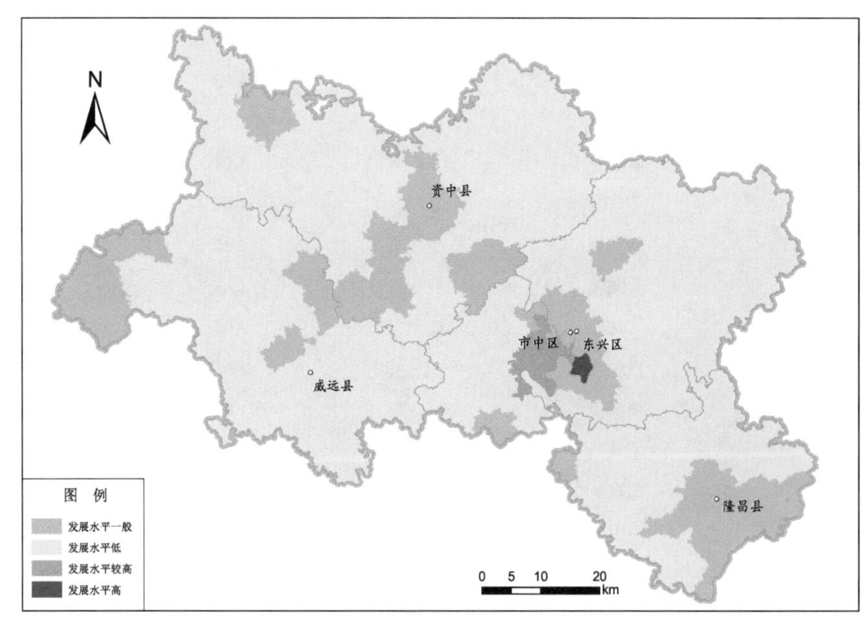

图 6-5 内江市经济发展水平评价图

经济发展水平等级处于中等位置的乡镇共有 41 个(东兴区 7 个、隆昌县 9 个、市中区 10 个、威远县 8 个、资中县 7 个)。其中，东兴街道、城东街道、水南镇、古湖街道办分别为各个区市县的政治、经济、文化中心，人口较为集中，交通便利，因此，经济发展水平处于中上水平。东兴街道系东兴区政府所在地，地理环境独特、交通便捷，形成以水果、水产、蔬菜为主体，多种经济成分组成的典型城郊综合经济街道。而新江街道、西林街道和胜利街道与东兴街道毗邻，同福乡、椑木镇距离东兴市区较近，其中椑木镇是省级小城镇建设重点镇，更是内江城郊卫星城镇中重要的商贸物资集散地。椑木镇的工业主导地位突出，农业基础地位不断巩固，因此经济发展的势头较好；铺子湾镇、两河镇、小河镇均属于威远县，铺子湾镇毗邻该县政治、经济、文化中心，蔬菜、林果、畜牧三大产业发展较好，矿产资源十分丰富，工业企业发展初具规模。两河镇、小河镇虽距离威远县中心较远，但两河镇煤炭资源、旅游资源丰富，综合经济实力较强，小河镇自然资源、煤炭资源丰富，农业产品茶叶产量高，促进了当地的经济发展。

经济发展水平等级低的乡镇共计 77 个(东兴区 22 个、隆昌县 10 个、市中区 7 个、威远县 12 个、资中县 26 个)，大都距离中心城镇较远，交通不便。由表 6-18 可知，经济发展水平最低的几个乡镇均属于市中区，该区内除白马、乐贤等传统大镇以外，其余多数重点小城镇以传统农业为主，产业基础薄弱，产业分布不合理，生产规模小，技术含量低，缺乏支柱产业，对人口的吸纳能力不足，对经济发展的支撑作用不够强，因此这些乡镇的经济发展水平等级也偏低。

6.2.6　自然灾害影响评价

6.2.6.1　自然地理与地质环境条件

1. 地形地貌

内江市地处四川盆地中心，西靠龙泉山脉，东接重庆市与华蓥山余脉，地形总体北高南低。受地质构造、地层岩性以及河水侵蚀的影响，域内可分为低山、丘陵以及河谷平坝三大地貌单元，以低山丘陵为主，海拔在 350～450m 的丘陵约占 90%，东南、西南面有低山环绕，最高点为威远县的大堡山，海拔为 902 m(表 6-18、图 6-6)。

表 6-18　内江市地貌类型特征表

地貌类型	海拔/m	相对高度/m	面积/km^2	占市域面积/%	分布范围
低山	500～700	＞200	1127.8	20.9	资中县的西部和南部睢家、白庙、清平、豹岭、民庆乡等地；威远县西北部的两河、连界、观英滩、新场、碗厂、小河等镇；隆昌县的中部及东南边缘
高丘	450～550	70～200	641.7	11.9	资中县的小桥、罗泉、万发、走马、铁佛、金李井、兴隆街镇、五皇、上马门、双河、大井、宋家等乡镇；威远县的镇西、庆卫、铺子湾、山王、黄荆沟镇、严陵、高石以及靖和的低山与丘陵过渡带；东兴区的双桥乡至高梁镇一线东北部及富溪乡的局部地段
中丘	400～450	30～70	2683.8	49.8	资中县西北角的发轮镇、南部川主庙、陈家场和中部东南银山镇起直至北部苏家湾、万佛场、水南街、文江渡、甘露镇等地；威远县的镇西、严陵、新店、龙会、东联、靖和、界牌及向义等镇；东兴区的双桥乡至高梁镇一线西南部的广大地区；隆昌县的西北部

续表

地貌类型	海拔/m	相对高度/m	面积/km²	占市域面积/%	分布范围
浅丘	400 左右	20～30	739.9	13.7	资中县的北部和东北部的孟塘、两渡、新石、天竺、月山、天宝寺等乡一带；威远县的镇西、新店等镇；隆昌的中部及南部；东兴区新店至田家镇一带，呈南北向展布；市中区的沱江西岸斜坡地带
河谷平坝		<20	192.9	3.6	东兴区的沱江、大清流河、小清河两岸，多呈带状分布，一般高出河面 0～10m；市中区的沱江西岸；资中县的沱江麻柳河、蒙溪河等沿岸有零星分布

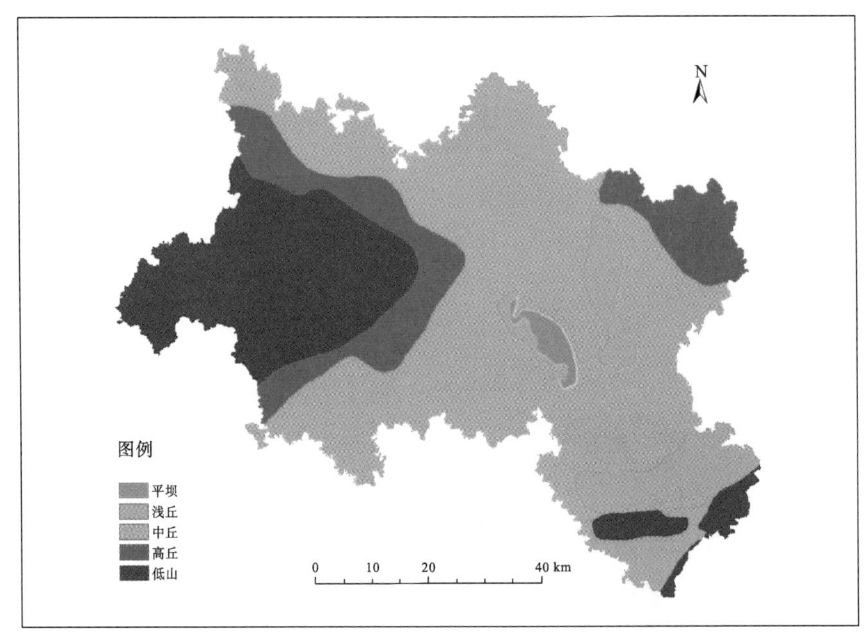

图 6-6 内江市地貌类型分布图

低山区主要分布在威远县北西部、资中县西部区域、以及隆昌县中部及东南边缘，平均海拔为 500～800m，相对高度大于 200m，区内山岭连绵，沟壑纵横。

丘陵区根据地形的相对高度差，可分为高丘、中丘和浅丘。高丘区域主要分布在威远、资中两县的山前地带以及东兴区的双桥乡至高梁镇一线东北部及富溪乡的局部地段。平均海拔 450～550m，相对高度为 70～200m。

中丘为研究区的主要地貌类型，广泛分布于研究区内的各区县，约占市域总面积的 50%，平均海拔为 400～450m，相对高度为 30～70m。区内岗丘杂陈，连绵，山脊走向不大明显，沟冲纵横曲折，谷坡平缓，沱江两岸个别地方，侵蚀基准面低坡度较大、形成不长的 V 形谷。主要分布在阶地两侧以及丘陵与平坝区相接地段。由于沱江蜿蜒曲折穿境而过，境内溪流、沟谷交错。地形被切割成许多高矮不同，形状有异但多为馒头状的山丘，形成缓谷浅丘及坪状浅丘。区内高程在 300～400m，高差起伏一般在 20～30m。部分浅丘区受风化剥蚀，谷底宽阔，丘顶浑圆孤立呈不连续的圆顶丘；局部抗风化剥蚀较强的地区，常形成桌状平顶丘。

平坝区零星分布于沱江、大清流河、小清河两岸，多呈带状分布，一般高出河面 0～10m。沱江及大、小支流两岸形成侵蚀堆积漫滩与阶地，漫滩一般宽 80～100m，呈狭长小块，海拔 290～320m，阶地宽 40～120m，呈条带状，海拔 315～340m(表 6-18)。

2. 气象与水文特征

1) 气象

内江市属亚热带湿润季风气候。受盆地和本地自然环境的影响，具有气候温和、降雨量丰富、光热充足、无霜期长的特点。冬暖夏热，雨量适中。年平均温度为 15～28℃，一月均温为 6～8℃，七月均温为 26～28℃。年相对湿度在 80%左右。内江市多年平均降雨量为 906.8～1044.5mm，年总降水量差异较大，年最多降水量为 1616.4mm，年最少降水量仅 519.4mm，一日最大降水量为 298.7mm，最长连续降水日数可达 16 天，年降水日数平均为 154 天。降水的季节性变化很大，主要集中在夏季，占全年雨量的 53%～55%(表 6-19)。区域性年降水总量的分布，由东北向西南逐渐增多。

表 6-19　内江市各区市县多年平均降雨量表　(单位：毫米)

项目	1 月	2 月	3 月	4 月	5 月	6 月	7 月	8 月	9 月	10 月	11 月	12 月
内江市区	14.5	18.8	30.4	54.1	122.6	181.9	219.4	178.7	120.8	59.0	29.5	14.8
资中	12.9	17.9	32.8	53.2	102.1	155.8	193.8	197.4	120.7	53.8	25.4	11.8
威远	8.9	15.1	25.6	52.4	88.4	153.2	199.6	177.4	113.5	44.5	20.1	8.1
隆昌	15.7	19.1	33.3	65.3	124.1	174.5	219.4	174.6	114.6	66.1	33.0	17.3

注：统计时间 1981～2010 年。

2) 水文

沱江属于长江流域，为长江一级支流，发源于四川盆地西北边缘的茶坪山脉九顶山，出汉旺入成都平原，穿龙泉山入盆地丘陵区，经简阳、资阳、资中入内江，然后至泸州入长江。市境内流长 71.68 km，多年平均流量为 350.37m^3/s，流量 111.51 亿 m^3。区内的主要河流还有清流河、小青龙河、威远河、麻柳河、球溪河等共计 10 条次级支流(表 6-20)。

表 6-20　内江市内沱江支流情况统计表

序号	河名	水系	河流级别	河长/km		流域面积/km^2	
				流域	省内	流域	省内
1	隆昌河	沱江	5	40	40	173	173
2	龙市河		4	99	99	736	736
3	大清流河		3	122	73	1543	523
4	小青龙河		3	58	58	375	375
5	乌龙河		4	83	83	210	210
6	威远河		3	190	190	965	965
7	麻柳河		3	47	47	214	214
8	球溪河		3	147	147	301	301
9	石燕河		4	117	117	1445	1445
10	亢溪河		4	24	24	85	85

3. 地层岩性

内江市位于四川沉降带中部、威远背斜北翼，地层近于水平，倾角多在2°～10°。区内主要出露地层主要为灰岩和沉积岩，包括三叠系下统嘉陵江组(T_1j)、中统雷口坡组(T_2l)、上统须家河组(T_3xj)，侏罗系下统珍珠冲组(J_1z)、自流井组($J_{1\text{-}2}zl$)、侏罗系中统新田沟组(J_2x)、下沙溪庙组($J^1{}_2s$)、上沙溪庙组($J^2{}_2s$)、遂宁组(J_2sn)，侏罗系上统蓬莱镇组(J_3p)地层，沿江河流两岸分布第四系(Q)沉积物质(表6-21)。

表6-21　内江市地层岩性简表

界	系	统	组(群)	符号	岩性描述
新生界	第四系	全新统	冲积层	$Q_{p\text{-}h}^{al}$	冲积、冲洪积黏质砂土及砂砾卵石层沿沱江及清水河分布，形成一级阶地与漫滩。上部岩性呈东褐色黏质砂土，下部为砂砾石层
		更新统	冰水堆积层	Q_p^{fgl}	黄色砂质黏土夹砾石层，以沿沱江高阶地形式分布，与下伏基岩角度不整合接触
中生界	侏罗系	上统	蓬莱镇组	J_3p	灰白、紫灰色中厚层状细粒钙质长石砂岩与棕红色泥岩略等厚互层，底部蓬莱镇砂岩为块状长石砂岩
		中统	遂宁组	J_2sn	紫红、棕红色泥岩，砂质泥岩夹薄层粉砂岩透镜体。砂岩单层厚一般1～3m，泥岩间含网状、脉状石膏及钙质结核。底部砖红色、灰白色粉砂岩
			上沙溪庙组	$J^2{}_2s$	棕红、紫红色泥岩与不稳定的长石石英粉细砂岩互层。泥岩中夹有钙质结核及石膏脉，其中上部较下部为多。砂岩单层1～4m
			下沙溪庙组	$J^1{}_2s$	暗紫红色泥岩与不稳定的粉细砂岩互层，顶部夹一层2～10m灰黑、黄绿色页岩，富含叶肢介化石，底部关口砂岩厚13～48m，为细至粗粒的长石石英砂岩
			新田沟组	J_2x	黄绿、紫红夹深灰色泥岩、粉砂质泥岩为主，夹细、粉砂岩及生物碎屑灰岩凸镜体
			自流井组	$J_{1\text{-}2}zl$	泥岩、杂色厚层钙质岩屑砂岩及钙、砂质泥岩。下部为薄层泥质粉砂岩，厚层石英砂岩
		下统	珍珠冲组	J_1z	紫红色泥岩、页岩为主，夹杂浅灰色薄层状石英细砂岩条带
	三叠系	上统	须家河组	T_3xj	厚层块状砂岩及粉砂质泥岩夹炭质泥岩
		中统	雷口坡组	T_2l	中厚层白云岩、泥质白云岩夹灰岩、白云质角砾岩
		下统	嘉陵江组	T_1j	白云岩、泥质白云岩夹黄色盐溶角砾岩

嘉陵江组(T_1j)：局部出露于威远县低山区域内，岩性主要为白云岩、泥质白云岩夹黄色盐溶角砾岩。

雷口坡组(T_2l)：局部出露于威远县低山区域内，岩性主要为中厚层白云岩、泥质白云岩夹灰岩、白云质角砾岩。

须家河组(T_3xj)：主要出露在威远县、资中县低山区域内，局部出露于隆昌县内深丘区域，岩性主要为厚层块状砂岩及粉砂质泥岩夹炭质泥岩。

珍珠冲组(J_1z)：主要出露在威远县、资中县低山区域内，局部出露于隆昌县内深丘区域，岩性主要为紫红色泥岩、页岩为主，夹杂浅灰色薄层状石英细砂岩条带。

自流井组($J_{1\text{-}2}zl$)：地层主要分布在圣灯山背斜翼部、螺观山背斜翼部、黄家场背斜轴部，围绕背斜低山呈环状分布。岩性主要为紫红色、棕红色泥岩、砂质泥岩夹黄绿色石英细砂岩、泥灰岩、介壳灰岩或灰岩。

新田沟组(J_2x)：主要出露在威远县、资中县低山区域内，局部出露于隆昌县内深丘区域，岩性主要为黄绿、紫红夹深灰色泥岩、粉砂质泥岩为主，夹细、粉砂岩及生物碎屑灰岩凸镜体。

沙溪庙组(J_2s)：广泛分布于内江市中部、东部区域，岩性以紫红色粉砂质泥岩为主，夹有灰绿色砂岩及粉砂岩。

遂宁组(J_2sn)：出露于内江市东兴区中部及东部，岩性以紫红和棕红色泥岩、砂质泥岩为主，夹薄层粉砂岩透镜体。

蓬莱镇组(J_3p)：出露于内江市东兴区北部，岩性为紫红色泥岩与不稳定的长石石英砂岩互层，砂岩所占比例较少。

第四系松散堆积物(Q_p^{fgl}、$Q_{p\text{-}h}^{al}$)：零星分布于河流平坝及阶地附近，岩性主要为冰水堆积的黏土夹砾石层和漫滩砂卵石层。

区内岩层相对平缓，内江市中部、东部出露岩层倾向多为北东向、北北东向，岩层倾角 1°～6°，研究区西部威远县低山区，受到威远背斜的影响，岩层走向与背斜基本一致，向背斜两翼倾覆，倾角一般 6°～10°。区内主要发育两组风化构造裂隙，为剪切裂隙，相互之间呈“X”型斜交，并与层面近于垂直。

4. 地质构造

内江市位于扬子准地台四川台拗之川中台拱自贡台凹北部，威远背斜北东倾末端与自流井背斜北东倾末端中间的向斜部位，四川沉降带部，地层近于水平，倾角多在 1°～10°，江地壳相对稳定，出露地层主要受“资威穹窿背斜”“圣灯穹窿背斜”等地质构造影响。

1) 褶皱

威远背斜在研究区内主要分布于威远县西北部及资中县的西部，是川中褶皱带规模最大、隆起最高的背斜。轴向北东—北东东。核部地层由三叠系的嘉陵江组(T_1j)、雷口坡组(T_2l)及须家河组(T_3xj)组成。须家河组至上沙溪庙组($J^2{}_2s$)构成两翼，两翼倾角 8°～30°。背斜高点在新场南西，东端窄、西端宽，东端呈鼻状，前人称新店场鼻状构造。背斜核部次级褶曲及裂隙较发育。

圣灯山背斜：位于隆昌北西，轴向北 70°东，核部由须家河组构成，两翼为侏罗系自流井组($J_{1\text{-}2}zl$)和沙溪庙组(J_2s)，两翼不对称，北翼倾角 14°～15°，南翼倾角 13°～33°。

2) 断层

区内共发育有 5 条断层，主要位于资中县附近，以及隆昌县南部区域(表 6-22)。

表 6-22　区内发育断裂特征表

序号	断裂名称	性质	长度/km	主要地质特征	分布位置
1	罗泉井断层	逆断层	7.5	走向 20°～25°，倾向 NW，倾角 40°～50°	资中县西部白鹤附近
2	板栗垭断层	压扭性逆断层	11.1	走向 20°，倾向 270°～300°，南段倾角约 30°～45°，北段约 20°～30°，地层断距 10°～45m	资中县西部蜂子岩、兴隆街镇、板栗垭一线

续表

序号	断裂名称	性质	长度/km	主要地质特征	分布位置
3	三块石断层	压扭性逆断层	15.7	走向 7°，倾向 80°～97°，倾角 21°～35°，地层断距 5～50m 不等	资中县三块石、凉水、资中县城一线
4	楠木寺断层	压扭性逆断层	6.2	走向 7°，倾向 80°～97°，倾角 19～34°，地层断距 15～30m	资中县南部的楠木寺，北端止于石桥冲
5	燕子岩断层	逆断层	11.5	走向北 40°～69°东，倾向北西，倾角 15°，断距 75～125m	隆昌县南部

5. 新构造运动及地震

1) 新构造运动

区内挽近构造运动较弱，主要表现为间歇性抬升运动。从沱江河谷的变化情况可以看出，随着地壳的缓慢抬升，沱江河谷逐渐束窄，河床抬高，两侧漫滩加宽、增高，并逐渐成为一级阶地。新构造运动主要对地层的完整性产生一定破坏，间歇性抬升的地壳在外营力作用下在地貌上形成众多沟谷，对地层有挤压、切割作用，使得岩体破碎，这也为滑坡及崩塌的发育提供了条件。

2) 地震

据《内江自然灾害档案史料》，从公元 272 年到 1985 年的 1713 年里，自 1475 年(明朝成化十一年)有地震记录以来，内江市现在辖区(两县两区一县)范围内，仅有 29 次地震记载。一县发生地震的有 21 次，两县同时发生地震的有 5 次，三县同时发生地震的有 2 次，四县同时发生地震的有 1 次。其中，内江(市中区、东兴区)11 次，资中 13 次，威远 6 次，隆昌 11 次。从地震发生的频率看，内江间隔 48 年以下的有 7 次，间隔 56 年和 82 年的各一次，间隔 110 年的 1 次；资中间隔 47 年以

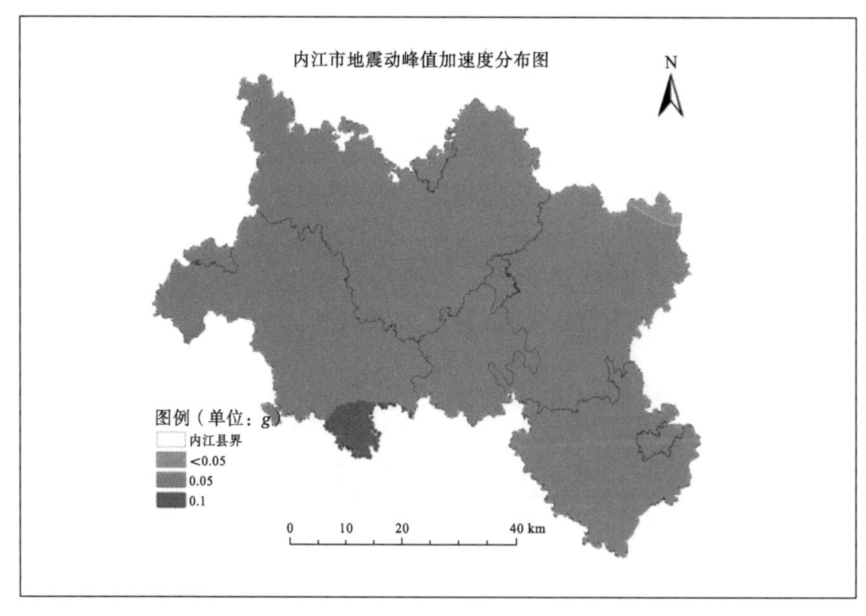

图 6-7　内江市地震动峰值加速度分布图

下的有 10 次，间隔 82 年的 1 次，间隔 106 年的 1 次；威远间隔 45 年以下的有 2 次，间隔 95 年和 98 年的各一次，间隔 234 年的 1 次；隆昌间隔 41 年以下的有 9 次，间隔 62 年的 1 次，因此，内江市范围内的地震发生周期，是比较长的。辖区内因地壳运动或者地质变化原因而自身产生地震的情况几乎没有。

根据四川省地震局编制的《四川地震目录》，内江市属于相对稳定区，2008 年四川省汶川特大地震波及内江市及周边地区，但均未造成大的影响。据 GB18306—2001(1/400 万)《中国地震动参数区划图》该区地震动峰值加速度为 0.05g(图 6-7)，地震动反应谱特征周期 0.35s，对应地震基本烈度为Ⅵ度。

由于地震对地质灾害形成的影响主要是地震引起的水平运动和加速度、惯性力，使得地表部分处于欠稳定状态的岩土体脱离斜坡下覆基岩母体而失稳，造成地质灾害。

6. 岩土体工程地质特征

区内发育的地层主要为中生界三叠系、侏罗系及第四系地层，岩性以灰岩、砂岩、泥岩、砂、卵石、黏土及黏土夹卵石为主。地处四川盆地中部，地壳活动以缓慢抬升为主，地形普遍较为平缓，沟谷宽缓。区内工程地质条件较简单。

根据区内地貌、岩性、构造的差异及其在工程地质条件上的反映，将区内岩石划分为松散岩类、层状碎屑岩类以及层状灰岩三个工程地质岩组。一是松散岩组：由全新统堆积砂质黏土、砂、砂砾卵石组成，结构松散，地下水埋深为 0.5～2.0m，厚度为 0～2m。允许承载力为 60～300kPa。发育的地质灾害类型主要为滑坡，松散土层在地下水及重力作用下沿土体与岩体接触面下滑从而形成滑坡。二是半坚硬软岩组：包括侏罗系沙溪庙组遂宁组及蓬莱镇组沙溪庙组，岩石抗压防渗性能较好，除泥岩夹层外，是适宜筑坝的岩组，岩石允许承载力为 300～3000kPa。发育的地质灾害类型主要为崩塌及不稳定斜坡，砂、泥岩互层地区由于差异风化易形成崩塌，巨厚层泥岩地区由于人工切坡易形成不稳定斜坡。三是半坚硬～坚硬岩组：该组的主要岩性为中生界三叠系雷口坡组、嘉陵江组灰岩、白云质灰岩等，该类岩层呈薄至中厚层状，具可溶性和岩溶化，主要为软硬相间组合，软岩岩体易风化变形，形成风化夹层，单轴饱和抗压强度平均值一般为 300～560kPa。发育的地质灾害类型主要为崩塌及不稳定斜坡。

7. 水文地质特征

内江市地下水资源丰富，类型较为齐全。因受地层岩性、构造和地形地貌的影响，地下水在区域上表现出一定的差异性。区内地下水类型有基岩裂隙水、孔隙潜水等。

(1) 基岩裂隙水广布全市，含水层由侏罗系蓬莱镇组、遂宁组、沙溪庙组、自流井组砂、泥岩不等厚互层组成。据 1∶20 万水文地质报告，水量贫瘠地区，井泉涌水量为 0.01～0.1L/s，钻孔涌水量大多小于 50t/d，砂岩裂隙频率为 1～3 条/m，面裂隙率为 1%～10%。孔隙度为 3%～9%的地区，水量丰富，钻孔涌水量可达 100～500t/d。

(2) 孔隙潜水主要分布于沱江、清流河、小青龙河一级阶地上，如高桥—小河口—郭北一带。第四系地层在区域内零星分布，较为分散。含水层主要由第四系冲积层粉质黏土与砂卵石层组成。第四系孔隙潜水分布亦较分散，水量随季节性降雨变化较大，丰水期泉流量一般为 0.022～0.221 L/s，枯水期流量按 0.5 折减。

8. 不合理人类工程活动及影响

改革开放以来，内江市社会、经济、文化发展迅速，目前正在大力兴建各种基础设施，人类工程活动及影响主要表现在：

1）工业民用建筑活动

内江市属于丘陵地貌区，整体地形相对平缓，地面较为平坦，冲沟沟谷则更为平坦，而且水源较近，大量工业民用建筑多修建在冲沟沟谷区。在冲沟沟谷区，受场地限制，修建房屋等建筑物时则需向冲沟两侧扩充地盘，以保证足够的建筑面积。在扩充地盘时，往往要开挖坡脚，本来已经非常陡峭的斜坡被开挖得更加陡峭，有些居民为了解决建筑材料问题，就地取材，从陡峭的斜坡处开采石料，使得斜坡向外突出形成上大下小的陀螺形斜坡。开挖后的斜坡在重力及风化等作用下，坡体后缘产生拉张裂缝并逐步形成危岩乃至崩塌。东兴区工业民用建筑活动产生地质灾害的实例非常普遍，如新店乡燕子湾危岩，就是由于在修建房屋时，开挖坡脚及就地取材形成陀螺形斜坡，在长期的重力及风化作用下形成危岩。

2）道路工程建设活动

境内交通发达，除了有多条高级别的公路及铁路外，县道、乡道也非常多。但道路工程建设活动形成了大量人工边坡，而且边坡基本没有进行工程防护措施，甚至有些边坡上的危石都未清除。边坡在卸荷、风化、降雨诱发以及车辆振动的作用下形成崩塌（危岩）等地质灾害。

6.2.6.2　洪水灾害

1. 内江市洪水灾害的分布特点

内江市属亚热带湿润季风气候。受盆地和本地自然环境的影响，降雨量丰富，年均降雨量约为1000mm上下，最大年降雨量可达1290.6mm。另外，由于内江市区主要坐落在中浅丘及沱江Ⅰ、Ⅱ级阶地之上，境内溪流、沟谷交错，沱江蜿蜒曲折穿境而过，河网发育差，区内洪水灾害发生频率较高，常因出现大范围降雨，导致洪水暴发，江河水位陡涨，河堤决口，水库垮坝，对国民经济和人民生命造成巨大损失。

内江洪水灾害记录最早可追溯到西晋秦始八年（公元272年）。另外，据《内江地方志》（1961~1984）、《四川救灾年鉴》（1995~2005），光绪二十四年（1898年），资中六月十四日暴雨四昼夜，河水猛涨，较光绪十四年涨水高三、四尺，灾情浩大，为数百年所未闻也，内江六月十六日，大水入城，桂湖溢高丈三尺，漂没田庐甚多，灾民达三千余户。进入20世纪，洪涝灾害的次数越来越多，据资料显示，内江市在1961～2005年的近四十五年中，洪涝天气多达841天，尤其是在20世纪60～80年代洪水灾害频发，造成严重国民经济损失和重大人员伤亡（表6-23）。

表6-23　内江市各区县1961～2005年洪水灾害分布情况

年份	内江		东兴		资中		威远		隆昌	
	洪涝	大涝	洪涝	大涝	洪涝	大涝	洪涝	大涝	洪涝	大涝
1961～1970	7	1	7	1	6	2	8	0	4	0
1971～1980	6	1	6	1	7	1	4	0	4	2

续表

年份	内江		东兴		资中		威远		隆昌	
	洪涝	大涝	洪涝	大涝	洪涝	大涝	洪涝	大涝	洪涝	大涝
1981～1990	8	1	8	1	11	1	6	1	7	0
1991～2000	3	0	3	0	4	0	2	0	6	0
2001～2005	1	0	1	0	1	0	0	0	0	0

内江市的洪水灾害与暴雨有着直接的关系。洪涝的分布与暴雨的分布基本一致。由于受季风气候影响，根据资料显示，暴雨在内江市 3~10 月均可出现，主要在分布在 5～9 月，多发期主要集中在 7 月上旬，其次是 8 月中、下旬。其空间分布特点是由东向西减少，隆昌出现的次数较多、45 年 155 次，威远较少、45 年 129 次。另外，内江市暴雨发生的时间也有明显的日变化规律，据 45 年统计资料表明：有 70%~80%的暴雨多开始在夜间(20 时至 8 时之间)。

2. 洪水灾害影响因素分析

洪水灾害是自然界在洪水的作用下，作用于人类的社会的产物，是人与自然之间关系的一种表现，一般而言，形成洪水灾害必须具备以下几个条件：一是诱发洪水的因子(致灾因子)，主要是降水、水系；二是形成洪水灾害的环境(孕灾因子)，主要是地形；三是影响区内有人类活动或分布有社会财富(承灾体)，主要包括人口、GDP、耕地等。三者相互作用形成灾害。

(1)降水因素：降雨是导致洪水灾害的直接因素，区内大面积集中降水，使得地表土层出现饱水状态，降水无法入渗，只能向江河低洼谷地及山间坡地平坝区域汇集，导致低洼地段被积水淹没，造成洪灾。

(2)地形因素：除降水外，地形因素也是导致洪灾产生的直接因素。在发生大规模降雨时，区内地表无法承载降雨的入渗，降水就会沿着地表向地势低洼地段汇集，从而导致低洼地段被淹没。从地形条件上分析，地势低洼地段包含两层含义：一是绝对低洼区，即区内海拔高程比较低的地段，该区域是主要降水集中汇水区域；二是相对低洼区，即海拔高程虽然较高，但是周边四面环山，或者四周的高程均高于此处，在集中降雨的作用下，也会因为汇水无法流出而导致局部洪灾。

(3)水系因子：内江市区主要坐落在中浅丘及沱江Ⅰ、Ⅱ级阶地之上，境内溪流、沟谷交错，沱江蜿蜒曲折穿境而过，河网发育差，一旦上游地区降暴雨，造成干流水位猛涨，河水将造成本行政区内的支流倒灌，淹没部分河滩地造成洪灾。

(4)灾害承载体：内江市位于四川盆地东南部、沱江下游中段，东汉建县，曾称汉安、中江，距今已有 2000 多年的历史，现辖市中区、东兴区、资中县、威远县、隆昌县，面积 5386km^2，总人口 430 万。由于盛产甘蔗、蜜饯，鼎盛时期糖产量占全省的 68%、全国的 26%，故被誉为“甜城”。

内江既是四川的老工业基地，又是重庆、成都支柱产业的配套基地和副食品供应基地，初步形成了钒钛钢铁、食品饮料、机械汽配等支柱产业，正在加快建设西部钒钛资源综合利用基地、中国循环流化床电站节能环保示范基地、中国“城市矿产”示范基地、中国汽车(摩托车)零部件制造基地、西部电子信息产业配套基地五大新兴产业基地。

据内江市 2014 年国民经济和社会发展统计公报，全年实现地区生产总值 1156.77 亿元(其中农林牧渔业总产值 308.82 亿元)，粮食总产量 151.23 万 t，水产养殖面积 0.99 万 hm^2，全市森林面积 17.53 万 hm^2(森林覆盖率达 32.6%)，全市规模以上工业企业户数达 460 户、实现规模工业总产值 1760.95 亿元。

3. 洪涝灾害风险性分析评价

1) 评价思路

洪水灾害的发生，主要取决于山地环境的成灾条件和诱发灾害发生的降雨等因素。对内江市洪水灾害的危害性评价，主要是对诱发洪水的因子（致灾因子：降水、水系等；孕灾因子：地形条件；承载体：人口、GDP、耕地等）从空间尺度上进行分区评价。

2) 评价方法

结合层次分析理论，对内江市洪水灾害的各影响因子之间建立关系表，同时，建立洪水灾害影响因子传递层次结构，通过分析系统内各因子之间的相互关系，划分各因子相互联系的有序层次结构。构建内江市洪水灾害致灾因子、孕灾环境中的各影响因子。对同一层次中的各因子，采用 1～9 级的标度方法，分别对应不同级别的重要程度，再在某一层次下，对同层次之间的因子两两比较，构建判断矩阵，获得该层对上一层次的重要因子序列，从而获得该层次的最优决策，并计算出各因子对于洪水灾害的贡献值，从而得到权重。最后再根据层次分析法中的一致性检验，评价评判矩阵的满意行。根据计算结果，最终形成各因子的权重值。

基于 GIS 技术，采用因子叠加法进行，并引入“危险性指数 W”来表征洪水灾害的危险程度。综合分析各种控制与影响因素的作用，并根据分析结果进行区划。

危险性指数的计算公式为

$$W_j = \sum_{i=1}^{n} \theta_i \times Q_i \qquad (i = 1, 2, 3, \cdots, \ n)$$

式中，W_j 为各评价单元危险性指数；θ_i 为控制地质灾害危险程度的各类因素作用权重；Q_i 为控制地质灾害危险程度的各类因素的取值。

根据收集和调查的相关资料，从不同尺度上，对各影响因素分析，按区域因素的相似归类与差异分类的原则，采用定性为主、定量为辅的评价方法，进行洪水灾害危害程度综合分析评价。

3) 影响因子数据处理

(1) 降雨因子。

单位时间内的降雨强度，直接决定了某一区域的雨涝程度大小，即在相同的时间内降雨量越大，发生雨涝的强度越大，反之则越小。雨涝发生的主要原因是在一定的时间内降水偏多，强度过大。同时，历史洪水灾次反映了致灾因子中洪水发生的频度，通常灾次越多，区内发生洪水的可能性越大，危险性也就越大。因此，选取了年均降雨量和雨涝次数两个因子来反映当地降雨的总体情况，从而分析降雨因素在空间上对该区域内洪水灾害的影响情况。并利用 GIS 分析工具生成内江市年均降雨量空间分布特征、暴雨日空间分布特征和雨涝分布特征。

由降雨量分布情况(图 6-8)，可以看出，内江市降雨总体上呈现沿江由北向南逐渐递增、向两岸方向逐渐递减的趋势。另外，降水分布与地形、地貌基本相应。在低山区和高山丘陵区，由于山体对暖湿气流的抬升冷凝作用，在岷江与沱江分水岭一带形成高值区。而在丘陵区由于气流下沉增温，降水量减少，在威远河中游严陵镇、新店镇一带形成低值区。

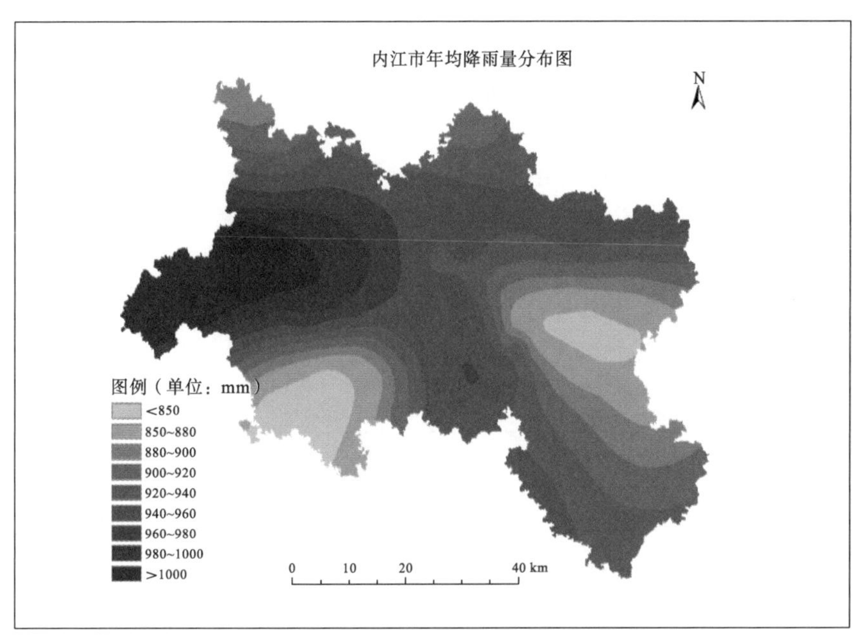

图 6-8　内江市多年平均降雨量分级

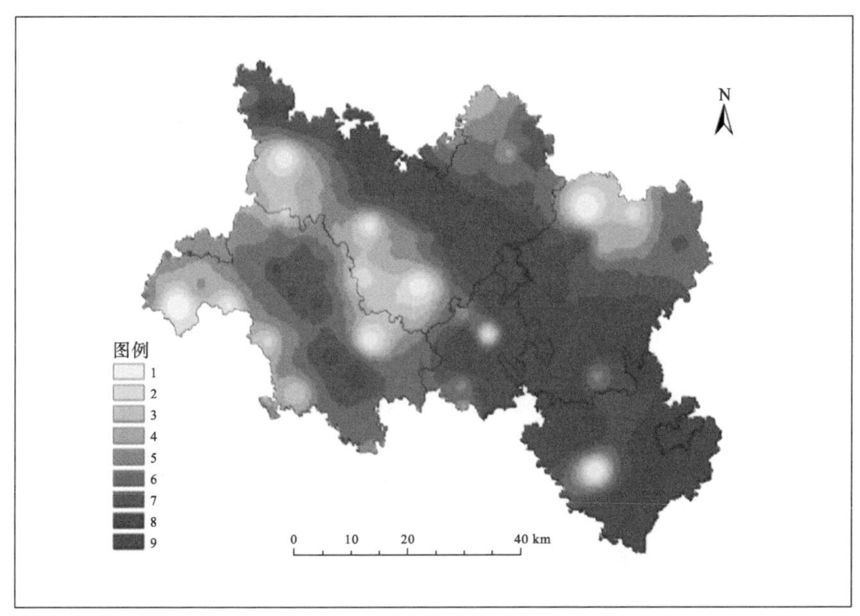

图 6-9　内江市洪涝次数分级

由历史上的洪灾发生分布情况(图 6-9)可以看出，洪灾发生最为严重的区域为沱江沿岸地区，其次为威远河、清流河、 球溪河、濛溪河、青龙河等两岸区域。其主要原因是在很长一段时间内，由于社会经济不够发达，人民对洪水灾害的认识不够到位，在江河两岸未筑建相应的防护工程，或者仅有少部分筑建了较为简单的防护工程，以致在发生多年一遇的强降雨时，上游江水和境内河水暴涨，但是，当地政府和机构没有足够的能力来应对，缺少相应的应对方法和防范措施，从而在沿江、河区域发生大规模的洪水灾害。随着社会经济实力的提高和人民对洪水灾害认识的加强，近年来构筑了大量的河堤等防护工程，大量减少了洪水灾害的发生。

(2) 水系因子。

水系主要包括河流、湖泊、水库等，一般距离水系越近的地方越容易发生洪灾，内江市辖域内的主要河流包括沱江、威远河、清流河、球溪河、濛溪河、青龙河等，其中：沱江为国家三级河流，濛溪河、威远河、清流河、球溪河等为国家四级河流，流隆昌河、乌龙河、越溪河等为国家五级河流，在境内蜿蜒曲折。区内的主要湖泊水库有石板河水库、龙江水库、铜马桥水库、船石埝水库、长沙坝水库、松林水库、前进水库、葫芦口水库、黄河镇水库、新桥水库、红旗水库、柏林寺水库、古宇庙水库等(图 6-10)。

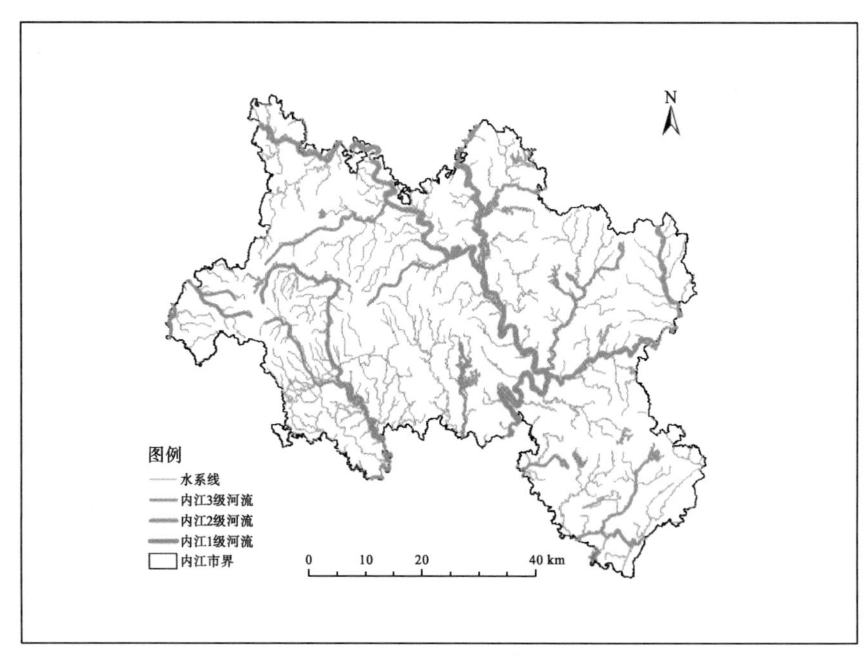

图 6-10 内江市水系(网)分布图

水系对洪水灾害的影响，主要是在强降雨作用下，极易造成上游江、河水暴涨，江河两岸地势相对较低地段被洪水淹没，造成大量的人员、财产等损失。另外，在河网密集区域，由于境内河流、沟渠等在强降雨作用下，径流量增大，导致原来的河道、沟道无法满足排洪的要求，河网密集区域大面积积水，形成洪涝灾害。因此，对主要水系主、支流及水库、湖泊等进行缓冲区分析，并根据河水对周边影响的距离和大小进行影响度分类(图 6-11)。对主要水系主、支流及水库、湖泊等以外区域的其他河流，利用计算河流密度的方法进行处理，形成河网密度图进行分析(图 6-12)。

(3) 地形因子。

地形与洪水灾害密切相关，地形高程越低，地形变化越小，越容易形成洪灾。由此可见，洪灾的风险程度主要取决于高程和地形起伏度，也就是在某一区域内地势相对较低，或者是相邻区域内地势较低且坡度较缓、较平的区域更容易形成洪灾。因此，采用 DEM 数据，利用 GIS 分析工具，对绝对

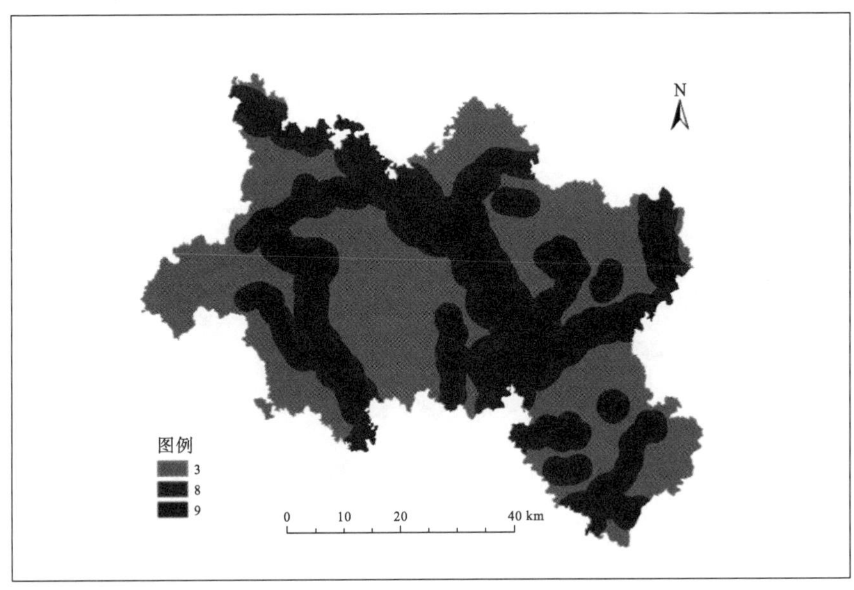

图 6-11　内江市主要河流缓冲区分析

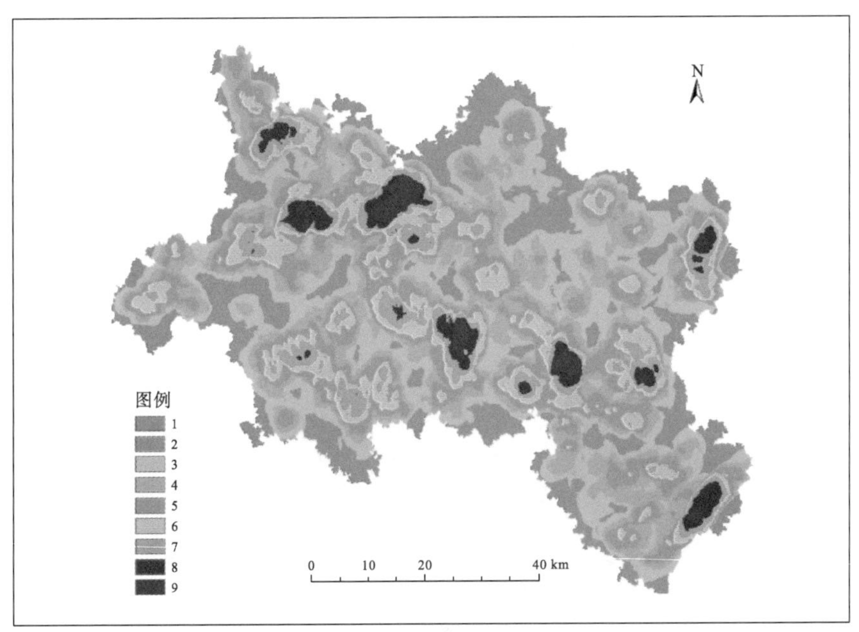

图 6-12　内江河网密度分级

高程和相对高程标准差两个因子进行分区，从而确定地形因子在空间上对于洪水灾害的影响情况。绝对高程越低，越容易集中汇水，因此按照高程分布特点，将绝对高程由低到高按照影响逐渐递减的规律分为九级，高程最低点对应的级别最大，反之则最小(图 6-13)。

绝对高程能反映区内主要江、河水流的总体趋势以及主要的降雨汇水趋势，但是在局地范围内却不能很好地反映出降水的汇集情况。在局地范围内，对汇水影响较大的主要是坡度和地形的相对

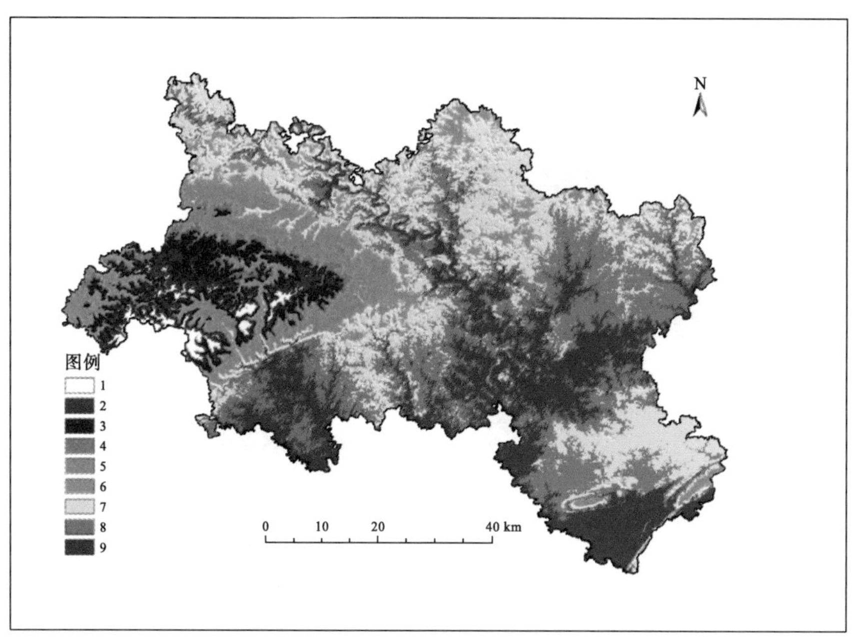

图 6-13 内江市绝对高程分级图

高差，因此，利用高程相对标准差对局地范围内的汇水情况进行分析。高差相对标准差，取决于邻近区域内各邻域的高程值和坡度值，即在邻近区域内，相对高程标准差越小，则表明该区域越趋于平缓，也就是降水越容易汇集之处。最终根据高程的相对标准差及区域的绝对高程推算出局地区域内降水汇集的可能性大小，即为地形对洪水灾害的影响程度(图 6-14)。

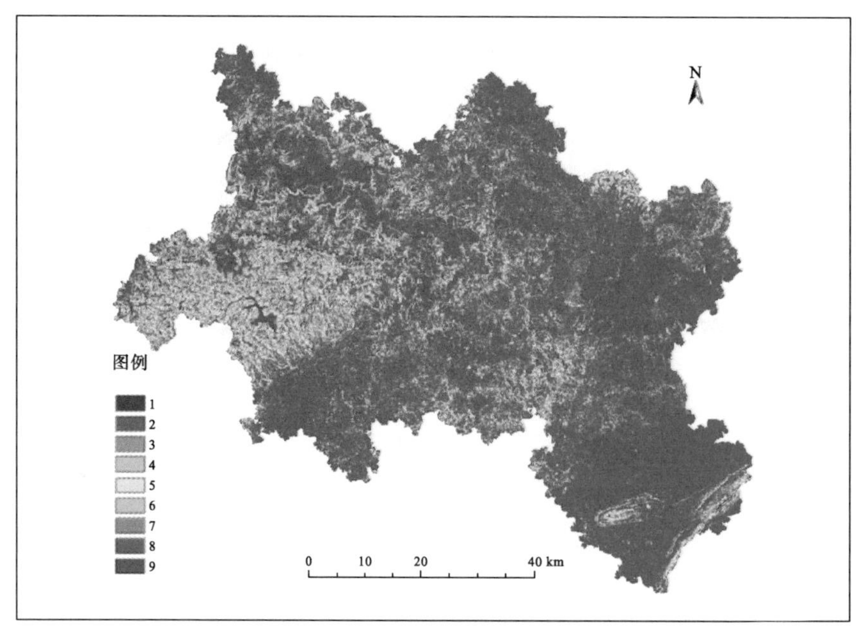

图 6-14 内江市高程相对标准差分级

(4)承灾体环境。

承灾体就是各种致灾因子作用的对象，是人类及其活动所在的社会与各种资源的集合。其中，人类既是承灾体，又是致灾因子。承灾体的划分有多种体系，一般先划分为人类、财产与自然资源两大类。因此，没有承灾体就没有灾害。

为了便于分析，采用内江市的人口密度分布、GDP 密度分布以及耕地密度分布三个指标，对其承灾体环境进行分析。

4)洪水灾害危害程度评价

通过对内江市洪水灾害各影响因素的分析，采用 1～9 标度法对各因素进行分级(表 6-24)。

表 6-24　洪水灾害危害程度评价因子分级标准

评价因子		分级标准								
		1	2	3	4	5	6	7	8	9
年均降雨量/mm		790～831	831～860	860～884	884～906	906～927	927～948	948～971	971～1000	>1000
洪涝次数		其他区域	<20	20～21	21～22	22～23	23～24	24～25	25～26	>26
内江主要河流	三级	其他区域	—	—	—	—	—	2.5～5	—	0～2.5
	四级	其他区域	—	—	—	—	—	2～4	—	0～2
	五级	其他区域	—	—	—	—	—	1～2	—	0～1
河网密度/(km/km^2)		0～0.2	0.2～0.3	0.3～0.4	0.4～0.5	0.5～0.7	0.7～0.9	0.9～1.1	1.1～1.4	1.4～2.2
绝对高程/m		705～894	633～705	571～633	509～571	446～509	398～446	367～398	337～367	210～337
高程相对标准差/m		78～135	63～80	52～64	42～52	33～42	25～33	17～25	9～17	0～9
人口密度/(人/km^2)		<500	—	500～1000	—	1000～2000	—	2000～10000	—	>10000
GDP 密度/(万元/km^2)		<1000	—	1000～2000	—	2000～5000	—	5000～10000	—	>10000
耕地密度/(km^2/km^2)		0	—	0～0.4	—	0.4～0.5	—	0.5～0.6	—	>0.6

根据层次分析法相关理论，以及各影响因子对内江市洪涝灾害风险的权重(表 6-25)。利用公式 $W=\sum$(影响因子×权重)确定洪水灾害危害程度的分布情况，其值越大，其危害程度越高。

表 6-25　洪水灾害影响因子权重表

评价指标	年均降雨量	洪涝次数	内江主要河流	河网密度	绝对高程	高程相对标准差	人口密度	GDP 密度	耕地密度
权重	0.1	0.07	0.07	0.12	0.08	0.06	0.13	0.2	0.17

根据地质灾害危险性指数值 W 的总体幅度，按危害程度大小，将区内洪水灾害的危害程度，分为特严重(Ⅰ)、较严重(Ⅱ)、中等(Ⅲ)、较轻(Ⅳ)和轻(Ⅴ)5 个等级(表 6-26)。

表 6-26 洪水灾害危害程度分级表

危害程度	特严重(Ⅰ)	较严重(Ⅱ)	中等(Ⅲ)	较轻(Ⅳ)	轻(Ⅴ)
危险性指数 W	＞7.5	5.5～7.5	4.5～5.5	3.5～4.5	＜3.5
定性描述	临近主干河流和主要水库，地势低洼，缺少相应的防洪措施，人口、企业密度较大，一旦暴发洪水灾害，极易造成人员伤亡和财产损失	距离沱江干流、主要支流较近，地势低洼。有一定的防洪措施。但由于人口、工矿企业等相对密集，一旦暴发大规模洪水灾害，可能造成人员伤亡和社会财产损失	距离沱江干流、主要支流相对较近。地势低洼。人口、工矿企业等分散区域，暴发洪水灾害后，可能会造成局部人员伤亡或财产损失，但影响程度相对较小	位于偏远区域，或者位于地势相对较高的区域，一般情况下不易发生山洪灾害，且区内人口、工矿企业相对分散，即便暴发小规模的洪水灾害，危害程度也很小	

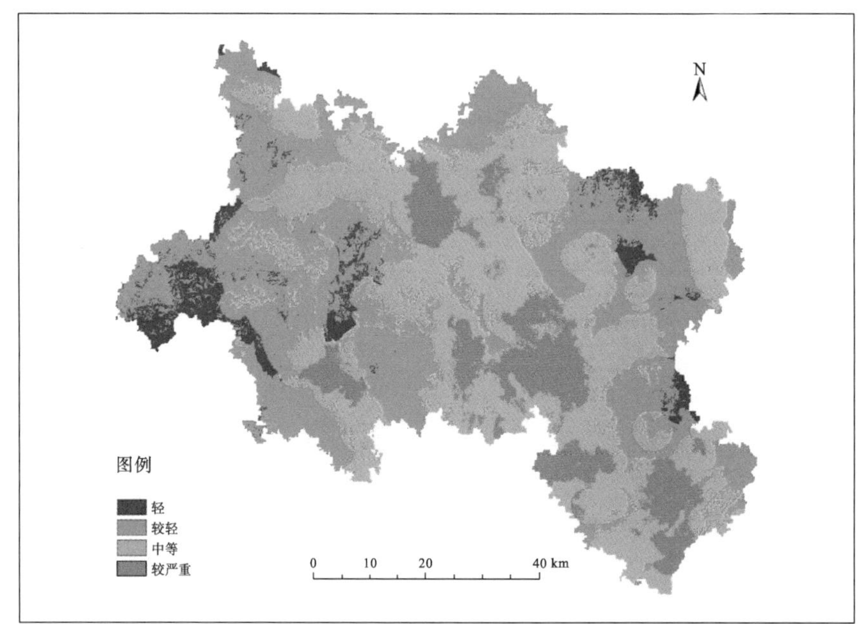

图 6-15 内江市洪水灾害危害程度分区

表 6-27、图 6-15 评价显示，内江市山洪地质灾害高风险区主要分布于流经市中区、隆昌、东兴以及资中等区县的沱江两岸，以及市域范围内的主要河流(如清流河、小青龙河、球溪河等、隆昌河、威远河)两岸地势低洼区和区内主要水库周边。主要原因：一方面，降雨作用(或上游强降雨)将导致河水暴涨，为洪水灾害的多发创造了条件，同时，主要河流、湖泊所在区域均为邻近区域内地势相对低洼区，大量降水汇集，洪水易发程度大。另一方面，沱江两岸和主要河流集中区也是当地人口密集、经济社会发展迅速和主要农作物产区。因此，一旦发生洪水灾害，将导致大量的人员、耕地、厂矿、企业等受到威胁。但是，近年来随着城镇化进程的加快，内江市快速推进沱江干流堤防工程。特别是随着沱江干流内江城区(椑木段)、资中城区段堤防工程、江城区(圣水寺—农科所段)堤防建设、东兴区大清流河，资中县归德镇麻柳河、双河镇乌龙河等一系列的城市防洪治理工程的实施，内江市的洪水灾害得到了极大的缓解作用。因此，该区域为内江市山洪水灾害危害程度较严重区域。

威远县北部低山区、资中东南部深丘区、西北部深丘区以及东兴北部深丘区等地区，因为域内窄谷众多，地形坡度相对较大，降雨后水流能够及时排出，具备的可集中汇水区域相对较少，且山区内人员、工矿企业等较为分散，即便是发生山洪，其危害程度和影响程度也较沱江两岸等主要水流分布区域小得多，危险程度为较轻/轻。

内江市其他区域，因地形条件较低山、深丘区域相对平缓，河网相对密集、年均降雨量相对较大，且人口、耕地、工矿企业等分布相对较多，洪水灾害的危害程度中等。

表 6-27　内江市洪水灾害危害程度分区特征

危害程度	区县	涉及乡镇(街道)	特点
较严重区域	隆昌县	云顶镇、山川镇、金鹅镇、周兴镇、桂花井、黄家镇、隆昌县城、胡家镇、响石镇、龙市镇、双凤镇(11 个)	主要分布在沱江干流与小青龙河、清流河等交汇处。上游强降雨或者境内强降雨，将导致流经内江市的沱江干流河水暴涨，另外，境内的小青龙河、清流河等汇入沱江的次级支流内河水也会陡涨，从而导致交汇区域的部分地势低洼且防洪标准较低的区域，受到较大的威胁。另外，境内的隆昌河、渔箭河、三江河一带。在强降雨期间，境内河水暴涨，河道两岸部分防洪标准较低或无响应的防洪工程、地势低洼区域易发生溪河洪水灾害
	市中区	白马镇、乐贤镇、凤鸣乡、朝阳镇、沱江乡、交通乡、市中区、四合乡、全安镇、凤鸣乡、朝阳镇、永安镇(12 个)	
	东兴区	小河口镇、新江街道、东兴街道、西林街道、胜利镇、椑木镇(6 个)	
	资中县	银山镇、马鞍镇、明心寺、水南镇、重龙镇(5 个)	
	威远县	严陵镇	
中等区域	隆昌县	古湖街道、响石镇、圣灯镇、黄家镇、双凤镇、龙市镇、迎祥镇、石碾镇、周兴镇、石燕桥镇、李市镇、胡家镇、普润镇、桂花井镇(14 个)	区内距离沱江干流、主要支流、河流、水库等较近，但未直接邻近，但人口相对分散、社会经济发达程度相对较低的区域。一旦暴发较强规模的洪水灾害，可能会造成的一定的人民生命财产安全、和对工矿企业有一定的影响，但影响程度相对较小的区域
	东兴区	东兴区城镇、田家镇、郭北镇、顺河镇、双才镇、小河口镇、杨家镇、石子镇、苏家乡、富溪乡、同福乡、椑南乡、永福乡、高桥乡、中山乡、柳桥乡、三烈乡（17 个）	
	威远县	向义镇、界牌镇、新店镇、严陵镇、铺子湾镇、新场镇、观英滩镇、连界镇(8 个)	
	市中区	沱江乡、全安镇、凤鸣乡、朝阳镇、永安镇、伏龙乡、凌家镇、靖民镇、龚家乡（9 个）	
	资中县	甘露镇、归德镇、鱼溪镇、金李井镇、铁佛镇、球溪镇、顺河场镇、银山镇、太平镇、苏家湾镇、明心寺镇、双河镇、公民镇、龙江镇、双龙镇、高楼镇、陈家镇、配龙镇、走马镇、马鞍镇、狮子镇、板栗椏乡、龙山乡(23 个)乡镇	
较轻、轻		其他境内无较大河流且水网密度较小、地势相对较高的区域	位于偏远区域，或者位于地势相对较高的区域，一般情况下不易发生山洪灾害，且区内人口、工矿企业相对分散，即便暴发小规模的洪水灾害，危害程度也很小

6.2.6.3　地质灾害

1. 内江市地质灾害的分布特点

据内江市地质灾害区划调查结果，截至 2014 年 7 月，全市累计发现地质灾害隐患点 2062 处，类型有崩塌(危岩)、滑坡及潜在不稳定斜坡，其中：崩塌(危岩)1165 处、占 56.59%，滑坡 836 处、占 40.54%，潜在不稳定斜坡 46 处，占 2.23%，地面塌陷 13 处、占 0.63%，泥石流 2 处、占 0.01%(表 6-28、图 6-16)。

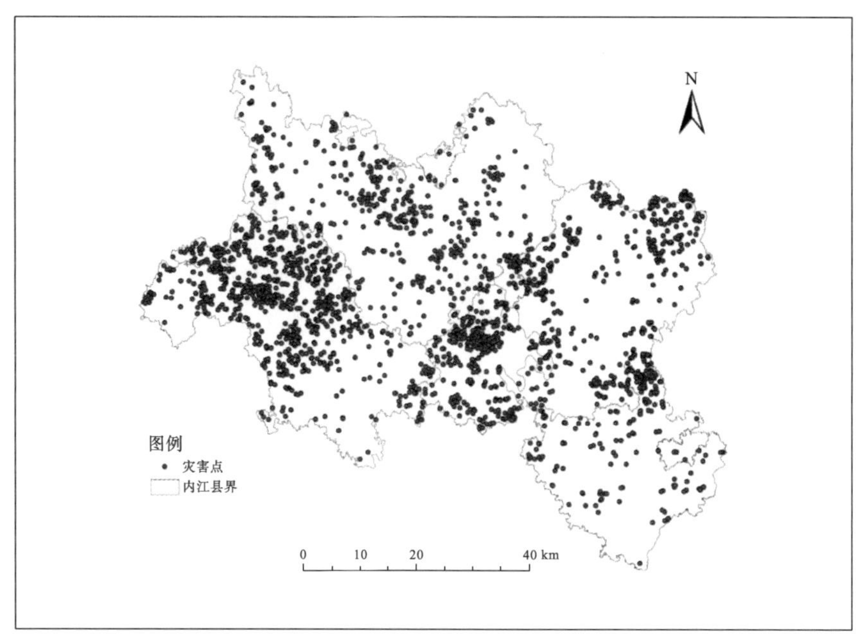

图 6-16　内江市地质灾害隐患点分布图

表 6-28　内江市地质灾害分布分类统计表

地质灾害类型	隐患点数	隐患点分布情况
崩塌	1165	主要分布在内江西部的低山、深丘区、沿沱江两岸中丘区，内江东部深丘区，以及隆昌县东北部中丘区
滑坡	836	主要分布在内江西部的低山、深丘区、沿沱江两岸中丘区，内江东部深丘区，以及隆昌县东北部中丘区
潜在不稳定斜坡	46	主要分布在资中中北部，东兴东部等区域，分布规律不明显
地面塌陷	13	主要分布在威远县中东部、资中县南部等以及隆昌县南部等低山区或深丘区
泥石流	2	分布在隆昌县北部清流河附近

2. 地质灾害影响因素分析

影响地质灾害发生、发展的致灾因素较多，主要有地形地貌、地质构造、地层岩性、斜坡结构、降雨、人类工程活动等。它们之间相互作用，彼此促进影响，最终导致地质灾害的发生、发展。目前，在地质灾害的评价体系中，主要运用工程类比法进行地质灾害易发性分区，即过去的地质灾害多发区也将是以后地质灾害的多发区。因此在构建评价体系中，既要考虑地质灾害形成条件，同时也要考虑地质灾害的群体统计。对于地质灾害群体统计，可采用区域内地质灾害隐患密度进行表示。而对于地质灾害的形成的条件，主要考虑直接影响地质灾害形成的主导因子。

据此，根据层次分析理论，群体统计指标为地质灾害隐患点密度，地灾形成条件中的致灾因子主要包括年均降雨量、地震(动峰值加速度)、人口密度，孕灾环境主要考虑地貌类型、地形坡度、构造条件、地层岩性(工程地质岩组)、水网密度，承载环境主要考虑人口密度。

3. 地质灾害风险性分析评价

1) 评价思路

地质灾害的发生，主要取决于地质环境的成灾条件和诱发灾害发生的降雨、人类不合理工程等因素。对内江市地质灾害的危害性评价，主要是对诱发地质灾害的致灾因子(降雨、人类不合理工程建设等)、孕灾因子(地形地貌、地质构造、水文地质等)和承载体(人口因素)从空间尺度上进行分区评价。

2) 评价方法

结合层次分析理论，对内江市地质灾害的各影响因子之间建立关系表，同时，建立地质灾害影响因子传递层次结构，分析系统内各因子之间的相互关系，划分各因子相互联系的有序层次结构。构建内江市地质灾害致灾因子、孕灾环境中的各影响因子。对同一层次中的各因子，采用 1～9 级的标度方法，分别对应不同级别的重要程度，再在某一层次下，对同层次之间的因子两两比较，构建判断矩阵，获得该层对上一层次的重要因子序列，从而获得该层次的最优决策，并计算出各因子对于地质灾害的贡献值，从而得到权重。最后再根据层次分析法中的一致性检验，评价评判矩阵的满意行。根据计算结果，最终形成各因子的权重值。

基于 GIS 技术，采用因子叠加法进行，并引入“危险性指数 W”来表征地质灾害的危险程度。综合分析各种控制与影响因素的作用，并根据分析结果进行区划。危险性指数的计算公式为

$$W_j = \sum_{i=1}^{n} \theta_i \times Q_i \qquad (i = 1,2,3,\cdots,n)$$

式中，W_j 为各评价单元危险性指数；θ_i 为控制地质灾害危险程度的各类因素作用权重；Q_i 控制地质灾害危险程度的各类因素的取值。

根据收集和调查的相关资料，从不同尺度上对各影响因素分析，按区域因素的相似归类与差异分类的原则，采用定性为主、定量为辅的评价方法，进行地质灾害危害程度综合分析评价。

3) 影响因子数据处理

(1) 灾害点分布密度。

一般来说，地质灾害点的分布密度(个/km^2)往往反映了区域地质灾害历史影响程度和规模，可以从整体上反映出这个地区地理与地质环境条件以及人类工程活动对区域地质灾害发生的影响程度。对内江市的地质灾害点密度分布分析显示，地质灾害点较多、灾点密度较大的威远县、资中县的低山区，地理和地质环境差，且位于内江市中部区域，主要是聚居点分布较多，人类工程活动频繁区域。无论是地质环境条件还是人类对居住条件的选择，都是无法在短时间内发生改变的，因此，由以往灾害点分布情况大体上可以推测今后一段时间内地质灾害隐患点分布的规律。根据内江市地质灾害点分布情况，按照隐患点密度进行分级，结果如图 6-17 所示。

(2) 地貌类型。

内江市一般海拔在 300～500m。地形总体北高南低，根据地貌类型划分，由西向东分为西部低山区、高丘区、中丘区、浅丘区、河谷平坝区和东部低山区，其中：低山区占全区总面积的 22.59%，高丘区占 13.76%，中丘区占 49.08%，浅丘区占 13.52%，河谷平坝区占 1.05%。根据(表 6-29 和图 6-18)，地质灾害隐患点分布相对集中的区域主要是西部低山区、高丘区，沿沱江两岸的中丘区域，以及东兴区东北部的高丘区和隆昌县东北部的中丘区。主要原因：一是低山区由于受到构

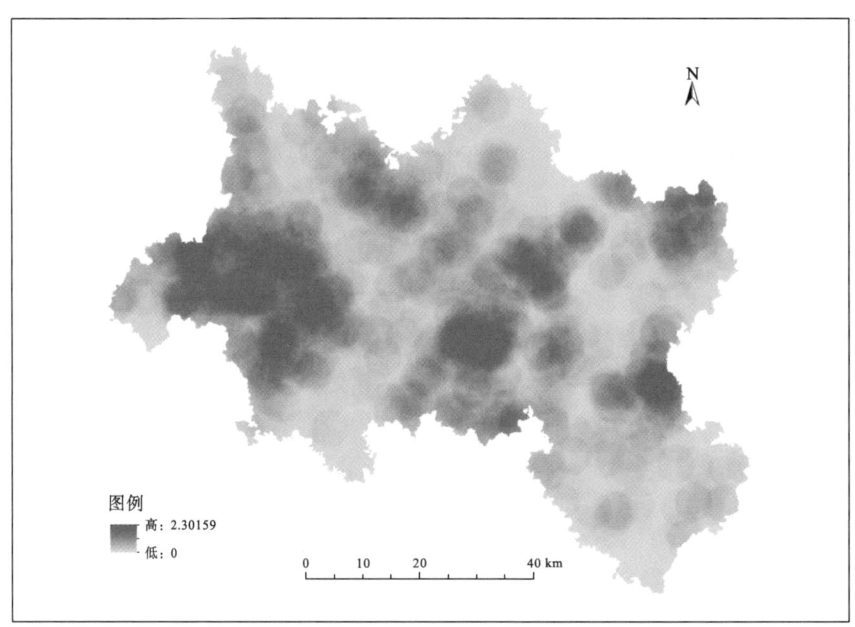

图 6-17 内江市地质灾害隐患点密度分布

造运动的影响，区内山高坡陡，为地质灾害的发生提供了临空条件和动力条件；二是沱江沿岸的丘陵区等，则是在区内构造作用和水蚀作用的共同影响下，逐渐形成了陡坡或是陡坎，同样为滑坡、崩塌等地质灾害的形成提供了临空条件和动力条件。相反，平原区或浅丘区域不具备临空条件和动力条件，帽状浅丘区的临空条件不够或是动力条件不足，相对于低山区和高、中丘区域地质灾害发育相对较弱，且隐患点规模相对较小、分散。而平坝区由于受到河水的冲刷作用，形成陡坎，反而易形成崩塌等地质灾害。

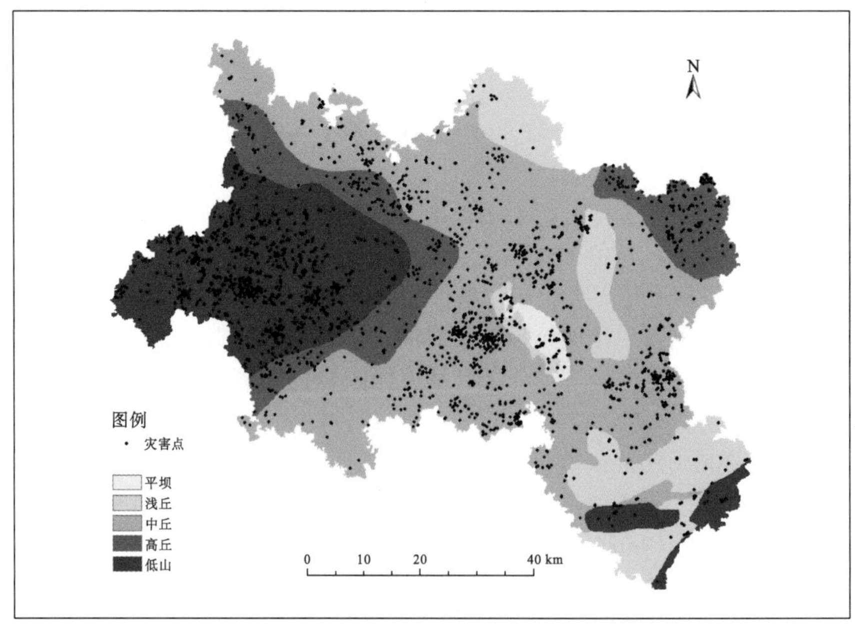

图 6-18 内江市地灾隐患与地貌类型关系

表 6-29　内江市地貌类型特征表

地貌类型	分布特征	相对高度/m	分布面积/km^2	隐患点数	隐患点密度/(个/100km^2)
低山	威远县北西部及资中县西部区域	＞200	1216.35	673	55.33
窄谷深丘区	山前地带及东兴区双桥乡至高梁镇一线	100～200	740.88	334	45.08
宽谷中丘区	内江市中部、北部、南部及东部的广大地区	50～100	2642.72	904	34.21
缓谷浅丘区	内江市中部区域的广大地区	20～50	728.24	87	11.95
平坝区	零星分布于沱江、大清流河、小清河两岸，多呈带状分布，一般高出河面 0～10m	＜20	56.64	18	31.78

(3)地形条件分析。

地形坡度也是地质灾害发生的主要条件之一，坡度越大，形成的临空面越陡峻，坡面处岩土体受到重力的影响程度越大，发生地质灾害的可能性越大。根据分析结果，地质灾害隐患点的发育总体上随坡度的增加，其可能性逐渐增大。根据隐患点密度，地质灾害隐患点主要分布在地形坡度 8°～45°，其中以 15°～30°最为发育，为坡度 8°～15°的 1.3 倍，坡度 0°～8°的 2.2 倍(表 6-30、图 6-19)。

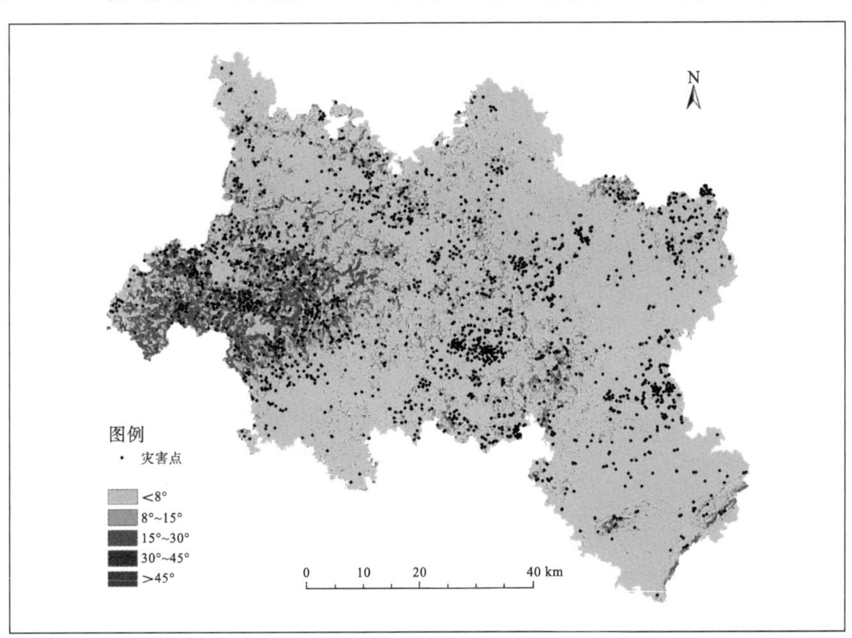

图 6-19　内江市地质灾害隐患与坡度关系图

表 6-30　市地灾隐患点与地形坡度关系

坡度	分布面积/m^2	隐患点数/个	隐患点密度/个/(100km^2)
0°～8°	3890.54	1211	31.1
8°～15°	1095.01	579	52.9
15°～30°	379.31	261	68.8
30°～45°	19.76	11	55.7

(4)地质构造。

区内发育的地质构造主要有位于威远县的威远背斜、新店子向斜，位于隆昌县的螺观山背斜、圣灯山背斜及背斜之间开阔平缓的向斜。其中，威远背斜隶属于乐山-女寺古隆起上的大型穹窿状背斜构造，南陡北缓，西窄紧，东开阔。新店子向斜位于新店、靖和一带，轴线近于东西向，两翼大致对称。断裂、断层多在威远背斜的西端轴部和两翼，属压扭性逆断层，由于新店子向斜位于威远县南部的中丘-浅丘区，地势平缓，地质灾害很少，其形成与构造关系不大。螺观山背斜、圣灯山背斜走向为东西向，与川南华蓥山走向基本一致，其间为地形相对开阔的向斜。

地质构造对地质灾害的发生起到了一定的控制作用，一方面，地质构造破坏了岩石的完整性，使之破碎更易风化，形成较厚的残坡积层，为地质灾害的发生提供了丰富的物源；另一方面，断裂带等构造带附近更容易形成陡崖或陡坡，其节理发育地段更容易形成崩塌。同时，节理裂隙较为发育，为降水的入渗提供了条件，加大了地质灾害发生的可能性。根据分析结果，区内构造对地质灾害的影响主要分布在构造带两侧 6km 范围内。当距离大于 6km 以后，地质灾害隐患点发育则与构造点的关系不密切(表 6-31、图 6-20)。

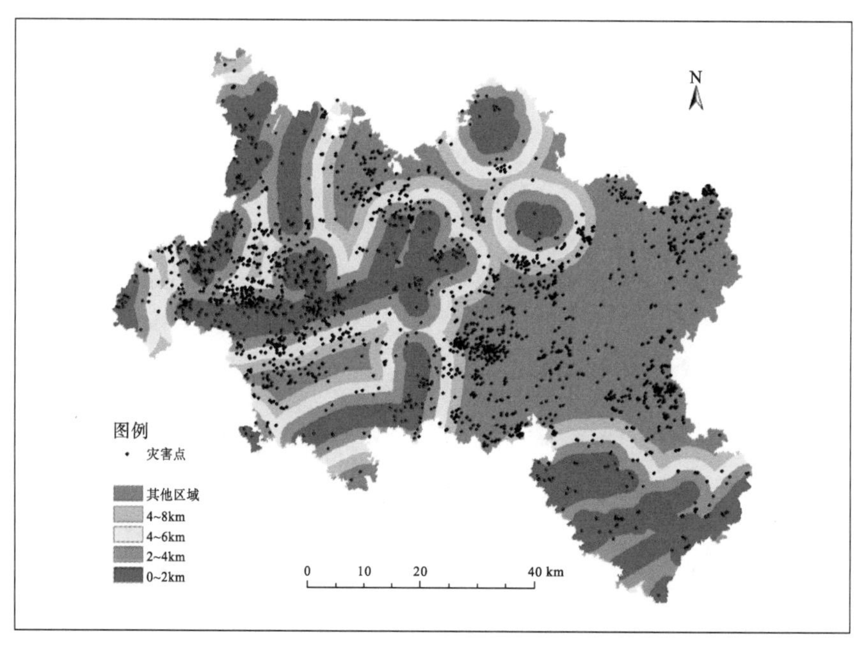

图 6-20 内江市地灾隐患点与构造带关系图

表 6-31 地质灾害与地质构造关系统计表

构造	与构造带的距离/km	隐患点	
		点数	密度/个/(100km^2)
背斜/断层	0～2	476	32.74
	2～4	352	25.16
	4～6	245	18.77
	6～8	234	20.8

(5) 地层岩性。

地层岩性是滑坡、崩塌、地面塌陷等地质灾害形成条件的重要指标之一。区内主要出露地层有三叠系下统嘉陵江组(T_1j)、中统雷口坡组(T_2l)碳酸盐岩，出露于威远背斜核部区域；三叠系上统须家河组(T_3xj)、侏罗系下统珍珠冲组(J_1z)、侏罗系中统新田沟组($J_{1-2}x$)泥岩、砂质泥岩，主要出露在威远县、资中县低山区域内，局部出露于隆昌县内深丘区域；侏罗系中统沙溪庙组(J_2s)、遂宁组(J_2sn)、上统蓬莱镇组(J_3p)泥岩、砂质泥岩以及砂泥岩互层，广泛分布于内江市中部、东部区域；第四系松散堆积物(Q_p^{fgl}、$Q_{p\text{-}h}^{al}$)黏土、黏土加砾石层，零星分布于河流平坝及阶地附近。根据岩土体的力学性质，将各岩层的岩性进行工程地质岩组划分，可分为松散岩组、半坚硬软岩组和半坚硬－坚硬岩组(表 6-32)。

根据表 6-32 和图 6-21 结果显示地质灾害隐患点主要分布在半坚硬软岩组中，占全部隐患点的 90%以上。主要原因：半坚硬软岩组主要是由泥岩、泥岩夹薄层砂岩或者是泥岩、砂岩互层等为主。在长期的风化或强降雨作用下，泥岩极易被泥化使得泥岩等力学性质大大降低，且极易形成临空面，从而使得岩土体发生变形破坏，为滑坡、崩塌等地质灾害提供条件。

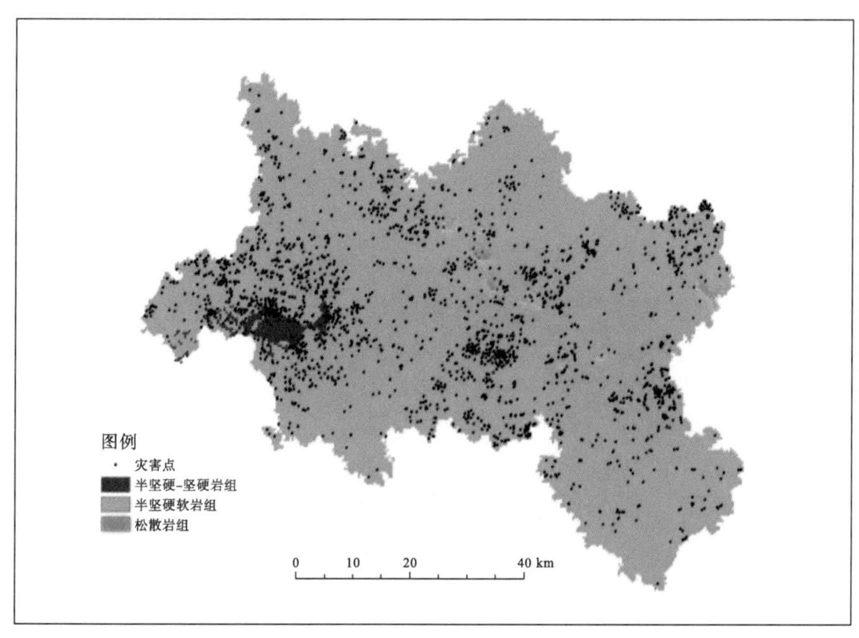

图 6-21　地质灾害隐患点与工程地质岩组关系图

表 6-32　工程地质岩组划分

系	统	组(群)	符号	岩性	工程地质岩组
四系	全新统	冲积层	$Q_{p\text{-}h}^{al}$	黏土	松散岩组
	更新统	冰水堆积层	Q_p^{fgl}	黏土加砾石层	
侏罗系	上统	蓬莱镇组	J_3p	泥岩夹薄层砂岩	半坚硬软岩组
		遂宁组	J_2sn	泥岩夹薄层砂岩	
	中统	上沙溪庙组	J_2s	泥岩、砂岩互层	
		新田沟组	J_2x	泥岩、砂岩互层	

续表

系	统	组(群)	符号	岩性	工程地质岩组
		自流井群	$J_{1\text{-}2}zl$	泥岩夹薄层砂岩	
	下统	珍珠冲组	J_1z	泥岩夹薄层砂岩	
三叠系	上统	须家河组	T_1xj	泥岩、泥砂互层	半坚硬-坚硬岩组
	中统	雷口坡组	T_1l	碳酸盐岩	
	下统	嘉陵江组	T_1j	碳酸盐岩	

(6)降雨条件分析。

降雨是诱发地质灾害的一个重要因素，特别是大雨、暴雨以及持续降雨等是大中型滑坡等地质灾害的最主要的诱发因素。内江市年均降雨量约为1000mm，季节性降水变化很大，多分布在夏季，约占全年雨量的60%，也是地质灾害的主要爆发期段。

在一般情况下，一个区域的降雨强度越大，降雨入渗越多，越容易导致区内岩土体趋于饱和状态，自重增加，岩土体力学性质降低，大大增加地质灾害发生的可能性，由地质灾害与年均降雨量的关系图(图 6-22)可以看出，在资中县、东兴区、市中区等地形地貌、地质构造、岩层岩性等条件基本相似的区域，地质灾害隐患点在降雨量较大的区域分布相对密集。

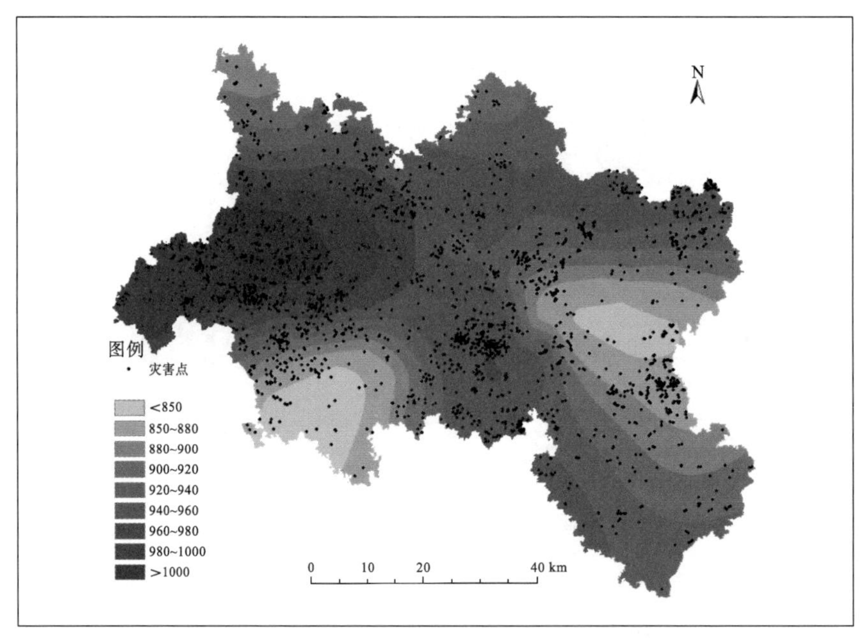

图 6-22 地质灾害隐患点与年均降雨量关系图

(7)地震作用。

地震通过水平和垂直震动作用造成区域斜坡上岩土体松动，直接或间接地图导致岩土体结构失稳，形成滑坡、崩塌等地质灾害。因此，地震对地质灾害影响最显著的是地震动峰值加速度，其指的是地震动加速度反应谱最大值相应的水平加速度。根据以往的研究成果，0.2*g* 的峰值加速度是滑坡灾害严重与否的分界线，地震动速度峰值触发滑坡灾害的范围为0.5～1.5m/s，地震动峰值加速度与地震诱发崩滑之间存在非常明显的正相关性和一致性，地震滑坡灾害随动峰值加速度增加而愈发严重。

但内江地震基本上是受周围特别是川北、川西北、川西和川西南部地震波及发生，辖区内因地壳运动或者地质变化原因而自身产生地震的情况几乎没有。因此，区内地质灾害的分布与地震关系并不明显(图 6-23)。

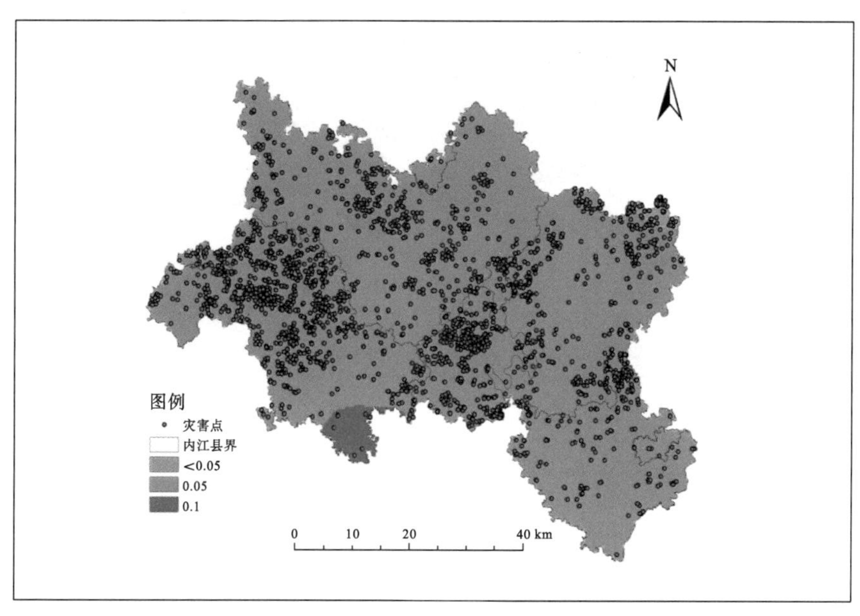

图 6-23　内江市地灾隐患与地震动峰值加速度关系

(8) 水文条件分析。

境内沟谷纵横，溪流、沟谷交错，沱江蜿蜒曲折穿境而过，河网发育，河流与地质灾害之间的关系密切。由图 6-24 显示，隐患点密度随着河网密度的减小呈现减小趋势。另外，由隐患点的分布情况可以看出，隐患点在主要河流、湖泊等周边分布相对密集。分析其原因，主要表现在两个方面：一是诱发灾害的作用。河流对两岸斜坡冲刷、侧蚀、淘蚀，尤其是在强降雨期间，河水暴涨，水流湍急，从而使斜坡坡脚形成临空面，易使斜坡失去支撑，平衡被破坏而引发崩塌、滑坡等地质灾害。二是承灾体环境的改变作用。因为人类多择水而居，从而改变了河流两侧的承灾体环境。

(9) 承灾体环境。

近年来，随着内江市经济社会的发展，基础设施建设的增多，人类工程活动对地质环境的破坏日趋严重，诱发和加剧了地质灾害对人民生命财产安全的威胁和当地经济建设的危害。一方面扩大耕地面积，破坏了植被。另一方面开挖坡脚，建房修屋，挤占河道修建路桥等，都极大地改变了原有的地质环境条件，为滑坡、崩塌等地质灾害的发生、发展提供了条件。因此，人类工程活动对地质灾害的影响直接而复杂。

另外，人类活动既是滑坡、崩塌等地质灾害的直接诱因，又是地质灾害的直接危害对象。地质灾害对人直接产生生命财产威胁，因此采用人口密度作为承受体，结合内江市地质灾害易发性分析结果，进行内江市地质灾害危险性分析。

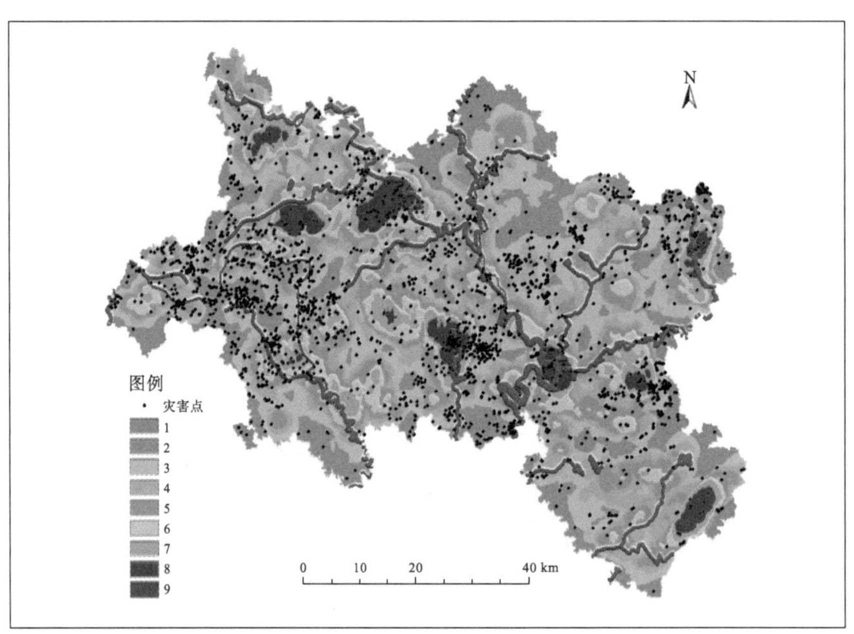

图 6-24 地质灾害隐患点与河网密度关系

4. 内江市地质灾害危害程度评价

通过对内江市地质灾害各影响因素的分析，根据各因素对地质灾害的影响的情况，采用 1～9 标度法对各因素进行分级(表 6-33)。

表 6-33 地质灾害危害程度评价因子分级标准

评价因子	分级标准								
	1	2	3	4	5	6	7	8	9
隐患点密度/(个/km^2)	0～0.49		0.49～0.99	—	0.99～1.49	—	1.49～1.98	—	1.98～2.5
地貌类型	平坝	—	浅丘	—	中丘	—	高丘	—	低山
地形坡度	0°～8°	—	8°～15°	—	15°～30°	—	30°～45°	—	>45°
构造带缓冲区范围/km	>8	—	6～8	—	4～6	—	2～4	—	0～2
工程地质岩组	—	—	—	半坚硬-坚硬岩组	—	—	半坚硬-软岩组	—	松散岩组
年均降雨量/mm	790～831	831-860	860～884	884～906	906～927	927-948	948～971	971-1000	>1000
动峰值加速度/g	<0.05	—	0.05～0.1	—	0.1～0.15	—	0.15～0.2	—	>0.2
河网密度/(km/km^2)	0～0.2	0.2-0.3	0.3～0.4	0.4～0.5	0.5～0.7	0.7-0.9	0.9～1.1	1.1～1.4	1.4～2.2
人口密度/(人/km^2)	<500	—	500～1000	—	1000～2000	—	2000～10000	—	>10000

根据层次分析法相关理论，以及各影响因子对内江市地质灾害风险的权重(表 6-34)，利用公式 $W=\sum$(影响因子×权重)确定地质灾害危害程度的分布情况，其值越大，其危害程度越高。

表 6-34　地质灾害风险的权重表

评价指标	隐患点密度	地貌类型	地形坡度	地质构造	工程地质岩组	年均降雨量	动峰值加速度	河网密度	人口密度
权重	0.14	0.14	0.16	0.05	0.1	0.14	0.05	0.06	0.17

根据地质灾害危险性指数值 W 的总体幅度，将区内地质灾害的危害程度，分为特严重、较严重、中等、较轻和轻 4 个等级，划分标准见表(表 6-35)。

表 6-35　地质灾害危害程度分级表

危害程度	重度(Ⅰ)	中度(Ⅱ)	轻度(Ⅲ)	微度(Ⅳ)
危险性指数 W	>5	3.8～5	2.6～3.8	<2.6
定性描述	主要分布于威远县北部山区，穹窿构造东侧，受地形地貌、地质构造等影响，区内地质灾害多发。另外，受地质环境条件影响，区内易发生大中型地质灾害隐患	主要分布于威远县、资中县、隆昌县等低山-丘陵过渡区域，以及内江市中区黄河镇水库北部区域和东兴区东北部深丘区域。区内地质灾害多发，多为小型地质灾害隐患点	广泛分布于境内浅丘区域。主要受到人类不合理开挖边坡等工程活动的影响，导致区内人为地质灾害多发	零星分布于东兴区的田家镇、柳桥乡以及平坦乡

图 6-25、表 6-36 显示，危害程度重度区主要分布于威远县北部山区，穹窿构造东侧。该区主要为低山区，在高陡边坡、断裂带、软弱岩组等不良地质条件的作用下，岩石破碎，节理裂隙发育，山区地表结构破坏严重，松散固体物质丰富，极易形成滑坡、崩塌等地质灾害。

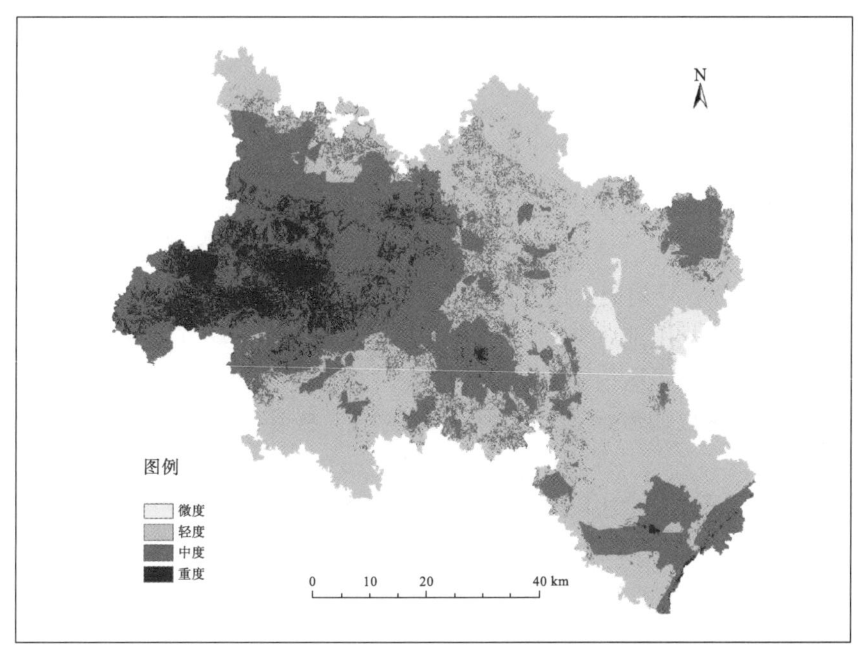

图 6-25　内江市地质灾害危害程度分布

表 6-36 地质灾害危害程度分布表

危害程度	区县	涉及乡镇	特点
重度	威远县	石碾镇、碗厂镇、小河镇、越溪镇、连界镇、新场镇、山王镇、黄荆沟镇、观英滩镇	主要分布于威远县北部山区，穹窿构造东侧，受地形地貌、地质构造等影响，区内地质灾害多发。主要涉及威远、资中两县
	资中县	宋家镇、双河镇、兴隆街镇、新桥镇、金李井镇、铁佛镇、罗泉镇、板栗椏乡	
中度	隆昌县	云顶镇、金鹅镇、桂花井、黄家镇、圣灯镇、响石镇、山川镇、石燕桥镇、李市镇、界市镇北部区域	主要分布于威远、资中、隆昌县等低山、丘陵过渡区域。以及内江市中区黄河镇水库北部区域和东兴区东北部深丘区域
	市中区	沱江乡、全安镇、凤鸣乡、朝阳镇、永安镇、凌家镇、靖民镇、龚家乡、白马镇	
	东兴区	小河口镇、椑木镇、中山乡、永东乡、三烈乡、双桥乡、大冶乡、高梁镇、永福乡、杨家镇、苏家乡、椑南乡、顺河镇南部	
	资中县	陈家镇、公民镇、银山镇、明心寺镇、水南镇、苏家湾镇、龙山乡、重龙镇、归德镇、渔溪镇、高楼镇、走马镇、龙结镇、配龙镇、球溪镇、顺河场镇、发轮镇、甘露镇等	
	威远县	镇西镇、铺子湾镇、庆卫镇、严陵镇、高石镇、东联镇、靖和镇、界牌镇、龙会镇等	
轻度	隆昌县	除重度、中等以外的其他乡镇	广泛分布于境内丘陵区域
	东兴区	除重度、中等以外的其他乡镇	
	威远县	除重度、中等以外的其他乡镇	
	市中区	除重度、中等以外的其他乡镇	
	资中县	除重度、中等以外的其他乡镇	
微度	东兴区	零星分布于东兴区的田家镇、柳桥乡以及平坦乡	

危害程度中度区主要分布于威远县、资中县、隆昌县等低山-丘陵过渡区域，以及内江市中区黄河镇水库北部区域和东兴区东北部深丘区域。该区主要为低山-丘陵过渡区域，具有高陡边坡、软弱岩组等不良地质作用。另外，受构造的抬升作用和区内水流的冲刷作用，山区地表结构很容易破坏，极易形成滑坡、崩塌等地震次生地质灾害。

危害程度轻度区广泛分布于区内中丘、浅丘区域，受地形地貌的影响，区内人类活动比低山区和深丘区更加强烈，人类采取切坡建房、修建道路等方式，极易破坏原有的地质环境，从而加剧了地质灾害的发生。

危害程度微度区仅在东兴区的田家镇、柳桥乡以及平坦乡等地有零星分布，该区以平坝地貌为主。

6.2.6.4 内江市自然灾害影响度评价

我国是世界上自然灾害种类最多的国家，国家科委、国家计委、国家经贸委自然灾害综合研究组将自然灾害分为七大类：气象灾害、海洋灾害、洪水灾害、地质灾害、地震灾害、农作物生物灾害和森林生物灾害和森林火灾。内江市受地理位置、地质环境条件等多重因素的影响，主要自然灾害有洪水灾害、地质灾害等。

1. 评价方法

根据资料分析及现场调查，区内的主要自然灾害为洪水灾害和地质灾害。通过两类主要自然灾害的影响程度分析评价结果，采用最大因子法，综合确定区内自然灾害的影响度。

计算公式为：[自然灾害影响] ＝MAX{[洪水灾害影响]，[地质灾害影响]}

2. 自然灾害影响等级划分

1) 洪水灾害影响等级划分

根据洪水灾害危险程度，按照洪水灾害影响评价表划分(表 6-37)标准，对洪水灾害进行影响等级划分(图 6-26)。

表 6-37　洪水灾害影响评价表

洪水灾害危险程度	洪水灾害影响等级
特严重	较大
较严重	略大
中等/较轻/轻	无

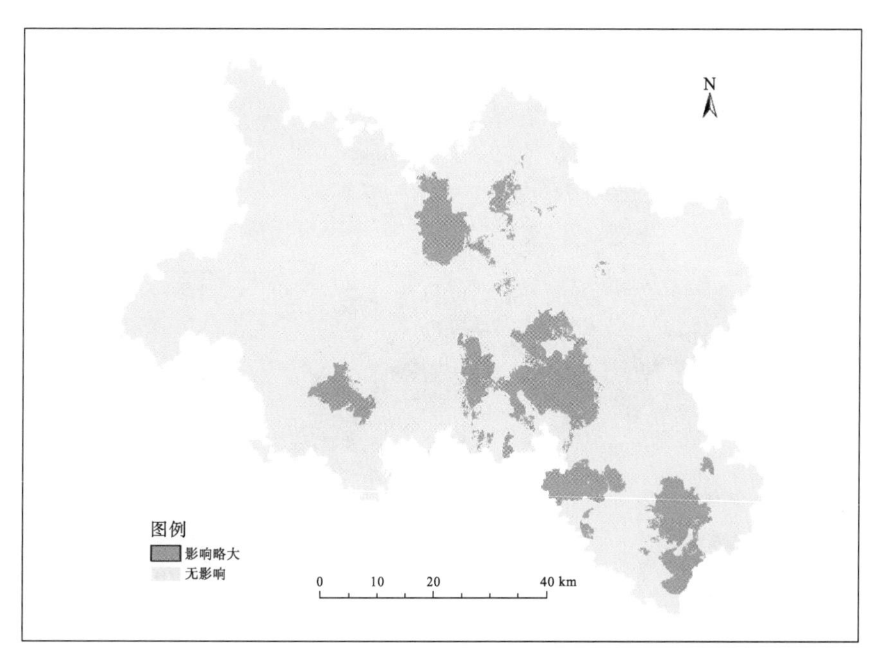

图 6-26　内江市洪水灾害影响度分级

由图 6-26 显示，内江市洪水灾害影响度略大的区域主要涉及隆昌县的云顶镇、周兴镇、圣灯镇、山川镇、金鹅镇、隆昌县城、黄家镇、桂花井乡，市中区的伏龙乡、白马镇、乐贤镇、交通乡、四合乡、全安镇、朝阳镇、凤鸣乡、城区，资中县的银山镇、明心寺镇、水南镇、重龙镇、狮子镇、马鞍镇，东兴区的椑木镇、椑南乡、小河口镇、新江街道、西林街道、胜利镇等乡镇。

主要原因，一是由于靠近沱江干流和大型水库、沱江主要支流等，降雨作用或上游强降雨导致沱江干流、大型水库、沱江主要支流等在短时间内汇聚大量的降水，下游过水能力无法满足河水短时间的暴涨，而在河岸两侧地势低洼区域形成泄洪通道，从而形成洪灾。二是原有的防洪措施的防洪标准相对较低，不能够满足极端天气情况下的防洪需要，从而导致洪水灾害。

近年来，内江市在极易出现洪水灾害的沱江、青龙河、清流河、威远河等主要河流两岸有针对性地新建了大量的防洪措施，并对原来的病险水库进行了维修加固等，将在一段时期内，起到较大的防洪除险作用。

2) 地质灾害影响等级划分

根据地质灾害危险程度，按照地质灾害影响评价表(表 6-38)划分标准，对地质灾害进行影响等级划分(图 6-27)。

表 6-38　地质灾害影响评价表

地质灾害危害程度	地质灾害影响等级
重度	大
中度	较大
轻度	略大
微度	无

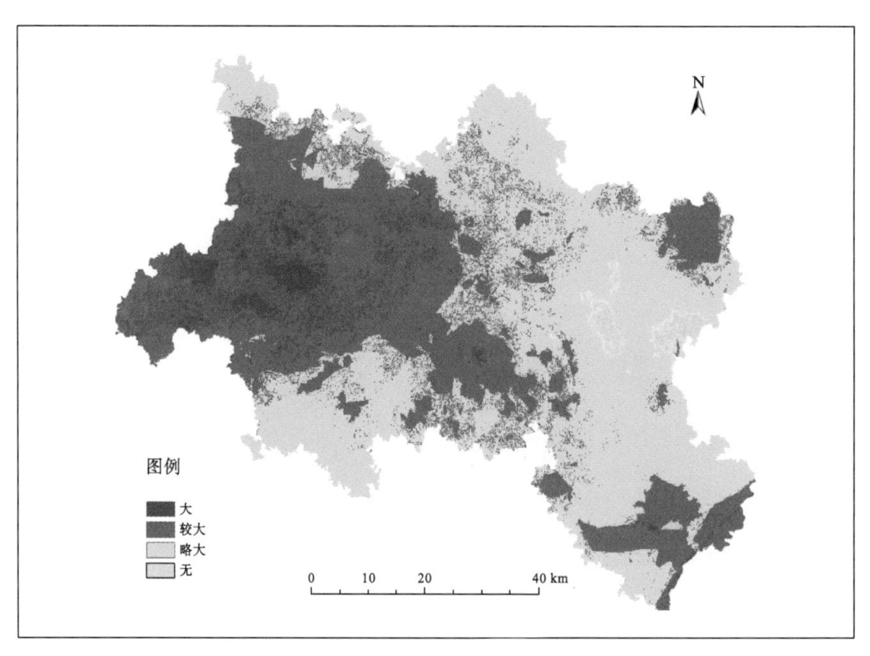

图 6-27　内江市地质灾害影响程度分级

威远、资中境内的低山区域，虽然人口密度、耕地密度等均相对较低，但是，由于地质灾害具有突发性、夜发性、链发性等特点，无论是场镇、村社等聚居区，还是山区的分散农户，一旦在强降雨作用下暴发地质灾害，都极有可能造成重大的人员伤亡和财产损失。因此，根据分析结果和划分标准，威远、资中两县境内的低山区域均为地质灾害影响程度大区。主要原因是低山、高丘区域受到地质构造、地层岩性、地形地貌、降雨的多重不利因素的作用。岩石破碎，节理裂隙发育，山区地表结构破坏严重，松散固体物质丰富，极易发生中、小规模的地质灾害。主要涉及石碾镇、碗厂镇、小河镇、越溪镇、连界镇、新场镇、山王镇、黄荆沟镇、观英滩镇、宋家镇、双河镇、兴隆街镇、新桥镇、金李井镇、铁佛镇、罗泉镇、板栗桠乡 17 个乡镇。

影响程度较大区域，主要分布在威远县、资中县、隆昌县低山-丘陵过渡的高丘区、市中区黄河镇水库北部区域和东兴区东北部深丘区域。主要涉及云顶镇、金鹅镇、桂花井、黄家镇、圣灯镇、响石镇、山川镇、石燕桥镇、李市镇、界市镇、沱江乡、全安镇、凤鸣乡、朝阳镇、永安镇、凌家镇、靖民镇、龚家乡、白马镇、小河口镇、椑木镇、中山乡、永东乡、三烈乡、双桥乡、大冶乡、高梁镇、永福乡、杨家镇、苏家乡、椑南乡、顺河镇、陈家镇、公民镇、银山镇、明心寺镇、水南镇、苏家湾镇、龙山乡、重龙镇、归德镇、渔溪镇、高楼镇、走马镇、龙结镇、配龙镇、球溪镇、顺河场镇、发轮镇、甘露镇、镇西镇、铺子湾镇、庆卫镇、严陵镇、高石镇、东联镇、靖和镇、界牌镇、龙会镇 59 个乡镇。

影响程度略大区域，主要分布于内江市的浅丘区域。虽然区内地形起伏较小，地质环境条件简单，但是随着经济社会的发展，人口密度相对较大，区内人类不合理工程活动日益加剧，极端降雨气候频现，区内河网密集，在长期河水侵蚀以及不合理人类工程活动的作用下，形成较多的陡坎，在降雨作用下，陡坎上的土体含水量急剧增加，导致自重增加，土体力学性质急剧下降，从而形成崩塌等地质灾害。但这些隐患点多属于威胁对象相对较少的小型地质灾害隐患点，且相对比较容易进行排危处置。

由于内江市境内地形条件限制，内江市的各乡镇均有地质灾害隐患点分布，根据分析结果，无地质灾害影响区域仅在东兴区的田家镇、柳桥乡以及平坦乡零星分布。

3) 自然灾害影响度分级

利用公式[自然灾害影响] ＝MAX{[洪水灾害影响]，[地质灾害影响]} 进行叠加分析。并按照自然灾害影响等级表(表 6-39)进行等级划分。

表 6-39　自然灾害影响等级表

影响因子	等级	分值
自然灾害	影响极大	0
	影响大	1
	影响较大	2
	影响略大	3
	无影响	4

具体分区结果如图 6-28 所示。

(1) 自然灾害影响度大区。

自然灾害影响度大区主要分布在威远县北部山区，穹窿构造东侧。该区主要为低山区，区内地质环境条件脆弱，极易发生崩塌、滑坡等地质灾害。

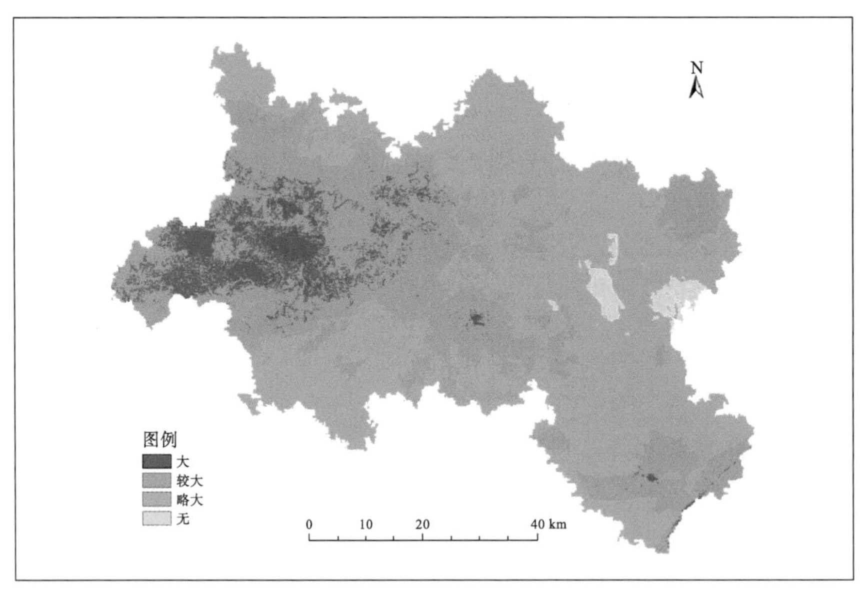

图 6-28 内江市自然灾害影响程度分级

该区主要涉及乡镇包括威远县的两河镇、碗厂镇、小河镇、越溪镇、连界镇、新场镇、山王镇、黄荆沟镇、观英滩镇，资中县的宋家镇、双河镇、兴隆街镇、新桥镇、金李井镇、铁佛镇、罗泉镇、板栗桠乡、重龙镇、水南镇等 19 个乡镇(街道)。其次为黄河镇水库北部的凤鸣乡，降雨量偏多、为区内地质灾害的发生提供了条件，二是该区域高程相对较低、区内水网密度相对较大、为洪水灾害提供了条件。

(2) 自然灾害影响度较大区。

自然灾害影响度较大区主要分布于威远县、资中县、隆昌县等低山-丘陵过渡区域，以及市中区黄河镇水库周边和东兴区东北部高丘区域及沱江两岸地势低洼区段。在低山-丘陵过渡区域和高丘区，主要是具有高陡边坡，软弱岩组等不良地质作用，易发生地质灾害。在沱江两岸地势低洼区段，则更容易遭受洪水灾害。

该区主要涉及乡镇包括隆昌县的云顶镇、金鹅镇、桂花井、黄家镇、圣灯镇、响石镇、山川镇、石燕桥镇、李市镇、界市镇北部区域，市中区的沱江乡、全安镇、凤鸣乡、朝阳镇、永安镇、凌家镇、靖民镇、龚家乡、白马镇，东兴区的小河口镇、福溪乡、椑木镇、中山乡、永东乡、新江街道、三烈乡、双桥乡、大冶乡、高梁镇、永福乡、杨家镇、苏家乡、双子镇、椑南乡、顺河镇南部，资中县的骝马镇、陈家镇、公民镇、银山镇、明心寺镇、水南镇、苏家湾镇、龙山乡、重龙镇、归德镇、渔溪镇、高楼镇、走马镇、龙结镇、配龙镇、球溪镇、顺河场镇、发轮镇、甘露镇等，威远县的新场镇、镇西镇、铺子湾镇、庆卫镇、严陵镇、高石镇、东联镇、靖和镇、界牌镇、龙会镇等 64 个乡镇(街道)。

(3) 自然灾害影响度略大区。

自然灾害影响度略大区广泛分布于区内中丘、浅丘区域，以方山或馒头形与浑圆形丘陵为主，个别区域呈带状平坝。地质环境条件简单，河谷纵横。人类活动强烈。

该区主要涉及乡镇包括隆昌县的界市镇、周兴镇、普润镇、骝马镇、渔箭镇、龙市镇、石碾镇、黄家镇、迎祥镇、双凤镇、胡家镇，市中区的沱江乡、朝阳镇、永安镇、凌家镇、靖民镇、龚家乡、白马镇，东兴区的福溪乡、小河口镇、中山乡、椑南乡、郭北镇、东兴区城镇、东兴街道、西林街道、胜利镇、高桥镇、双子镇、同福乡、新店乡、太安乡、田家镇、白合镇、柳桥乡、石于镇、平坦乡、顺河镇、永东乡，资中县的遛马镇、孟塘镇、龙江镇、太平镇、狮子镇、龙山乡、马鞍镇、双龙镇、苏家湾镇、高楼镇、走马镇、发轮镇、配龙镇，威远县的镇西镇、新店镇、向义镇、界牌镇、严陵镇、龙会镇、靖和镇等 60 个乡镇(街道)。

(4) 自然灾害无影响区。

自然灾害无影响区零星分布于东兴区的田家镇、柳桥乡以及平坦乡等地，地貌以平坝地貌为主。

6.2.6.5　防灾对策与建议

地质灾害和洪水灾害是制约内江市城市建设发展的主要自然影响因素。为了更好地解决经济建设与自然影响之间的矛盾，实现人类与环境的和谐发展，本书提出以下自然灾害的防灾减灾对策。

1. 洪水灾害防灾减灾

1) 建设或加固原有的防洪堤

内江市的主要城市多建设在沱江两岸，因此，做好沱江的防洪工作极为重要。城市防洪可以以河堤建设为主，辅以两岸生态修复等工程。在实施集镇防洪工程时，应对淤塞严重的河段进行清理，清理出的物质可作为重建用地地基填高。

在防洪堤的两侧，应留出一定泄洪通道。泄洪通道区域在平时可作为城镇绿化用地、耕地、林地。同时，在更大的洪水发生时作为泄洪通道使用，保证城镇安全。

2) 中小河流防洪治理

内江市境内的濛溪河、威远河、清流河、 球溪河、隆昌河、乌龙河、越溪河均具有较大的汇水面积，且境内河网密度，在强降雨过程中，易发洪水灾害。因此，可以采用按流域进行综合防治的措施，通过疏导、建设防洪工程，修复小型水库、河流生态环境等多措并举的方式进行综合防治，即可以提高防洪能力，又能够保护生态环境，还可以为当地工、农业用水提供保障。

3) 多部门联动，联合预警，提高防范能力

建立、健全山洪防灾预警体系。联合气象、水利、国土等多部门建立联动机制，实行信息共享、传达及时；人员共育，对于主要的河流、山洪易发区域，配置专业人员参与监测；应急物资共储，物资、避险场所共用，统一调度、科学配置。联合预警，步调一致，充分调动基层组织和广大山区人民的积极性，群测群防，共同参与防灾减灾工作。

4) 加大对洪水灾害的宣传和应急演练的投入

对于洪水灾害危险区域开展洪水灾害预警、防灾知识宣讲工作。在洪水灾害危险较大区域，试点开展应急演练工作。人类虽然应该敬畏自然，但洪水灾害也并不可怕，可怕的是没有准备，只有防患于未然，才能够将洪水灾害的损失降到最低。

2. 地质灾害防灾减灾建议

1) 继续深入开展地质灾害调查评价工作

地质灾害的发生、发展及灭失是一个动态变化的过程。近年来，极端气候频现，周边地震活动

频繁，区内的地质环境条件也随之出现了不同程度的变化。另外，人类工程活动的不断加剧，也是导致地质灾害频发的主要因素。限于现有的科技水平和社会经济能力，人类对于自然灾害的认识还远不够深入。因此，到目前为止，最有效地发现地质灾害的方法，仍然是通过野外调查结合遥感解译，开展地质灾害调查评价。

2) 建立群专结合的地质灾害监测体系

群测群防，是截至目前最为行之有效的地质灾害预防方法之一。通过群测群防，充分发挥广大山区民众的积极性、主动性，将查明的隐患点全面纳入监控中。另外，通过对山区民众开展培训，建立一支专业、专职的监测员队伍，对重大地质灾害隐患点进行专职监测。

3) 开展专业监测预警

选择部分具有代表性的地质灾害隐患点，采用位移传感器技术和现代化无线传输技术，进行专业监测。研究区域地质灾害发生、发展规律，为地灾预警提供依据。同时，建立市、县两级国土、水务、气象等部门联合的监测预警平台。

4) 继续开展地质灾害工程治理，加大地灾避让搬迁力度

对于威胁人员众多，或者直接威胁城镇、学校、聚居点等人口密集区或重要设施安全，且难以实施避让搬迁的地质灾害隐患点实施工程治理。对于通过简单处置就可以消除隐患的点位，及时开展应急排危除险工作以消除隐患。对危害程度高、治理难度大的地质灾害隐患点实施搬迁。

5) 开展地质灾害防治知识宣传培训及防灾避险应急演练

近年来，国土部门大量发开展地质灾害防治知识宣传培训工作，通过识灾、辨灾、防灾、救灾等知识和技能的学习，山区民众对地质灾害的认识程度逐步加深，已经从思想上认识到了地质灾害的危害性，从生活中知道了主动去发现地质灾害、上报地质灾害，从行动上懂得了去配合调查、防灾、救灾等工作。另外，不断地开展防灾避险应急演练，强化了受威胁群众的预判灾害、自我救助以及相互救助的能力，提高了政府各部门在出现重大险情时相互配合、高效运作的救灾能力。因此，继续加大宣传、培训和防灾避险应急演练工作仍将在地质灾害防治工作中起到重大的作用。

6.2.7 可利用土地资源评价

6.2.7.1 技术流程

1. 技术流程

利用空间规划底图中的可利用土地资源数据，以乡镇为单元，计算人均可利用土地资源。具体步骤和计算公式如下：

[人均可利用土地资源]=[可利用土地资源]/[常住人口]

[可利用土地资源]=[适宜建设用地面积]−[已有建设用地面积]−[基本农田面积]

[适宜建设用地面积]=([地形坡度]∩[海拔高度])−[所含河湖库等水域面积]−[所含林草地面积]−[所含沙漠戈壁面积]

[已有建设用地面积]=[城镇用地面积]+[农村居民点用地面积]+[独立工矿用地面积]+[交通用地面积]+[特殊用地面积]+[水利设施建设用地面积]

2. 指标分级

对照国家级可利用土地资源分级标准，对计算得到的[人均可利用土地资源]进行丰度分级，并赋分值。见表 6-40。

表 6-40　国家级可利用土地资源分级标准

等级	人均可利用土地资源面积/(亩/人)	分值
丰富	＞2	4
较丰富	2～0.8	3
中等	0.8～0.3	2
较缺乏	0.3～0.1	1
缺乏	＜0.1	0

可利用土地资源评价函数为

$$f_{可利用土地资源}=\begin{cases}4 & 2<X_{人均可利用土地资源}\\3 & 0.8\leqslant X_{人均可利用土地资源}<2\\2 & 0.3\leqslant X_{人均可利用土地资源}<0.8\\1 & 0.1\leqslant X_{人均可利用土地资源}<0.3\\0 & X_{人均可利用土地资源}<0.1\end{cases}$$

式中，$f_{可利用土地资源}$为可利用土地资源评价值，$X_{人均可利用土地资源}$为人均可利用土地资源面积。$f_{可利用土地资源}$分值越高，表明可利用土地资源越丰富。

6.2.7.2　评价结果

1. 土地资源特征

目前，内江市共有土地资源 5385.04 km^2，其中，耕地 3230.77 km^2、占 60.00 %，园地 272.33 km^2、占 5.06 %，林地 892.39 km^2、占 16.57 %，草地 50.32 km^2、占 0.93 %。城镇村及工矿用地 667.69 km^2、占 12.40%，交通运输用地 40.56 km^2、占 0.75 %，水域及水利设施用地 224.25 km^2、占 4.16%，其他土地 6.73 km^2、占 0.12%(表 6-41)。耕地是内江市土地资源的主体部分。

表 6-41　2014 年内江市土地资源分布统计表　单位：km^2

县区	乡镇(街道)	耕地	园地	林地	草地	城镇村及工矿用地	交通运输用地	水域及水利设施用地	其他土地	合计
市中区	白马镇	21.53	1.52	1.53	0.03	8.91	0.63	2.75	0.03	36.93
	朝阳镇	25.30	3.26	0.46	0.05	3.43	0.32	2.40	0.15	35.37
	凤鸣乡	18.35	0.10	0.20	0.00	2.45	0.29	0.95	0.03	22.37
	伏龙乡	18.79	0.08	1.10	0.01	3.23	0.06	0.71	0.01	23.99
	龚家乡	11.51	0.13	6.71	0.01	2.33	0.08	0.64	0.03	21.44

续表

县区	乡镇(街道)	耕地	园地	林地	草地	城镇村及工矿用地	交通运输用地	水域及水利设施用地	其他土地	合计
	交通乡	10.35	0.64	0.58	0.02	6.32	0.86	1.14	0.00	19.91
	靖民镇	14.23	1.40	0.63	0.01	4.55	1.04	1.10	0.05	23.01
	乐贤镇	4.92	0.17	0.56	0.01	3.35	0.11	1.47	0.00	10.59
	凌家镇	36.25	0.65	1.01	0.07	7.69	0.47	1.54	0.01	47.69
	全安镇	21.81	0.15	0.54	0.01	2.98	0.30	1.11	0.01	26.91
	史家镇	11.44	0.28	0.99	0.00	3.70	0.43	1.20	0.01	18.05
	四合乡	6.18	0.19	0.57	0.01	2.09	1.15	1.72	0.04	11.95
	沱江乡	19.66	0.14	1.97	0.00	3.04	0.17	2.07	0.03	27.08
	永安镇	38.80	0.76	0.75	0.00	5.80	0.52	1.53	0.23	48.39
东兴区	白合镇	40.80	0.65	13.83	1.09	4.76	0.24	2.65	0.02	64.04
	大治乡	22.29	0.80	8.08	0.42	2.06	0.13	1.92	0.02	35.72
	东兴街道	6.23	0.90	0.89	0.15	25.07	0.75	1.90	0.01	35.90
	富溪乡	28.17	0.96	4.84	0.05	2.78	1.04	2.68	0.06	40.58
	高梁镇	39.21	1.05	11.35	0.54	3.71	0.25	1.75	0.02	57.88
	高桥镇	25.84	1.61	3.35	0.37	5.33	0.39	1.46	0.18	38.53
	郭北镇	43.79	1.06	7.66	0.64	5.40	0.37	1.65	0.04	60.61
	柳桥乡	31.76	0.70	7.08	0.71	3.22	0.24	1.81	0.08	45.60
	椑木镇	7.96	0.37	0.38	0.05	3.10	0.51	0.79	0.01	13.17
	椑南镇	30.30	0.58	2.19	0.21	5.78	0.47	1.22	0.00	40.75
	平坦镇	37.58	0.80	15.34	0.58	3.53	0.04	2.07	0.01	59.95
	三烈乡	14.65	1.83	3.48	0.06	2.03	0.06	1.16	0.00	23.27
	胜利街道	15.77	0.91	1.55	0.03	26.76	1.29	1.06	0.03	47.40
	石子镇	26.63	0.31	8.43	0.57	3.35	0.09	1.69	0.04	41.11
	双才镇	38.76	2.28	6.86	0.33	5.35	1.02	2.21	0.03	56.84
	双桥乡	33.41	1.33	7.91	0.76	3.33	0.70	1.70	0.02	49.16
	顺河镇	58.56	1.73	13.02	0.83	5.20	0.11	3.92	0.02	83.39
	太安乡	26.58	0.62	9.80	0.39	2.13	0.11	1.14	0.01	40.78

续表

县区	乡镇(街道)	耕地	园地	林地	草地	城镇村及工矿用地	交通运输用地	水域及水利设施用地	其他土地	合计
	田家镇	27.36	0.35	7.56	0.55	3.23	0.16	1.53	0.08	40.82
	同福乡	20.32	0.87	4.30	0.47	2.09	0.06	1.81	0.02	29.94
	西林街道	0.49	0.00	0.06	0.00	26.34	0.25	1.27	0.00	28.41
	小河口镇	26.05	0.66	2.72	0.20	4.23	0.28	2.89	0.02	37.05
	新店乡	34.20	0.46	7.99	1.23	2.47	0.26	1.54	0.03	48.18
	新江街道	10.00	0.34	2.45	0.15	10.58	0.34	3.43	0.01	27.30
	杨家镇	31.55	1.13	8.80	0.42	2.95	0.12	1.30	0.00	46.27
	永福乡	27.88	1.39	8.59	0.29	2.85	0.07	1.39	0.01	42.47
	中山乡	17.04	0.89	2.69	0.08	2.74	0.00	2.60	0.01	26.05
	永东乡	41.93	0.65	4.63	0.40	4.60	0.36	2.09	0.01	54.67
威远县	东联镇	23.72	0.75	2.70	0.02	2.93	0.17	1.07	0.00	31.36
	高石镇	46.07	0.92	3.48	0.22	6.98	0.61	1.32	0.01	59.61
	观音滩镇	31.64	1.29	54.51	1.86	5.77	0.18	4.10	0.06	99.40
	黄荆沟镇	19.67	0.20	28.73	1.30	3.39	0.07	1.03	0.52	54.91
	界牌镇	33.41	0.55	2.74	0.10	4.44	0.40	1.86	0.01	43.51
	靖和镇	25.68	0.53	3.04	0.01	3.74	0.14	1.26	0.02	34.42
	连界镇	48.98	0.56	55.97	1.43	16.94	1.63	3.69	0.34	129.53
	两河镇	8.95	0.62	26.13	0.99	2.27	0.27	0.49	0.06	39.78
	龙会镇	37.62	4.65	5.58	0.09	5.28	0.31	1.66	0.02	55.21
	铺子湾镇	18.21	0.34	6.24	1.17	4.56	0.39	1.07	0.37	32.35
	庆卫镇	21.21	0.30	12.18	0.79	3.51	0.66	1.41	0.20	40.26
	山王镇	17.31	0.32	21.19	1.43	3.21	0.14	3.77	0.16	47.53
	碗厂镇	13.62	0.40	14.30	0.69	2.08	0.10	0.91	0.04	32.14
	向义镇	33.86	1.06	3.58	0.15	6.44	0.12	1.77	0.04	47.02
	小河镇	29.50	3.89	40.22	2.86	3.82	0.07	1.05	0.08	81.49
	新场镇	56.71	0.69	58.42	7.36	7.76	0.65	1.75	0.84	134.17
	新店镇	54.52	0.66	3.13	0.09	7.81	0.83	1.99	0.06	69.09

续表

县区	乡镇(街道)	耕地	园地	林地	草地	城镇村及工矿用地	交通运输用地	水域及水利设施用地	其他土地	合计
	严陵镇	40.84	1.62	6.65	0.25	16.97	1.37	2.87	0.02	70.59
	越溪镇	28.89	0.63	39.54	3.12	4.24	0.30	0.91	0.30	77.93
	镇西镇	77.24	1.39	13.86	0.37	13.14	0.70	3.24	0.09	110.02
资中县	板栗桠乡	19.18	4.24	3.71	0.22	3.69	0.31	1.24	0.04	32.63
	陈家镇	39.13	2.35	4.33	0.14	5.83	0.13	1.73	0.01	53.65
	发轮镇	27.92	12.66	6.11	0.26	5.96	0.03	2.06	0.04	55.04
	甘露镇	11.97	17.26	1.41	0.16	3.03	0.06	3.30	0.03	37.22
	高楼镇	25.97	8.77	4.88	0.20	6.18	0.51	1.76	0.06	48.33
	公民镇	43.56	1.68	6.56	0.18	7.74	0.09	2.13	0.09	62.03
	归德镇	14.17	18.23	4.15	0.20	4.15	0.08	3.44	0.01	44.43
	金李井镇	23.08	5.96	8.46	0.70	4.14	0.23	1.19	0.03	43.79
	骝马镇	29.02	2.02	2.46	0.15	4.96	0.00	1.24	0.00	39.85
	龙江镇	64.40	2.50	4.59	1.13	9.47	0.27	2.62	0.02	85.00
	龙结镇	24.85	15.20	9.82	0.01	6.57	0.15	1.68	0.02	58.30
	龙山乡	21.08	0.76	2.27	0.06	3.17	0.00	1.13	0.00	28.47
	罗泉镇	31.32	12.00	12.70	0.50	5.62	0.02	2.20	0.02	64.38
	马鞍镇	28.92	1.08	3.75	0.37	5.27	0.09	1.79	0.02	41.29
	孟塘镇	69.82	1.79	6.87	1.55	9.51	0.00	3.25	0.03	92.81
	明心寺镇	22.93	1.40	4.41	0.55	4.60	0.42	2.84	0.00	37.15
	配龙镇	17.03	13.94	3.66	0.04	4.37	0.05	1.92	0.01	41.02
	球溪镇	27.77	12.73	7.51	0.16	7.39	0.73	2.54	0.01	58.84
	狮子镇	35.88	1.12	4.27	0.53	5.79	0.07	2.16	0.03	49.85
	双河镇	34.12	1.48	6.06	0.42	8.03	0.15	1.43	0.05	51.74
	双龙镇	46.91	0.93	3.07	0.28	8.94	0.15	1.69	0.02	61.99
	水南镇	21.79	2.98	4.01	0.13	11.84	0.82	3.38	0.03	44.98
	顺河场镇	12.46	10.24	5.01	0.22	3.20	0.09	3.06	0.04	34.32
	宋家镇	21.64	1.58	11.88	0.14	5.02	0.15	1.11	0.02	41.54

续表

县区	乡镇(街道)	耕地	园地	林地	草地	城镇村及工矿用地	交通运输用地	水域及水利设施用地	其他土地	合计
	苏家湾	41.62	3.43	8.88	0.85	6.62	0.13	3.56	0.03	65.12
	太平镇	45.16	1.21	2.98	0.43	6.09	0.11	1.97	0.01	57.96
	铁佛镇	24.81	10.80	11.76	0.25	5.79	0.25	1.65	0.02	55.33
	新桥镇	31.44	2.54	30.75	0.24	4.64	0.06	1.72	0.00	71.39
	兴隆街镇	20.01	1.05	7.56	0.18	4.70	0.07	0.92	0.02	34.51
	银山镇	54.12	2.72	10.74	0.85	8.48	0.72	3.85	0.04	81.52
	鱼溪镇	31.50	5.83	6.24	0.23	6.58	0.80	2.18	0.04	53.40
	重龙镇	27.05	3.41	2.38	0.29	10.17	0.65	3.74	0.05	47.74
	走马镇	22.84	7.87	3.81	0.12	4.89	0.20	1.22	0.01	40.96
隆昌县	桂花井镇	12.63	0.47	0.64	0.00	2.00	0.08	0.60	0.00	16.42
	胡家镇	34.70	2.68	1.37	0.01	5.33	0.17	3.98	0.27	48.51
	黄家镇	47.72	2.56	3.77	0.18	6.93	0.26	2.05	0.03	63.50
	界市镇	40.29	3.57	13.69	0.56	8.02	0.51	2.41	0.02	69.07
	金鹅镇	34.22	2.15	3.32	0.06	20.58	2.39	5.14	0.10	67.96
	李市镇	12.76	0.47	3.43	0.01	1.91	0.11	0.77	0.04	19.50
	龙市镇	46.86	0.97	5.25	0.28	7.42	0.72	4.00	0.03	65.53
	普润镇	19.93	1.57	1.28	0.03	2.98	0.25	2.63	0.02	28.69
	山川镇	11.68	0.39	1.63	0.17	3.12	0.58	1.27	0.05	18.89
	圣灯镇	17.18	1.02	5.60	0.12	3.80	0.16	0.87	0.07	28.82
	石碾镇	30.49	0.41	0.92	0.00	5.21	0.09	2.80	0.04	39.96
	石燕桥	30.42	1.13	17.17	0.16	7.37	0.37	1.80	0.12	58.54
	双凤镇	43.97	1.02	1.42	0.05	6.29	0.44	2.05	0.02	55.26
	响石镇	36.69	1.69	6.06	0.16	6.00	0.40	3.04	0.14	54.18
	迎祥镇	41.02	2.64	1.81	0.07	6.62	0.39	2.02	0.10	54.67
	渔箭镇	14.02	0.86	2.38	0.11	2.23	0.33	1.79	0.07	21.79
	云顶镇	33.41	0.68	9.69	0.51	5.84	0.34	3.24	0.04	53.75
	周兴镇	17.61	0.24	0.34	0.00	3.53	0.13	1.92	0.06	23.83

2. 可利用土地资源

按照国家级可利用土地资源的分级标准，总体上，内江全市可利用土地资源相对较为缺乏，共有可利用土地资源 620.69km^2、人均可利用土地资源 0.22 亩/人，属于较缺乏等级(表 6-42、表 6-43)。

在表 6-42 可利用土地资源的分级标准基础上，人均可利用建设面积>2 亩/人的乡镇作为可利用土地资源丰富地区；结果显示内江市无可利用土地资源丰富地区。人均可利用建设面积 2～0.8 亩/人的乡镇作为可利用土地资源较丰富地区，全市只有威远县的铺子湾镇属于该类，占全市辖区面积的 0.83%；人均可利用建设面积<0.1 亩/人的乡镇作为可利用土地资源中等地区，共 26 个乡镇地区属于该类，占全市辖区面积的 21.49%；人均可利用建设面积 0.3～0.1 亩/人的乡镇作为可利用土地资源较缺乏地区，共 77 个乡镇(街道)属于该类，占全市辖区面积的 63.64%；人均可利用建设面积<0.1 亩/人的乡镇作为可利用土地资源缺乏地区，共 17 乡镇(街道)属于该类，占全市，辖区面积的 14.05%(图 6-29)。

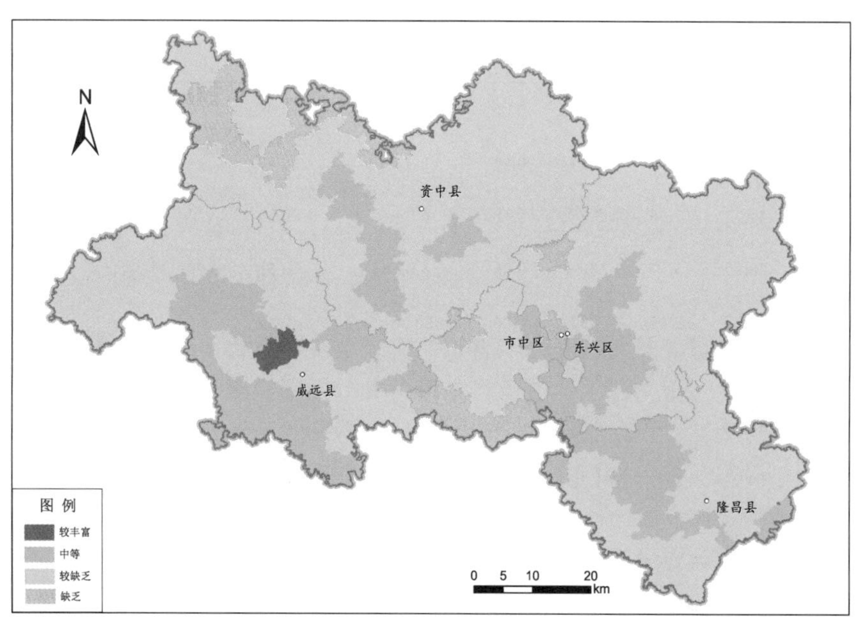

图 6-29 内江市可利用土地资源评价图

表 6-42 内江市乡镇可利用建设用地面积表

乡镇(街道)	可利用土地资源面积/km^2	人均可利用土地资源面积/(亩/人)
城西街道	0.00	0.00
城南街道	0.00	0.00
城东街道	0.00	0.00
玉溪街道	0.00	0.00
牌楼街道	0.01	0.00
壕子口街道	0.07	0.00
西林街道	0.43	0.01

续表

乡镇(街道)	可利用土地资源面积/km^2	人均可利用土地资源面积/(亩/人)
龙结镇	1.45	0.05
全安镇	1.31	0.07
配龙镇	1.28	0.07
甘露镇	1.04	0.08
顺河场镇	0.96	0.08
三烈乡	0.82	0.08
沱江乡	1.15	0.09
凌家镇	2.25	0.09
走马镇	2.09	0.09
伏龙乡	0.94	0.09
平坦镇	1.98	0.10
龚家镇	0.94	0.11
归德镇	2.21	0.11
发轮镇	2.80	0.11
史家镇	1.30	0.11
观英滩镇	1.92	0.11
高楼镇	2.94	0.11
杨家镇	2.15	0.11
永安镇	3.33	0.11
越溪镇	1.55	0.12
永东乡	3.02	0.12
东兴街道	3.45	0.12
靖和镇	2.00	0.13
金鹅镇	6.48	0.13
球溪镇	4.21	0.13
重龙镇	8.98	0.13
永福乡	2.28	0.13
龙山乡	1.88	0.14
凤鸣乡	2.27	0.15
黄荆沟镇	2.71	0.15
高梁镇	3.26	0.15
公民镇	5.22	0.15
两河镇	1.46	0.15
大治乡	1.62	0.16
富溪乡	2.86	0.16
同福乡	1.94	0.17
苏家乡	2.79	0.17
胡家镇	5.49	0.17

续表

乡镇(街道)	可利用土地资源面积/km^2	人均可利用土地资源面积/(亩/人)
双才镇	4.97	0.17
响石镇	5.66	0.17
骝马镇	3.39	0.17
云顶镇	4.87	0.17
马鞍镇	3.66	0.17
白合镇	4.54	0.17
庆卫镇	1.86	0.18
胜利街道	5.45	0.18
双龙镇	6.01	0.18
顺河镇	5.56	0.18
罗泉镇	4.14	0.18
严陵镇	20.30	0.19
龙会镇	4.93	0.19
水南镇	11.38	0.19
石燕桥镇	5.61	0.19
太安乡	2.24	0.19
朝阳镇	3.82	0.19
苏家湾镇	4.62	0.20
陈家镇	4.71	0.20
小河镇	3.22	0.20
碗厂镇	1.59	0.20
石子镇	3.79	0.21
双桥乡	3.46	0.22
太平镇	6.38	0.22
古湖街道	13.41	0.22
山王镇	2.17	0.23
宋家镇	3.87	0.23
乐贤街道	3.80	0.23
周兴镇	3.68	0.23
普润镇	3.67	0.23
新店乡	3.65	0.23
石碾镇	6.12	0.24
孟塘镇	8.19	0.24
渔箭镇	2.50	0.24
金李井镇	4.21	0.25
界市镇	7.84	0.25
连界镇	9.22	0.25
龙江镇	9.84	0.25

续表

乡镇(街道)	可利用土地资源面积/km^2	人均可利用土地资源面积/(亩/人)
板栗桠乡	4.33	0.25
银山镇	11.15	0.26
铁佛镇	5.73	0.26
新桥镇	4.90	0.26
柳桥乡	4.73	0.26
界牌镇	5.32	0.27
白马镇	9.69	0.27
椑南镇	6.62	0.27
靖民镇	2.76	0.27
狮子镇	7.09	0.28
黄家镇	12.18	0.29
李市镇	3.36	0.30
椑木镇	5.40	0.30
高石镇	7.50	0.31
田家镇	6.39	0.31
新店镇	10.96	0.31
双河镇	7.29	0.32
郭北镇	9.78	0.32
鱼溪镇	9.16	0.32
小河口镇	8.04	0.34
迎祥镇	8.90	0.34
桂花井镇	3.73	0.34
新场镇	9.47	0.34
兴隆街镇	5.18	0.36
四合镇	4.69	0.36
新江街道	6.47	0.36
双凤镇	12.42	0.39
向义镇	9.43	0.40
镇西镇	20.17	0.42
山川镇	6.93	0.42
中山乡	6.18	0.43
东联镇	6.81	0.46
交通镇	6.81	0.48
龙市镇	18.50	0.50
明心寺镇	12.17	0.54
圣灯镇	9.38	0.57
高桥镇	14.24	0.65
湾镇	11.67	0.91

表 6-43 内江市各乡镇(街道)可利用土地资源评价表

类型	人均可利用建设用地面积/(亩/人)	包含乡镇(街道)
丰富	>2	—
较丰富	2～0.8	铺子湾镇
中等	0.8～0.3	李市镇、椑木镇、高石镇、田家镇、新店镇、双河镇、郭北镇、鱼溪镇、小河口镇、迎祥镇、桂花井镇、新场镇、兴隆街镇、四合镇、新江街道、双凤镇、向义镇、镇西镇、山川镇、中山乡、东联镇、交通镇、龙市镇、明心寺镇、圣灯镇、高桥镇
较缺乏	0.3～0.1	平坦镇、龚家镇、归德镇、发轮镇、史家镇、观英滩镇、高楼镇、杨家镇、永安镇、越溪镇、永东乡、东兴街道、靖和镇、金鹅镇、球溪镇、重龙镇、永福乡、龙山乡、凤鸣乡、黄荆沟镇、高梁镇、公民镇、两河镇、大治乡、富溪乡、同福乡、苏家乡、胡家镇、双才镇、响石镇、骝马镇、云顶镇、马鞍镇白合镇、庆卫镇、胜利街道、双龙镇、顺河镇、罗泉镇、严陵镇、龙会镇、水南镇、石燕桥镇太安乡、朝阳镇、苏家湾镇、陈家镇、小河镇、碗厂镇、石子镇、双桥乡、太平镇、古湖街道、山王镇、宋家镇、乐贤街道、周兴镇、普润镇、新店乡石碾镇、孟塘镇、渔箭镇、金李井镇、界市镇、连界镇、龙江镇、板栗椏乡、银山镇、铁佛镇、新桥镇、柳桥乡、界牌镇、白马镇、椑南镇、靖民镇、狮子镇、黄家镇
缺乏	<0.1	城西街道、城南街道、城东街道、玉溪街道、牌楼街道、壕子口街道、西林街道、龙结镇、全安镇、配龙镇、甘露镇、顺河场镇、三烈乡、沱江乡、凌家镇、走马镇、伏龙乡

6.2.8 可利用水资源评价

水资源是基础性的自然资源和战略性的经济资源，是经济社会可持续发展和维系生态平衡的重要基础。水资源承载能力研究的主要成果是区域的可利用水资源量。可利用水资源用来评价一个地区剩余或潜在可利用水资源对未来社会经济发展的支撑能力，由水资源丰度、可利用数量及利用潜力三个要素构成，具体通过人均可利用水资源潜力数量来反映。

6.2.8.1 研究技术路线

1. 工作现状水平年

工作现状水平年为 2014 年。

2. 技术要求

本次水资源承载能力分析按照《省级主体功能区划分技术规程》进行，主要分析评价单元可利用水资源丰度、结构特征未来可利用水资源潜力，并编制可利用水资源评价图。

3. 计算方法和计算流程

1）计算方法

结合研究区实际情况，可利用水资源潜力指标项由本地可开发利用水量、入境水可利用水资源量和已开发利用水资源量三个二级指标项组成，三个二级指标项又由若干子项组成，各子项逐级展开进行计算。其计算公式如下：

[人均可利用水资源潜力]=[可利用水资源潜力]/[常住人口] (6-6)

[可利用水资源潜力]=[本地可开发利用水资源量]- [已开发利用水资源量]+ [可开发利用入境水

资源量]

(6-7)

[本地可开发利用水资源量]=[地表水可利用量]+[地下水可利用量]　(6-8)

[地表水可利用量]=[多年平均地表水资源量]−[河道生态需水量]−[不可控制的洪水量]

(6-9)

[地下水可利用量]=[与地表水不重复的地下水资源量]−[地下水系统生态需水量]−[无法利用的地下水量]

(6-10)

[已开发利用水资源量]=[农业用水量]+[工业用水量]+[生活用水量]+[生态用水量]

(6-11)

[入境可开发利用水资源潜力]=[现状入境水资源量]× γ　(6-12)

式中，γ 分流域片取值，范围可为 0～5%，现状条件下，南方地区长江、东南诸河、珠江、西南诸河四大流域片取 5%。将来随着用水量的增加，γ 值将逐渐衰减。研究区属于西南诸河流域，式(6-11)中 γ 取 5%。

2) 计算技术流程

第一步：计算可开发利用水资源。

(1) 计算各评价单元多年平均水资源量。根据各河流水文和生态特征，按照水资源评价技术大纲，计算河道生态需水和不可控制洪水量，最后得出地表水可利用量。

(2) 计算各评价单元多年平均地下水资源量。根据各水文地质单元的水文特征，计算地下水系统生态需水量和无法利用的地下水量，最后得出地下水可利用量。

(3) 将地表水可利用量和地下水可利用量相加得到本地可开发利用水资源量。

第二步：调查各评价单元 2014 年农业、工业、居民生活、城镇公共的实际用水量和生态用水量，计算已开发利用水资源量。

第三步：分析计算区域河流上游邻近水文站近 10 年实测的年平均流量数据，作为多年平均入境水资源量。并根据 γ 值计算入境可开发利用水资源潜力。

第四步：根据公式计算可利用水资源潜力和人均可利用水资源潜力，并按丰富、较丰富、中等、较缺乏、缺乏进行分级为。

6.2.8.2　研究数据来源及处理

1. 本地水资源以及入境水资源量

本次在内江市开展水资源承载能力研究过程中，所采用的本地地表水资源量、地下水资源量是根据水利部门所提供数据进行计算而得，入境水资源量根据内江市水系图、水利部门提供的评价区内水文站、雨量站近监测数据计算而来。

2. 人口、面积、GDP 等

评价中人口、面积、GDP 等统计数据直接采用内江市统计局所提供的评价区各乡镇(街道)2014 年数据。

3. 现状用水量

现状用水量根据内江市统计局提供的各计算单元2014年现状用水量数据。

6.2.8.3 水资源计算结果

1. 河流水系与水文特征

本次评价区域为内江市全境，地处四川盆地中南部，属川中贫水区，境内河流众多，主要属长江流域沱江水系。境内有大小溪河50余条，其中：流域面积大于100 km^{2}的河流有清流河、濛溪河、球溪河、麻柳河等。

沱江：沱江是长江左岸一级支流，北靠九顶山(龙门山脉)、西连岷江、东临涪江、南抵长江，位于东经103°41′～105°50′、北纬8°50′～31°42′，全长629km，流域面积为27900km^2，干流地跨德阳、成都、资阳、内江、自贡、泸州等市。沱江水流缓急交替，滩沱相间，蜿蜒曲折，常年平均流量为375m^3/s，自然落差为135.5m，平均比降4.5‰，水能蕴藏量有14.5万kW可供开发。较大支流有资中的球溪河、大清流河等。这些河均有灌溉、航运和发电之利，水能蕴藏量约有3.5万kW可供开发。加上沱江的水能资源，年发电量可达9.2亿kW·h，现已开发的水能资源仅占可开发量的21.7%。由于沱江纵贯南北，流域较长，支流较多，积水面广，雨季时容易造成洪水灾害。沱江是内江市的主要河流，流经资中、东兴区及市中区，是市内水路运输要道，自古有“万斛之舟行若风”的繁忙景象描写。

清流河：清流河是长江一级支流沱江的左岸支流，大部分在内江市东兴区、资阳市安岳县境内。清流河上游分大清流河、小清流河。大清流河源于资阳市安岳县新民乡唐石坝，于天林乡窝子入内江市东兴区，小清流河源于重庆市大足县中敖镇陈家寨，过安岳县李家、元坝等乡镇入内江，大、小清流河在石子乡松林坝汇合后和清流河，至大河口入沱江。全长121.74km，流域面积为1538.3km^2，多年平均流量为19.64m^3/s。河流水量充沛，下游海拔落差小，水运发达，通航里程84km，从上游吴家镇直达下游与沱江交汇处。

濛溪河：沱江左岸较大一级支流，古称大濛溪、珠溪。流域位于东经104°49′～105°13′、北纬29°44′～30°12′。北邻乐至天池镇，西依沱江中游，东与大清流河、小青龙河分水，南抵沱江。流域面积为1445 km^2，河长117km；三江口处河宽38m，以下增为60～70m。平均比降1.1‰，弯曲系数1.81。按行政区划，流域干流地跨乐至、资阳、安岳、资中等市(县)。濛溪河发源于乐至县孔雀乡高龙庙，上源称高桥河，土城子以下即称濛溪河，至苏家湾镇濛溪口，汇入沱江，河口多年平均流量为12.1m^3/s，径流量为3.8亿m^3。流域属亚热带湿润季风气候，多年平均降水量为900～1000mm，暴雨多出现在5～8月，以7、8月为多。流域内多支流河曲，呈树枝状分布，其中较大支流有8条。

球溪河：沱江右岸较大一级支流，古称珠江、珠溪，发源于井研县周坡镇玉皇顶，于资中县顺河场大河口汇入沱江，河长147km，北斗以上河宽20～60m，以下河宽60～70m，平均比降1‰，弯曲系数为2.54，流域面积为2482km^2。流域年均气温为17.5℃，多年平均降水量为900～1000mm，河口多年平均流量为29.0m^3/s，径流量为9.14亿m^3，河流总落差为109m，水系理论水能蕴藏量为为1.42万kW，干流理论水能蕴藏量为0.62万kW。域内支流呈网状分布，有较大支流9条，其中：清水河河长78km、流域面积为459km^2，龙结河河长51km、流域面积为240 km^2。

麻柳河：麻柳河是沱江中游右岸一级支流，古称亢溪、九溪，又称三河，发源于威远县连界镇庙山，于资中县归德镇汇入沱江，河长47km，流域面积为272km^2。流域内地势西高东低，以丘陵为主，年均气温为 17～18℃，降水量约为 1000mm，河口多年平均流量为 2.81m^3/s，径流量为 0.89 亿 m^3，河流总落差为 205m，干流水能理论蕴藏量为 0.12 万 kW。域内支流呈树枝状分布，仅有 3 条较大支流。

马鞍河：也称观音滩河，全流域面积为 138 km^2，流经隆昌县界市镇花坟、大河等村。

逆水溪：也称扁担河，全流域面积为 117 km^2，发源于隆昌县张佛山石佛寺。上源为红旗水库区，在隆昌县椑木镇北汇入沱江。

三江河：发源于隆昌县双凤镇牛棚子，入富顺县，于牛佛镇关刀村汇入沱江，全流域面积为 105 km^2。

龙市河：隆昌县最主要河流，全流域面积为 893km^2，起源于迎祥镇新庙村大坟坝，流经隆昌县境内从北到南 10 个乡镇 47 个行政村，滋润着半个隆昌县的土地。

隆昌河：九曲河上段龙市河左岸支流，濑溪河二级支流，沱江三级支流，全流域面积为 178 km^2。发源于隆昌县界市镇蔡家寺斑竹林，于付家场汇入龙市河。

渔箭河：古称金鹅溪，又称石燕河，九曲河龙市河左岸支流，濑溪河二级支流，沱江三级支流，全流域面积为 198km^2。发源于重庆市荣昌县盘龙镇南罗家巷，于白水滩汇入九曲河。

乌龙河：釜溪河左岸支流，沱江二级支流。发源于资中县宋家镇灯树坝金峰寺，经牛皮场南入内江市观音滩至凌家镇，凌家场水文站控制流域面积为 183km^2，实测多年平均流量为 1.81m^3/s(39 年)，实测最大洪峰流量为 730m^3/s。

2. 水资源状况

1) 本地水资源量

(1) 地表水资源量。

地表水资源量是指河流湖泊、冰川等地表水体中由降水形成的、可以逐年更新的动态水量，用天然河川径流表示。据水利部门提供的四级套县水资源统计资料，内江市辖区内各县(市、区)多年平均地表水资源量情况见表 6-44，各乡镇行政单元多年平均地表水资源情况见表 6-45。

表 6-44　内江市辖区内各县多年平均水资源

行政区	面积/km^2	地表水资源量/亿 m^3	地下水资源量/亿 m^3	地下水与地表水重复计算量/亿 m^3	水资源总量/亿 m^3
市中区	387.5	1.31	0.11	0.11	1.31
隆昌县	793.9	2.76	0.22	0.22	2.76
威远县	1288.84	4.69	0.51	0.51	4.69
资中县	1733.9	6.72	0.62	0.62	6.72
东兴区	1180.5	3.64	0.31	0.31	3.64
合计	5384.64	19.11	1.77	1.77	19.11

表 6-45　内江市辖区内各乡镇多年平均水资源

行政区		面积/km^2	地表水资源量/万 m^3	地下水资源量/万 m^3	地下水与地表水重复计算量/万 m^3	水资源总量/万 m^3
市中区	城市街道区	13.39	448.6	40.0	40.0	448.6
	白马镇	34.72	1180.3	101.0	101.0	1180.3

续表

行政区		面积/km^2	地表水资源量/万 m^3	地下水资源量/万 m^3	地下水与地表水重复计算量/万 m^3	水资源总量/万 m^3
市中区	朝阳镇	37.83	1271.2	106.0	106.0	1271.2
	靖民镇	22.9	746.5	68.0	68.0	746.5
	乐贤街道	10.68	371.7	33.0	33.0	371.7
	凌家镇	47.19	1614.1	109.0	109.0	1614.1
	全安镇	23.29	756.8	72.0	72.0	756.8
	史家镇	16.63	524.0	52.0	52.0	524.0
	永安镇	47.24	1620.4	128.0	128.0	1620.4
	伏龙乡	23.95	862.1	67.0	67.0	862.1
	沱江乡	27.07	974.7	84.0	84.0	974.7
	龚家镇	18.92	597.8	59.0	59.0	597.8
	凤鸣乡	20.55	678.1	58.0	58.0	678.1
	交通镇	32.68	1091.4	98.0	98.0	1091.4
	四合镇	10.46	336.8	31.0	31.0	336.8
	小计	387.5	13074.34	1106	1106	13074.3
隆昌县	古湖街道	29.8	1050.0	84.0	84.0	1050.0
	金鹅镇	27.2	965.0	76.0	76.0	965.0
	山川镇	17	653.0	52.0	52.0	653.0
	响石镇	62.8	2300.0	182.0	182.0	2300.0
	圣灯镇	34.4	1294.0	102.0	102.0	1294.0
	黄家镇	71.8	2442.0	193.0	193.0	2442.0
	双凤镇	52.5	1684.0	133.0	133.0	1684.0
	龙市镇	67	2344.0	185.0	185.0	2344.0
	迎祥镇	55	1763.0	139.0	139.0	1763.0
	界市镇	69.3	2054.0	162.0	162.0	2054.0
	石碾镇	41.5	1361.0	108.0	108.0	1361.0
	周兴镇	24	727.0	57.0	57.0	727.0
	渔箭镇	21.5	703.0	56.0	56.0	703.0
	石燕桥镇	58.2	2124.0	168.0	168.0	2124.0
	李市镇	20	762.0	60.0	60.0	762.0
	胡家镇	46.5	1840.0	145.0	145.0	1840.0
	云顶镇	50	2020.0	160.0	160.0	2020.0
	桂花井镇	16.5	549.0	43.0	43.0	549.0
	普润镇	28.9	917.0	72.0	72.0	917.0
	小计	793.9	27552	2177	2177	27552
威远县	越溪镇	77.59	3359.0	336.0	336.0	3359.0
	两河镇	39.9	1727.0	173.0	173.0	1727.0
	碗厂镇	32.25	1324.0	132.0	132.0	1324.0
	小河镇	81.53	3323.0	332.0	332.0	3323.0

续表

行政区		面积/km²	地表水资源量/万 m³	地下水资源量/万 m³	地下水与地表水重复计算量/万 m³	水资源总量/万 m³
	严陵镇	70.5	2061.0	136.0	136.0	2061.0
	铺子湾镇	32.67	963.0	64.0	64.0	963.0
	新店镇	69.94	2080.0	137.0	137.0	2080.0
	向义镇	47.2	1408.0	93.0	93.0	1408.0
	界牌镇	43.56	1300.0	86.0	86.0	1300.0
	龙会镇	55.49	1665.0	110.0	110.0	1665.0
	高石镇	54.15	1603.0	106.0	106.0	1603.0
	东联镇	31.29	939.0	62.0	62.0	939.0
	靖和镇	34.75	1042.0	69.0	69.0	1042.0
	镇西镇	109.93	3303.0	218.0	218.0	3303.0
	庆卫镇	40.35	1271.0	84.0	84.0	1271.0
	山王镇	47.66	1628.0	293.0	293.0	1628.0
	黄荆沟镇	56.28	1962.0	196.0	196.0	1962.0
	观音滩镇	99.83	4537.0	817.0	817.0	4537.0
	新场镇	135.3	5186.0	1037.0	1037.0	5186.0
	连界镇	128.67	6201.0	620.0	620.0	6201.0
	小计	1288.84	46882	5101	5101	46882
资中县	重龙镇	47.9	1770.1	178.5	178.5	1770.1
	甘露镇	37.4	1418.9	143.1	143.1	1418.9
	归德镇	45.9	1839.3	162.4	162.4	1839.3
	鱼溪镇	53.6	2288.4	202.1	202.1	2288.4
	金李井镇	43.9	2131.0	188.2	188.2	2131.0
	铁佛镇	55.6	2817.8	248.8	248.8	2817.8
	球溪镇	59	2388.4	210.9	210.9	2388.4
	顺河场镇	35.3	1344.9	118.8	118.8	1344.9
	龙结镇	58.6	2516.1	222.2	222.2	2516.1
	罗泉镇	64.4	3179.7	280.8	280.8	3179.7
	发轮镇	55.2	1876.4	165.7	165.7	1876.4
	兴隆街镇	34.9	1371.1	121.1	121.1	1371.1
	银山镇	82.7	3029.6	267.5	267.5	3029.6
	宋家镇	42.1	1673.3	147.8	147.8	1673.3
	太平镇	58.2	1977.9	199.5	199.5	1977.9
	骝马镇	40.2	1401.3	141.3	141.3	1401.3
	水南镇	46.5	1758.8	155.3	155.3	1758.8
	苏家湾镇	65.4	2322.4	234.2	234.2	2322.4
	新桥镇	71.4	2904.0	256.4	256.4	2904.0
	明心寺镇	38	1395.7	123.3	123.3	1395.7
	双河镇	52.4	2053.8	181.4	181.4	2053.8

续表

行政区		面积/km^2	地表水资源量/万 m^3	地下水资源量/万 m^3	地下水与地表水重复计算量/万 m^3	水资源总量/万 m^3
	公民镇	62.2	2366.6	209.0	209.0	2366.6
	龙江镇	89.9	2984.6	301.0	301.0	2984.6
	双龙镇	62.2	2167.7	218.6	218.6	2167.7
	高楼镇	48.5	2233.5	197.2	197.2	2233.5
	陈家镇	53.6	2063.3	182.2	182.2	2063.3
	配龙镇	41.1	1475.8	130.3	130.3	1475.8
	走马镇	41.1	1988.3	175.6	175.6	1988.3
	孟塘镇	93.6	3061.0	308.7	308.7	3061.0
	马鞍镇	41.4	1413.2	142.5	142.5	1413.2
	狮子镇	50	1713.3	172.8	172.8	1713.3
	板栗桠乡	33.2	1300.8	114.9	114.9	1300.8
	龙山乡	28.5	989.3	99.8	99.8	989.3
	小计	1733.9	67216.3	6201.9	6201.9	67216.3
东兴区	东兴街道	12.28	367.0	29.0	29.0	367.0
	西林街道	10.68	323.0	26.0	26.0	323.0
	新江街道	16.61	495.0	39.0	39.0	495.0
	田家镇	40.66	1243.0	98.0	98.0	1243.0
	郭北镇	60.27	1792.0	142.0	142.0	1792.0
	高梁镇	58.13	1850.0	172.0	172.0	1850.0
	白合镇	64.2	1977.0	184.0	184.0	1977.0
	顺河镇	83.81	2499.0	197.0	197.0	2499.0
	胜利街道	24.44	739.0	58.0	58.0	739.0
	高桥镇	35.98	1082.0	85.0	85.0	1082.0
	双才镇	55.64	1740.0	162.0	162.0	1740.0
	小河口镇	36.88	1130.0	89.0	89.0	1130.0
	杨家镇	46.56	1483.0	138.0	138.0	1483.0
	椑木镇	13.45	414.0	33.0	33.0	414.0
	石子镇	41.24	1276.0	119.0	119.0	1276.0
	太安乡	40.99	1277.0	119.0	119.0	1277.0
	苏家乡	43.4	1358.0	126.0	126.0	1358.0
	富溪乡	38.92	1217.0	96.0	96.0	1217.0
	同福乡	29.97	933.0	87.0	87.0	933.0
	椑南镇	40.76	1277.0	101.0	101.0	1277.0
	永兴镇	54.44	1642.0	130.0	130.0	1642.0
	永福乡	42.51	1348.0	125.0	125.0	1348.0
	新店乡	48.32	1541.0	143.0	143.0	1541.0
	双桥乡	49.37	1548.0	144.0	144.0	1548.0
	平坦镇	60.41	1814.0	143.0	143.0	1814.0

续表

行政区	面积/km^2	地表水资源量/万 m^3	地下水资源量/万 m^3	地下水与地表水重复计算量/万 m^3	水资源总量/万 m^3
中山乡	25.74	807.0	64.0	64.0	807.0
大治乡	35.84	1133.0	105.0	105.0	1133.0
柳桥乡	45.61	1379.0	109.0	109.0	1379.0
三烈乡	23.39	736.0	68.0	68.0	736.0
小计	1180.5	36420	3131	3131	36420

内江市辖区面积为 5384.64km^2，多年平均地表水资源量为 19.11 亿 m^3，平均径流深为 354.98mm，低于四川全省平均水平，属于川中贫水区。按县级行政区统计，多年平均地表水资源量最大的是资中县，达 67216.3 万 m^3，占全市的 32.20%；最小的是市中区，仅 13074.3 万 m^3，占全市的 7.20%。径流量年内分配季节性显著，5~10 月为丰水期，11 月至次年 4 月为枯水期，丰水期地表水资源量站全年总资源量的 90%。

(2) 地下水资源量。

地下水是指赋存于饱水带岩土空隙中的重力水。本次评价的地下水资源量是指地下水体参与水循环且可逐年更新的动态水量。根据水文地质条件，内江市地下水主要可分为风化层裂隙水、堆积层孔隙水、碳酸盐岩类裂隙溶洞水、碎屑岩类裂隙层间水、基岩裂隙水等。

山丘区地下水补给源单一，直接为降水垂向补给，以水平排泄为主，地下水沿地下水汇流途径汇入河道，成为河川径流中的基流部分。山丘区浅层地下水通过分割水文站径流中基流方法计算。内江市多年平均地下水资源量为 1.77 亿 m^3，各县级行政区地下水资源量见表 6-46，乡镇行政区地下水资源量见表 6-47。

(3) 本地水资源总量。

水资源总量是指当地降水形成的地表和地下产水量，即地表径流量与降水入渗补给地下径流量之和。由于地表水和地下水互相联系而又相互转化，河川径流量中包括一部分地下水排泄量，地下水补给量中又有一部分来源于地表水体的入渗，故不能将地表水资源量和地下水资源量直接相加作为水资源总量，而应扣除互相转化的重复水量，即重复计算量。

内江市以山丘为主，地下水埋深较深，通过土壤毛细管向上运动形成潜水蒸发的可能性很小，降水入渗产生的地下水主要以地下径流方式沿地下水力坡度汇入河道，单向补给河川径流，成为地表径流的基流部分。评价区域内降水入渗补给地下径流沿地下水力坡度汇入河槽，完全出露为地表径流，地下水潜水蒸发量很小，因此地表水资源中包含的这部分地下水资源量与地下水资源量重复计算量，地下水资源量部分全部为重复计算量。因此，内江本地多年平均水资源量取多年地表水资源量的值，即 19.11 亿 m^3。

内江市各县级行政区水资源总量见表 6-46，乡镇行政区水资源总量见表 6-47。

2) 现状入境水资源量

由上游流入评价区地表径流、地下径流量为该评价区的入境水量，也称过境水量。现状各县入境水资源量计算，按照《导则》的计算方法，选取近 10 年各县、区上游临近水文站实测流量资料计算。本次评价过程中，采用上游(或附近)水文站的多年平均径流量为参照，根据选取的参证站采用面积比方法计算各县级行政区的入境水资源量。内江市辖区内县级行政站，见表 6-46。

表 6-46 内江市各县入境水资源量

单位：亿 m^3

县(市、区)	入境水量
市中区	100.07
隆昌县	0.62
威远县	0
资中县	92.48
东兴区	102.5

由于缺乏相关河流径流数据，以乡、镇行政区为评价单元时各乡镇入境水资源量计算方法为：结合评价区水系拓扑关系，根据各乡镇所在河流位置，依次将上游乡镇多年评价水资源量，减去已开发利用水资源量作为下游乡镇的入境水资源。计算结果见表 6-47。

表 6-47 内江市各乡镇多年平均入境水资源量

县(市、区)	乡镇(街道)	面积/km^2	入境水资源量/万 m^3
市中区	城市街道区	13.39	993559.4
	白马镇	34.72	2037001.0
	朝阳镇	37.83	4811.9
	靖民镇	22.9	0.0
	乐贤街道	10.68	2036339.8
	凌家镇	47.19	6877.8
	全安镇	23.29	0.0
	史家镇	16.63	992707.8
	永安镇	47.24	2619.9
	伏龙乡	23.95	7524.5
	沱江乡	27.07	2024951.1
	龚家镇	18.92	0.0
	凤鸣乡	20.55	442.4
	交通镇	32.68	2034508.3
	四合镇	10.46	992831.6
隆昌县	古湖街道	29.8	1455.3
	金鹅镇	27.2	908.5
	山川镇	17	3903.5
	响石镇	62.8	5510.8
	圣灯镇	34.4	2375.8
	黄家镇	71.8	0.0
	双凤镇	52.5	0.0
	龙市镇	67	488.8

续表

县(市、区)	乡镇(街道)	面积/km^2	入境水资源量/万 m^3
	迎祥镇	55	0.0
	界市镇	69.3	0.0
	石碾镇	41.5	326.5
	周兴镇	24	1179.5
	渔箭镇	21.5	2088.0
	石燕桥镇	58.2	2867.0
	李市镇	20	0.0
	胡家镇	46.5	10140.6
	云顶镇	50	16562.9
	桂花井镇	16.5	0.0
	普润镇	28.9	302.5
威远县	越溪镇	77.59	0.0
	两河镇	39.9	0.0
	碗厂镇	32.25	1845.0
	小河镇	81.53	0.0
	严陵镇	70.5	14875.5
	铺子湾镇	32.67	13801.0
	新店镇	69.94	14807.5
	向义镇	47.2	17595.5
	界牌镇	43.56	15595.5
	龙会镇	55.49	444.0
	高石镇	54.15	0.0
	东联镇	31.29	0.0
	靖和镇	34.75	0.0
	镇西镇	109.93	0.0
	庆卫镇	40.35	3054.7
	山王镇	47.66	8609.5
	黄荆沟镇	56.28	7464.5
	观音滩镇	99.83	3699.5
	新场镇	135.3	8346.0
	连界镇	128.67	290.0
资中县	重龙镇	47.9	928457.2
	甘露镇	37.4	912277.7
	归德镇	45.9	925854.4
	鱼溪镇	53.6	11868.6
	金李井镇	43.9	3603.2
	铁佛镇	55.6	4836.0

续表

县(市、区)	乡镇(街道)	面积/km^2	入境水资源量/万 m^3
	球溪镇	59	10702.5
	顺河场镇	35.3	911183.4
	龙结镇	58.6	4460.1
	罗泉镇	64.4	1800.0
	发轮镇	55.2	1800.0
	兴隆街镇	34.9	2414.2
	银山镇	82.7	964679.3
	宋家镇	42.1	0.0
	太平镇	58.2	0.0
	骝马镇	40.2	1200.0
	水南镇	46.5	933238.0
	苏家湾镇	65.4	962310.0
	新桥镇	71.4	0.0
	明心寺镇	38	934043.7
	双河镇	52.4	0.0
	公民镇	62.2	0.0
	龙江镇	89.9	18000.0
	双龙镇	62.2	2205.7
	高楼镇	48.5	3603.2
	陈家镇	53.6	1485.0
	配龙镇	41.1	3090.3
	走马镇	41.1	0.0
	孟塘镇	93.6	2000.0
	马鞍镇	41.4	23686.0
	狮子镇	50	26103.0
	板栗桠乡	33.2	3428.7
	龙山乡	28.5	0.0
东兴区	东兴街道	12.28	1000884.7
	西林街道	10.68	993559.4
	新江街道	16.61	2034508.3
	田家镇	40.66	6634.9
	郭北镇	60.27	41066.1
	高梁镇	58.13	0.0
	白合镇	64.2	0.0
	顺河镇	83.81	38404.9
	胜利街道	24.44	992878.9
	高桥镇	35.98	7512.4

续表

县(市、区)	乡镇(街道)	面积/km²	入境水资源量/万 m³
	双才镇	55.64	0.0
	小河口镇	36.88	2036339.8
	杨家镇	46.56	12399.9
	椑木镇	13.45	2036933.2
	石子镇	41.24	33479.8
	太安乡	40.99	1825.1
	苏家乡	43.4	14428.2
	富溪乡	38.92	992707.8
	同福乡	29.97	2732.3
	椑南镇	40.76	1400.0
	永兴镇	54.44	0.0
	永福乡	42.51	11300.0
	新店乡	48.32	2341.1
	双桥乡	49.37	200.0
	平坦镇	60.41	34902.0
	中山乡	25.74	2036747.2
	大治乡	35.84	0.0
	柳桥乡	45.61	0.0
	三烈乡	23.39	1200.0

3. 人口、面积数据

本次计算所用的人口、面积等数据由内江市及各区市县统计局提供，见表 6-48。

表 6-48　内江市各乡镇 2014 年人口、面积统计表

县(市、区)	乡镇(街道)	面积/km²	总人口
市中区	城市街道区	13.39	178685
	白马镇	34.72	52930
	朝阳镇	37.83	29762
	靖民镇	22.9	22592
	乐贤街道	10.68	16505
	凌家镇	47.19	39487
	全安镇	23.29	25113
	史家镇	16.63	17926
	永安镇	47.24	43999
	伏龙乡	23.95	14804
	沱江乡	27.07	20275
	龚家镇	18.92	13074
	凤鸣乡	20.55	22655

县(市、区)	乡镇(街道)	面积/km^2	总人口
	交通镇	32.68	24794
	四合镇	10.46	12948
	小计	387.5	535549
隆昌县	古湖街道	29.8	25408
	金鹅镇	27.2	141097
	山川镇	17	24601
	响石镇	62.8	49674
	圣灯镇	34.4	24859
	黄家镇	71.8	61997
	双凤镇	52.5	47659
	龙市镇	67	55926
	迎祥镇	55	39206
	界市镇	69.3	47381
	石碾镇	41.5	38410
	周兴镇	24	24088
	渔箭镇	21.5	15433
	石燕桥镇	58.2	43963
	李市镇	20	16797
	胡家镇	46.5	48631
	云顶镇	50	42118
	桂花井镇	16.5	16304
	普润镇	28.9	23578
	小计	793.9	787130
威远县	越溪镇	77.59	20078
	两河镇	39.9	14170
	碗厂镇	32.25	11650
	小河镇	81.53	23659
	严陵镇	70.5	161941
	铺子湾镇	32.67	19303
	新店镇	69.94	52529
	向义镇	47.2	35185
	界牌镇	43.56	30027
	龙会镇	55.49	39140
	高石镇	54.15	36489
	东联镇	31.29	21974
	靖和镇	34.75	23957
	镇西镇	109.93	71956
	庆卫镇	40.35	15918
	山王镇	47.66	14464
	黄荆沟镇	56.28	26415

续表

县(市、区)	乡镇(街道)	面积/km²	总人口
	观音滩镇	99.83	25782
	新场镇	135.3	41315
	连界镇	128.67	55608
	小计	1288.84	741560
资中县	重龙镇	47.9	100771
	甘露镇	37.4	20650
	归德镇	45.9	30493
	鱼溪镇	53.6	42615
	金李井镇	43.9	25578
	铁佛镇	55.6	33120
	球溪镇	59	49395
	顺河场镇	35.3	17832
	龙结镇	58.6	42090
	罗泉镇	64.4	34187
	发轮镇	55.2	38207
	兴隆街镇	34.9	21893
	银山镇	82.7	64872
	宋家镇	42.1	25759
	太平镇	58.2	43489
	骝马镇	40.2	29707
	水南镇	46.5	89993
	苏家湾镇	65.4	34874
	新桥镇	71.4	28047
	明心寺镇	38	33874
	双河镇	52.4	34669
	公民镇	62.2	50580
	龙江镇	89.9	58412
	双龙镇	62.2	49751
	高楼镇	48.5	39361
	陈家镇	53.6	35244
	配龙镇	41.1	26161
	走马镇	41.1	33047
	孟塘镇	93.6	50785
	马鞍镇	41.4	31623
	狮子镇	50	38079
	板栗桠乡	33.2	25690
	龙山乡	28.5	19757
	小计	1733.9	1300605
东兴区	东兴街道	12.28	43438

县(市、区)	乡镇(街道)	面积/km^2	总人口
	西林街道	10.68	49524
	新江街道	16.61	27112
	田家镇	40.66	30908
	郭北镇	60.27	46284
	高梁镇	58.13	31714
	白合镇	64.2	39024
	顺河镇	83.81	45957
	胜利街道	24.44	45279
	高桥镇	35.98	32764
	双才镇	55.64	44048
	小河口镇	36.88	35612
	杨家镇	46.56	28491
	榫木镇	13.45	26864
	石子镇	41.24	26996
	太安乡	40.99	17475
	苏家乡	43.4	24859
	富溪乡	38.92	26143
	同福乡	29.97	17353
	榫南镇	40.76	36197
	永东乡	54.44	38624
	永福乡	42.51	25345
	新店乡	48.32	23361
	双桥乡	49.37	24125
	平坦镇	60.41	28568
	中山乡	25.74	21761
	大治乡	35.84	14858
	柳桥乡	45.61	26877
	三烈乡	23.39	15165
	小计	1180.5	894726

4. 现状水资源开发利用程度

(1)用水量分类。

在本次评价中，用水分生活、生产和生态三类，其中生产按农业、工业、建筑业及第三产业统计。

农业用水量包括农田灌溉用水和林牧渔畜用水两部分，其中，农田灌溉用水量由水田、水浇地、菜田用水三部分组成，林牧渔畜用水量由林果地灌溉、草场灌溉、鱼塘补水和牲畜用水四部分组成。

工业用水主要是指工矿企业用于生产的用水。

生活用水分为城镇生活和农村生活用水。

生态环境用水是指为维持生态与环境功能和进行生态建设所需的最小水量，分河道外生态环境用水和河道内生态环境用水两部分。河道外生态环境用水主要包括城市绿化用水、城市内河湖泊补水与城市环境卫生用水等；河道内生态环境用水是指维持河流系统特定的生态环境质量与功能所必须蓄存和消耗的最小水量。

(2) 用水量计算方法。

根据内江市 5 县(区)水资源综合规划报告 2011 年用水定额，结合评价区经济统计数据，计算内江市各区县已开发利用水资源量。计算公式分别为：

生活用水：

$$W_{\text{生活}}=W_{\text{居民}}+W_{\text{牲畜}} \tag{6-13}$$

$$W_{\text{居民}}=N_{\text{城镇人口}}\times P_{\text{城}}+N_{\text{农村人口}}\times P_{\text{农}} \tag{6-14}$$

$$W_{\text{牲畜}}=N_{\text{大牲畜}}\times P_{\text{大}}+N_{\text{小牲畜}}\times P_{\text{小}} \tag{6-15}$$

式中，$W_{\text{居民}}$、$W_{\text{牲畜}}$分别为计算单元内居民生活用水和牲畜用水用水量；$N_{\text{城镇人口}}$、$N_{\text{农村人口}}$、$N_{\text{大牲畜}}$、$N_{\text{小牲畜}}$分别为计算单元城镇居民人口数、农村居民人口数、大牲畜数量和小牲畜数量；$P_{\text{城}}$、$P_{\text{农}}$、$P_{\text{大}}$、$P_{\text{小}}$分别为城镇居民、农村居民、大牲畜、小牲畜的用水定额。

生产用水：

$$W_{\text{生产}}=W_{\text{农业}}+W_{\text{工业}}+W_{\text{三产}} \tag{6-16}$$

$$W_{\text{农业}}=S_{\text{农田}}\times P_{\text{农田}}+S_{\text{林地}}\times P_{\text{林地}}+S_{\text{草地}}\times P_{\text{草地}} \tag{6-17}$$

式中，$W_{\text{农业}}$为计算单元农业用水量；$S_{\text{农田}}$、$S_{\text{林地}}$、$S_{\text{草地}}$分别为计算单元农田、灌溉林地、灌溉草地面积；$P_{\text{农田}}$、$P_{\text{林地}}$、$P_{\text{草地}}$分别为单位用水定额。

$$W_{\text{工业}}=G_{\text{工}}\times P_{\text{工}} \tag{6-18}$$

式中，$W_{\text{工业}}$为计算单元工业用水量；$G_{\text{工}}$为计算单元第二产业 GDP；$P_{\text{工}}$为单位工业 GDP 用水定额。

$$W_{\text{三产}}=G_{\text{第三}}\times P_{\text{三}} \tag{6-19}$$

式中，$W_{\text{三产}}$为计算单元建筑业及第三产业用水量；$G_{\text{第三}}$为计算单元第三产业 GDP；$P_{\text{三}}$为单位第三产业 GDP 用水定额。

生态环境用水：包括河道外生态用水量和河道内生态用水量，对现状用水量来说只考虑河道外生态环境用水量。

河道外生态用水量包括城镇生态环境用水量和农村生态环境用水量。农村生态环境用水主要为人工生态林草建设用水，其用水量已在林草灌溉用水中考虑；城镇生态环境用水量包括城市绿化、环境卫生等方面，将根据城镇居民人口、城镇人均绿地标准、城镇绿地用水定额进行计算。

(3) 内江市县级行政区用水量统计。

2014 年内江市用水量为 7.31 亿 m^3(不包含河道用水量)，其中，农业灌溉用水量为 3.45 亿 m^3，占总用水量的 47.25%；生活用水量 1.17 亿 m^3(城镇生活用水 0.52 亿 m^3、农村生活用水 0.65 亿 m^3)，占总用水量的 15.99%；工业及第三产业用水量 2.65 亿 m^3，占总用水量的 36.30%；城市生态环境用水量为 0.03 亿 m^3，占总用水量的 0.46%。2014 年内江市县级行政区用水量情况见表 6-49。

表 6-49　内江市县级行政区 2014 年用水量统计表

县(市、区)	乡镇数量/个	行政村数量/个	总人口/万人	农村供水人口/万人	现状用水量/亿 m^3				
					工业	农业	生活		
全市小计	115	1679	426.9	333.4	2.6515	3.4516	0.523	0.6454	0.0335

续表

县(市、区)	乡镇数量/个	行政村数量/个	总人口/万人	农村供水人口/万人	现状用水量/亿 m^3				
					工业	农业		生活	
市中区	14	172	53.55	35.35	0.8201	0.3167	0.1758	0.0993	0.0041
东兴区	29	428	89.47	74.27	0.6005	0.8367	0.0794	0.2821.77	0.003
资中县	33	391	130.6	108.6	0.450	1.030	0.080	0.270	0.004
威远县	20	323	74.6	56.07	0.179	0.537	0.068	0.098	0.020
隆昌县	19	365	78.71	59.14	0.6024	0.7316	0.12	0.1779	0.0024

(4) 内江市各乡镇行政区用水量统计(表 6-50)。

表 6-50　内江市乡镇级行政区 2014 年用水量统计表　（单位：亿 m^3）

县(市、区)	乡镇(街道)	2014 年用水量			
		生活用水量	农业用水量	工业用水量	生态环境用水量
市中区	城市街道区	1332.1	0.0	298.0	1.4
	白马镇	259.2	249.8	6366.3	3.7
	朝阳镇	111.7	362.3	15.8	4.0
	靖民镇	82.7	257.8	22.2	2.4
	乐贤街道	81.4	71.3	763.1	1.1
	凌家镇	154.4	468.9	74.6	5.0
	全安镇	93.8	150.5	9.5	2.5
	史家镇	84.1	175.2	37.7	1.8
	永安镇	160.0	496.9	57.1	5.0
	伏龙乡	53.8	164.5	8.8	2.5
	沱江乡	74.5	166.5	5.3	2.9
	龚家镇	48.3	227.8	8.5	2.0
	凤鸣乡	81.4	133.9	23.8	2.2
	交通镇	85.5	151.9	359.0	3.5
	四合镇	48.3	89.9	151.5	1.1
	小计	2751.0	3167.0	8201.0	41.0
隆昌县	古湖街道	396.5	202.0	915.9	6.8
	金鹅镇	375.2	490.5	978.3	6.1
	山川镇	92.9	145.5	277.4	0.8
	响石镇	176.9	275.6	140.2	0.9
	圣灯镇	94.1	315.0	504.4	0.5
	黄家镇	219.6	919.3	371.8	1.1
	双凤镇	164.4	446.0	109.7	0.5
	龙市镇	189.5	685.6	230.1	0.5

续表

县(市、区)	乡镇(街道)	2014 年用水量			
		生活用水量	农业用水量	工业用水量	生态环境用水量
	迎祥镇	138.0	331.3	61.0	0.5
	界市镇	161.9	369.8	80.8	0.5
	石碾镇	138.0	200.3	59.4	0.8
	周兴镇	81.6	395.5	64.0	0.4
	渔箭镇	54.0	101.0	68.6	0.3
	石燕桥镇	173.2	532.4	960.1	1.5
	李市镇	60.2	219.1	152.4	0.4
	胡家镇	174.4	706.2	150.9	0.9
	云顶镇	151.8	543.5	394.7	0.8
	桂花井镇	57.7	254.2	455.6	0.3
	普润镇	79.1	183.2	48.8	0.3
	小计	2979.0	7316.0	6024.0	24.0
威远县	越溪镇	40.5	564.3	94.0	1.9
	两河镇	39.9	38.5	40.1	5.6
	碗厂镇	19.9	250.6	32.3	0.0
	小河镇	45.3	177.1	63.5	1.9
	严陵镇	460.3	460.2	391.7	104.7
	铺子湾镇	35.0	128.1	110.2	1.9
	新店镇	96.2	406.7	81.9	5.6
	向义镇	63.9	326.7	37.5	1.9
	界牌镇	55.0	182.1	19.0	1.9
	龙会镇	70.8	378.2	26.0	1.9
	高镇	77.6	334.2	108.2	5.6
	东联镇	43.3	117.6	18.5	1.9
	靖和镇	44.7	200.6	49.6	1.9
	镇西镇	153.2	666.3	250.1	11.2
	庆卫镇	33.0	138.1	21.1	1.9
	山王镇	28.2	87.0	19.3	1.9
	黄荆沟镇	72.1	209.6	82.2	15.0
	观音滩镇	50.8	290.6	33.5	1.9
	新场镇	82.5	174.6	38.1	5.6
	连界镇	147.7	239.1	273.4	26.2
	小计	1660.0	5370.0	1790.0	200.0
资中县	重龙镇	349.6	341.0	436.7	13.0
	甘露镇	52.9	198.2	15.5	0.3

续表

县(市、区)	乡镇(街道)	2014年用水量			
		生活用水量	农业用水量	工业用水量	生态环境用水量
	归德镇	82.5	203.0	36.9	0.7
	鱼溪镇	112.9	348.2	58.7	0.9
	金李井镇	66.3	273.2	21.3	0.4
	铁佛镇	83.4	274.7	43.8	0.4
	球溪镇	139.8	345.7	1098.6	1.9
	顺河场镇	48.4	155.8	21.2	0.3
	龙结镇	109.3	287.0	36.0	0.6
	罗泉镇	87.8	334.3	45.4	0.5
	发轮镇	101.3	397.0	31.9	0.5
	兴隆街镇	56.5	188.0	70.8	0.3
	银山镇	182.8	308.8	1465.0	2.8
	宋家镇	69.0	257.0	78.5	0.7
	太平镇	111.1	336.8	48.0	0.6
	骝马镇	75.3	249.5	31.6	0.3
	水南镇	272.5	188.0	338.1	9.5
	苏家湾镇	91.4	331.0	23.0	0.5
	新桥镇	71.7	339.6	31.7	0.3
	明心寺镇	81.6	304.5	39.7	0.3
	双河镇	86.9	298.9	116.7	0.4
	公民镇	133.5	438.4	97.3	1.0
	龙江镇	147.0	716.1	60.2	0.8
	双龙镇	128.2	422.7	38.2	0.5
	高镇	100.4	329.0	31.7	0.4
	陈家镇	89.6	344.9	21.2	0.3
	配龙镇	65.4	244.7	15.5	0.2
	走马镇	83.4	228.8	27.5	0.3
	孟塘镇	129.1	591.1	24.6	0.5
	马鞍镇	79.8	259.3	40.4	0.3
	狮子镇	95.0	312.6	21.1	0.2
	板栗桠乡	64.5	262.3	19.4	0.2
	龙山乡	51.1	189.7	13.8	0.1
	小计	3500.0	10300.0	4500.0	40.0
东兴区	东兴街道	620.0	92.2	1011.2	7.8
	西林街道	830.3	57.5	748.9	10.6
	新江街道	179.3	159.3	591.9	1.9

续表

县(市、区)	乡镇(街道)	2014 年用水量			
		生活用水量	农业用水量	工业用水量	生态环境用水量
	田家镇	66.2	318.2	119.3	0.2
	郭北镇	101.6	847.1	157.6	0.4
	高梁镇	65.5	629.7	66.0	0.2
	白合镇	82.8	383.0	85.9	0.2
	顺河镇	93.0	270.9	73.0	0.2
	胜利街道	388.4	457.9	989.1	4.4
	高桥镇	73.3	378.9	193.6	0.3
	双才镇	86.1	254.9	72.8	0.2
	小河口镇	73.3	549.3	408.0	0.2
	杨家镇	57.4	239.0	23.1	0.1
	椑木镇	179.8	33.5	688.0	2.0
	石子镇	53.3	405.1	43.5	0.1
	太安乡	33.8	371.3	33.3	0.1
	苏家乡	47.5	329.4	30.4	0.1
	富溪乡	51.0	236.2	33.7	0.1
	同福乡	33.5	58.5	208.7	0.1
	椑南镇	73.2	288.6	99.9	0.2
	永兴镇	75.0	143.1	49.9	0.1
	永福乡	52.4	238.7	43.5	0.1
	新店乡	45.1	353.9	28.7	0.1
	双桥乡	47.3	304.5	46.0	0.1
	平坦镇	55.0	321.3	39.3	0.1
	中山乡	40.3	73.9	36.3	0.1
	大治乡	28.9	263.2	32.4	0.1
	柳桥乡	53.1	184.9	29.9	0.1
	三烈乡	28.8	122.9	21.2	0.0
	小计	3615.0	8367.0	6005.0	30.0

5. 可利用水资源量

可利用水资源量是指在技术上可行、经济上合理的情况下，通过工程措施能进行调节利用且有一定保证率的那部分水资源量。它比天然水资源数量要少。一般来讲，可利用水资源量包括本地可开发利用水资源量和过境可开发利用水资源量。

1) 本地可开发利用水资源量

水资源可利用量是指可预见的时期内，在统筹考虑生活、生产和生态环境用水的基础上，通过经济合理、技术可行的措施在当地水资源中可一次性利用的最大水量(不包括回归水重复利用量)，为水资源总量扣除水资源不可利用量。

其中不可利用量可分成两部分：一是不可以被利用水量，二是不可能被利用的水量。不可以被利用水量是指不允许利用的水量，以免造成生态环境恶化及被破坏的严重后果，即必须满足的河道内生态环境用水量。不可能被利用水量是指受种种因素和条件的限制，无法被利用的水量。主要包括超出工程最大调蓄能力和供水能力的洪水量、在可预见时期内受工程经济技术性影响不可能被利用的水量、以及在可预见的时期内超出最大用水需求的水量等。

(1)本地地表水可利用量。

计算多年平均水资源可利用量可采用倒算的方法或正算。根据《技术规程》的有关规定，本次水资源评价采用倒算的方法计算内江市多年平均水资源量。

所谓倒算法是用多年平均水资源量减去不可以被利用水量和不可能被利用水量中的汛期下泄洪水量的多年平均值，得出多年平均水资源可利用量。可用下式表示：

$$W_{\text{地表水可利用量}}=W_{\text{地表水资源量}}-W_{\text{河道内最小生态环境需水量}}-W_{\text{多水期不可控水量与河道生态需水量不重复计算量}} \tag{6-20}$$

(2)河道内最小生态环境需水量。

河道内需水包括生态需水、航运用水及保护中下游河道水质的环境用水等，取其外包作为非汛期需扣除河道内需水。

按《江河流域规划环境影响评价规范》(SL—2006)关于河道内生态需水量计算方法，采用 Tennant 法可将全年分为多水期和少水期两个时段，根据河道内生态环境状况决定少水期和多水期平均流量百分比指标，见表 6-51。

表 6-51 河道生态需水量计算标准表

河道内生态环境状况	少水期平均流量百分比/%	多水期平均流量百分比/%
最大	200	200
最佳范围	60～100	60～100
很好	40	60
好	30	50
较好	20	40
中	10	30
差	10	10
极差	0～10	0～10

根据内江市河流实际情况，按维持河道内生态环境中等水平计算河道生态需水量，少水期(11 月至次年 4 月)以多年同期平均径流量的 10%，多水期(5 至 10 月)以多年平均同期径流量的 30%计算河道内生态环境需水量。汛期 5 至 10 月河道内水量较大，并有洪水下泄至下游，汛期的河道内生态环境及生产需水量能得到满足，仅需在非汛期(1 至 3 月与 10 至 12 月)考虑河道内生态环境及生产需水，按非汛期 182 天计算，求出非汛期需水量。内江市乡镇级行政区河道内生态环境需水量见表 6-52。

表 6-52　内江市乡镇级行政区河道内生态环境需水量

县(市、区)	乡镇(街道)	少水期/万 m^3	多水期/万 m^3
市中区	城市街道区	4.9	156.3
	白马镇	12.8	411.1
	朝阳镇	13.8	442.8
	靖民镇	8.1	260.0
	乐贤街道	4.0	129.5
	凌家镇	17.5	562.2
	全安镇	8.2	263.6
	史家镇	5.7	182.5
	永安镇	17.6	564.4
	伏龙乡	9.4	300.3
	沱江乡	10.6	339.5
	龚家镇	6.5	208.2
	凤鸣乡	7.4	236.2
	交通镇	11.9	380.2
	四合镇	3.7	117.3
	小计	142.0	4554.0
隆昌县	古湖街道	6.3	262.4
	金鹅镇	5.8	239.5
	山川镇	3.9	149.7
	响石镇	13.7	552.9
	圣灯镇	7.7	302.9
	黄家镇	14.6	632.2
	双凤镇	10.1	462.2
	龙市镇	14.0	589.9
	迎祥镇	10.5	484.3
	界市镇	12.3	610.2
	石碾镇	8.1	365.4
	周兴镇	4.3	211.3
	渔箭镇	4.2	189.3
	石燕桥镇	12.7	512.4
	李市镇	4.6	176.1
	胡家镇	11.0	409.4
	云顶镇	12.1	440.2
	桂花井镇	3.3	145.3
	普润镇	5.5	254.5
	小计	164.7	6990.0

续表

县(市、区)	乡镇(街道)	少水期/万 m^3	多水期/万 m^3
威远县	越溪镇	28.9	920.7
	两河镇	14.9	473.4
	碗厂镇	11.4	362.9
	小河镇	28.6	910.8
	严陵镇	17.8	564.9
	铺子湾镇	8.3	264.0
	新店镇	17.9	570.1
	向义镇	12.1	385.9
	界牌镇	11.2	356.3
	龙会镇	14.3	456.4
	高石镇	13.8	439.4
	东联镇	8.1	257.4
	靖和镇	9.0	285.6
	镇西镇	28.5	905.3
	庆卫镇	11.0	348.4
	山王镇	14.0	446.2
	黄荆沟镇	16.9	537.8
	观音滩镇	39.1	1243.6
	新场镇	44.7	1421.4
	连界镇	53.4	1699.6
	小计	404.0	12850.0
资中县	重龙镇	17.2	479.4
	甘露镇	13.8	384.3
	归德镇	17.9	498.1
	鱼溪镇	22.3	619.7
	金李井镇	20.7	577.1
	铁佛镇	27.4	763.1
	球溪镇	23.2	646.8
	顺河场镇	13.1	364.2
	龙结镇	24.5	681.4
	罗泉镇	30.9	861.1
	发轮镇	18.3	508.2
	兴隆街镇	13.3	371.3
	银山镇	29.5	820.5
	宋家镇	16.3	453.2
	太平镇	19.2	535.6

续表

县(市、区)	乡镇(街道)	少水期/万 m^3	多水期/万 m^3
	骝马镇	13.6	379.5
	水南镇	17.1	476.3
	苏家湾镇	22.6	628.9
	新桥镇	28.3	786.4
	明心寺镇	13.6	378.0
	双河镇	20.0	556.2
	公民镇	23.0	640.9
	龙江镇	29.0	808.3
	双龙镇	21.1	587.0
	高楼镇	21.7	604.9
	陈家镇	20.1	558.8
	配龙镇	14.4	399.7
	走马镇	19.3	538.5
	孟塘镇	29.8	829.0
	马鞍镇	13.8	382.7
	狮子镇	16.7	464.0
	板栗椏乡	12.7	352.3
	龙山乡	9.6	267.9
	小计	654.0	18203.0
东兴区	东兴街道	4.8	96.6
	西林街道	4.2	85.0
	新江街道	6.5	130.3
	田家镇	16.3	327.2
	郭北镇	23.5	471.7
	高梁镇	24.2	486.9
	白合镇	25.9	520.4
	顺河镇	32.7	657.8
	胜利街道	9.7	194.5
	高桥镇	14.2	284.8
	双才镇	22.8	458.0
	小河口镇	14.8	297.4
	杨家镇	19.4	390.3
	椑木镇	5.4	109.0
	石子镇	16.7	335.9
	太安乡	16.7	336.1
	苏家乡	17.8	357.4

续表

县(市、区)	乡镇(街道)	少水期/万 m^3	多水期/万 m^3
	富溪乡	15.9	320.3
	同福乡	12.2	245.6
	椑南镇	16.7	336.1
	永兴镇	21.5	432.2
	永福乡	17.7	354.8
	新店乡	20.2	405.6
	双桥乡	20.3	407.4
	平坦镇	23.8	477.5
	中山乡	10.6	212.4
	大治乡	14.8	298.2
	柳桥乡	18.1	363.0
	三烈乡	9.6	193.7
	小计	477.0	9586.0

(3)多水期不可控制洪水量。

多水期不可控制洪水量即汛期洪水弃水，可采取倒算法进行计算，公式如下：

$$W_{汛期洪水弃水}=W_{汛期径流量}-W_{水利工程可控制水量}-W_{汛期用水量} \tag{6-21}$$

根据流域控制站4~6月与7~9月的天然径流、实测径流资料，计算各年汛期的用水消耗量，并从中选取最大值，作为汛期控制利用洪水的最大水量，然后采用各控制站多年平均汛期洪水量(天然)系列，逐年计算流域控制站以上的汛期下泄洪水量。流域控制站以下则根据调查统计的用水量及用水耗水率，计算出耗水量及下泄量。由此计算出多年平均下泄水量。内江市乡镇行政区多水期不可控制洪水量见表6-53。

表6-53　内江市乡镇级行政区多水期不可控制洪水量　(单位：万 m^3)

县(市、区)	乡镇(街道)	汛期径流量	调蓄能力	汛期用水量	汛期不可控制洪水量
市中区	城市街道区	412.3		815.7	0.0
	白马镇	1084.7	177.8	3439.5	0.0
	朝阳镇	1168.2	115.0	246.9	806.3
	靖民镇	686.0	438.4	182.6	65.0
	乐贤街道	341.6	11.0	458.5	0.0
	凌家镇	1483.3	157.0	351.4	974.8
	全安镇	695.5	698.7	128.1	0.0
	史家镇	481.5	31.2	149.4	300.9
	永安镇	1489.2	1551.0	359.4	0.0
	伏龙乡	792.3	308.8	114.8	368.7
	沱江乡	895.7	79.5	124.6	691.7

续表

县(市、区)	乡镇(街道)	汛期径流量	调蓄能力	汛期用水量	汛期不可控制洪水量
	龚家镇	549.3	719.6	143.3	0.0
	凤鸣乡	623.2	89.6	120.6	413.0
	交通镇	1003.0	102.3	299.9	600.8
	四合镇	309.5	7.0	145.4	157.1
	小计	12015.3	4487.0	7080.0	4378.3
隆昌县	古湖街道	965.0	5718.0	760.6	0.0
	金鹅镇	886.8	123.4	925.1	0.0
	山川镇	600.1	117.0	258.3	224.8
	响石镇	2113.7	692.7	296.8	1124.1
	圣灯镇	1189.2	237.0	457.0	495.2
	黄家镇	2244.2	510.6	755.9	977.7
	双凤镇	1547.6	345.5	360.3	841.8
	龙市镇	2154.1	798.1	552.9	803.2
	迎祥镇	1620.2	443.0	265.4	911.8
	界市镇	1887.6	1011.2	306.5	569.9
	石碾镇	1250.8	1153.0	199.3	0.0
	周兴镇	668.1	132.0	270.7	265.4
	渔箭镇	646.1	521.0	111.9	13.2
	石燕桥镇	1952.0	115.1	833.6	1003.3
	李市镇	700.3	119.0	216.1	365.2
	胡家镇	1691.0	844.2	516.2	330.5
	云顶镇	1856.4	731.3	545.4	579.6
	桂花井镇	504.5	43.8	383.9	76.8
	普润镇	842.7	190.0	155.6	497.1
	小计	25320.3	13846.0	8171.5	9079.6
威远县	越溪镇	3070.1	206.1	350.3	2513.7
	两河镇	1578.5	149.1	62.0	1367.4
	碗厂镇	1210.1	712.0	151.4	346.8
	小河镇	3037.2	385.9	143.9	2507.5
	严陵镇	1883.8	281.4	708.5	893.9
	铺子湾镇	880.2	290.3	137.6	452.3
	新店镇	1901.1	196.9	295.2	1409.1
	向义镇	1286.9	285.8	215.0	786.1
	界牌镇	1188.2	193.1	129.0	866.1
	龙会镇	1521.8	222.6	238.4	1060.8
	高石镇	1465.1	114.8	262.8	1087.6

续表

县(市、区)	乡镇(街道)	汛期径流量	调蓄能力	汛期用水量	汛期不可控制洪水量
	东联镇	858.2	198.6	90.6	569.0
	靖和镇	952.4	353.2	148.4	450.8
	镇西镇	3018.9	1122.9	540.4	1355.6
	庆卫镇	1161.7	303.9	97.0	760.9
	山王镇	1488.0	163.2	68.2	1256.6
	黄荆沟镇	1793.3	5421.6	189.4	0.0
	观音滩镇	4146.8	461.0	188.4	3497.4
	新场镇	4740.0	7929.1	150.4	0.0
	连界镇	5667.7	1568.0	343.2	3756.5
	小计	42850.1	20559.4	4510.0	24938.0
资中县	重龙镇	1465.6	640.0	475.1	350.5
	甘露镇	1174.8	435.0	111.2	628.6
	归德镇	1522.9	425.0	134.6	963.3
	鱼溪镇	1894.8	686.0	217.0	991.8
	金李井镇	1764.5	589.0	150.5	1025.0
	铁佛镇	2333.1	582.0	167.6	1583.6
	球溪镇	1977.6	947.0	660.8	369.8
	顺河场镇	1113.6	322.0	94.0	697.6
	龙结镇	2083.3	641.0	180.4	1261.9
	罗泉镇	2632.8	547.0	195.0	1890.8
	发轮镇	1553.7	1113.0	221.1	219.5
	兴隆街镇	1135.3	539.0	131.5	464.8
	银山镇	2508.5	1485.0	816.5	207.1
	宋家镇	1385.5	533.0	168.9	683.6
	太平镇	1637.7	534.0	206.9	896.8
	骝马镇	1160.3	393.0	148.6	618.7
	水南镇	1456.3	575.0	336.7	544.6
	苏家湾镇	1922.9	559.0	185.8	1178.2
	新桥镇	2404.5	520.0	184.7	1699.8
	明心寺镇	1155.6	557.0	177.5	421.1
	双河镇	1700.5	679.0	209.5	812.0
	公民镇	1959.5	809.0	279.3	871.3
	龙江镇	2471.2	1289.0	385.0	797.2
	双龙镇	1794.9	525.0	245.7	1024.2
	高楼镇	1849.3	484.0	192.3	1173.0
	陈家镇	1708.4	476.0	190.0	1042.4

续表

县(市、区)	乡镇(街道)	汛期径流量	调蓄能力	汛期用水量	汛期不可控制洪水量
	配龙镇	1222.0	367.0	135.8	719.2
	走马镇	1646.3	495.0	141.6	1009.7
	孟塘镇	2534.5	966.0	310.5	1258.0
	马鞍镇	1170.1	438.0	158.2	573.9
	狮子镇	1418.6	879.0	178.7	360.9
	板栗椏乡	1077.1	468.0	144.3	464.7
	龙山乡	819.1	326.0	106.1	387.0
	小计	55655.1	20823.0	7641.7	27190.4
东兴区	东兴街道	331.8	37.5	865.6	0.0
	西林街道	292.0	13.4	823.6	0.0
	新江街道	447.5	3337.8	466.2	0.0
	田家镇	1123.7	122.5	252.0	749.2
	郭北镇	1620.0	888.7	553.4	177.9
	高梁镇	1672.4	452.7	380.7	839.0
	白合镇	1787.2	367.6	276.0	1143.6
	顺河镇	2259.1	432.2	218.5	1608.3
	胜利街道	668.1	257.7	919.9	0.0
	高桥镇	978.1	362.2	323.1	292.9
	双才镇	1573.0	550.8	207.0	815.2
	小河口镇	1021.5	116.8	515.4	389.4
	杨家镇	1340.6	91.0	159.8	1089.9
	椑木镇	374.3	32.7	451.6	-110.0
	石子镇	1153.5	92.7	251.0	809.8
	太安乡	1154.4	119.0	219.2	816.2
	苏家乡	1227.6	53.7	203.6	970.3
	富溪乡	1100.2	376.5	160.5	563.2
	同福乡	843.4	1680.7	150.4	0.0
	椑南镇	1154.4	307.9	230.9	615.6
	永兴镇	1484.4	782.8	134.1	567.5
	永福乡	1218.6	107.9	167.3	943.3
	新店乡	1393.1	166.1	213.9	1013.1
	双桥乡	1399.4	661.0	198.9	539.5
	平坦镇	1639.9	235.7	207.9	1196.3
	中山乡	729.5	1083.6	75.3	0.0
	大治乡	1024.2	1202.0	162.3	0.0
	柳桥乡	1246.6	168.1	133.9	944.6

续表

县(市、区)	乡镇(街道)	汛期径流量	调蓄能力	汛期用水量	汛期不可控制洪水量
	三烈乡	665.3	378.2	86.4	200.7
	小计	32923.7	14479.3	9008.5	16175.4

(4) 本地地表水可利用量。

在本地河道生态环境需水量、本地不可控洪水量的基础上，根据本地地表水资源可利用量计算公式，计算内江市各乡镇行政区本地可利用地表水资源量，见表 6-54。

表 6-54 内江市乡镇级行政区可开发利用地表水资源量

单位：万 m^3

县(市、区)	乡镇(街道)	多年平均地表水资源量	少水期河道生态环境需水量	多水期河道生态环境需水量	不可利用洪水量	可开发利用水资源量
市中区	城市街道区	448.6	4.9	156.3	0.0	287.5
	白马镇	1180.3	12.8	411.1	0.0	756.4
	朝阳镇	1271.2	13.8	442.8	723.8	533.6
	靖民镇	746.5	8.1	260.0	1.2	478.4
	乐贤街道	371.7	4.0	129.5	0.0	238.2
	凌家镇	1614.1	17.5	562.2	842.6	753.9
	全安镇	756.8	8.2	263.6	0.0	485.0
	史家镇	524.0	5.7	182.5	250.2	268.1
	永安镇	1620.4	17.6	564.4	0.0	1038.4
	伏龙乡	862.1	9.4	300.3	330.9	521.8
	沱江乡	974.7	10.6	339.5	658.1	305.9
	龚家镇	597.8	6.5	208.2	0.0	383.1
	凤鸣乡	678.1	7.4	236.2	379.2	291.5
	交通镇	1091.4	11.9	380.2	397.6	681.9
	四合镇	336.8	3.7	117.3	66.5	215.8
隆昌县	古湖街道	1050.0	6.3	262.4	0.0	781.3
	金鹅镇	965.0	5.8	239.5	0.0	719.7
	山川镇	653.0	3.9	149.7	267.1	382.0
	响石镇	2300.0	13.7	552.9	1140.0	1146.3
	圣灯镇	1294.0	7.7	302.9	563.2	723.1
	黄家镇	2442.0	14.6	632.2	983.1	1444.3
	双凤镇	1684.0	10.1	462.2	838.1	835.8
	龙市镇	2344.0	14.0	589.9	802.5	1527.5
	迎祥镇	1763.0	10.5	484.3	906.7	845.8
	界市镇	2054.0	12.3	610.2	567.4	1431.6
	石碾镇	1361.0	8.1	365.4	0.0	987.5
	周兴镇	727.0	4.3	211.3	250.1	472.5
	渔箭镇	703.0	4.2	189.3	21.1	509.5
	石燕桥镇	2124.0	12.7	512.4	1136.4	974.9

续表

县(市、区)	乡镇(街道)	多年平均地表水资源量	少水期河道生态环境需水量	多水期河道生态环境需水量	不可利用洪水量	可开发利用水资源量
	李市镇	762.0	4.6	176.1	377.8	379.7
	胡家镇	1840.0	11.0	409.4	311.8	1419.6
	云顶镇	2020.0	12.1	440.2	614.6	1393.4
	桂花井镇	549.0	3.3	145.3	138.7	400.4
	普润镇	917.0	5.5	254.5	497.2	414.3
威远县	越溪镇	3359.0	28.9	920.7	2107.1	1223.0
	两河镇	1727.0	14.9	473.4	1290.9	421.2
	碗厂镇	1324.0	11.4	362.9	177.2	949.7
	小河镇	3323.0	28.6	910.8	2330.8	963.5
	严陵镇	2061.0	17.8	564.9	100.3	1478.3
	铺子湾镇	963.0	8.3	264.0	244.9	690.8
	新店镇	2080.0	17.9	570.1	1084.3	977.8
	向义镇	1408.0	12.1	385.9	562.6	833.3
	界牌镇	1300.0	11.2	356.3	739.6	549.2
	龙会镇	1665.0	14.3	456.4	824.2	826.5
	高石镇	1603.0	13.8	439.4	770.9	818.3
	东联镇	939.0	8.1	257.4	478.1	452.8
	靖和镇	1042.0	9.0	285.6	279.7	747.4
	镇西镇	3303.0	28.5	905.3	682.0	2369.2
	庆卫镇	1271.0	11.0	348.4	658.8	601.2
	山王镇	1628.0	14.0	446.2	1183.3	430.7
	黄荆沟镇	1962.0	16.9	537.8	0.0	1407.3
	观音滩镇	4537.0	39.1	1243.6	3299.8	1198.1
	新场镇	5186.0	44.7	1421.4	0.0	3719.9
	连界镇	6201.0	53.4	1699.6	3272.2	2875.3
资中县	重龙镇	1770.1	17.2	479.4	268.6	1273.5
	甘露镇	1418.9	13.8	384.3	617.1	788.0
	归德镇	1839.3	17.9	498.1	947.6	873.8
	鱼溪镇	2288.4	22.3	619.7	967.0	1299.1
	金李井镇	2131.0	20.7	577.1	1009.3	1101.0
	铁佛镇	2817.8	27.4	763.1	1564.7	1225.7
	球溪镇	2388.4	23.2	646.8	235.8	1718.4
	顺河场镇	1344.9	13.1	364.2	687.2	644.7
	龙结镇	2516.1	24.5	681.4	1242.0	1249.6
	罗泉镇	3179.7	30.9	861.1	1869.3	1279.5
	发轮镇	1876.4	18.3	508.2	196.5	1350.0
	兴隆街镇	1371.1	13.3	371.3	447.7	910.1
	银山镇	3029.6	29.5	820.5	34.0	2179.7
	宋家镇	1673.3	16.3	453.2	662.4	994.7

续表

县(市、区)	乡镇(街道)	多年平均地表水资源量	少水期河道生态环境需水量	多水期河道生态环境需水量	不可利用洪水量	可开发利用水资源量
	太平镇	1977.9	19.2	535.6	873.7	1084.9
	骝马镇	1401.3	13.6	379.5	602.4	785.2
	水南镇	1758.8	17.1	476.3	484.2	1257.5
	苏家湾镇	2322.4	22.6	628.9	1158.9	1140.9
	新桥镇	2904.0	28.3	786.4	1680.4	1195.3
	明心寺镇	1395.7	13.6	378.0	401.7	980.4
	双河镇	2053.8	20.0	556.2	784.5	1249.3
	公民镇	2366.6	23.0	640.9	838.1	1505.5
	龙江镇	2984.6	29.0	808.3	757.2	2147.3
	双龙镇	2167.7	21.1	587.0	998.2	1148.4
	高楼镇	2233.5	21.7	604.9	1152.6	1059.2
	陈家镇	2063.3	20.1	558.8	1023.0	1020.2
	配龙镇	1475.8	14.4	399.7	705.3	756.1
	走马镇	1988.3	19.3	538.5	994.3	974.7
	孟塘镇	3061.0	29.8	829.0	1227.3	1804.0
	马鞍镇	1413.2	13.8	382.7	556.2	843.2
	狮子镇	1713.3	16.7	464.0	342.5	1232.6
	板栗桠乡	1300.8	12.7	352.3	449.9	838.2
	龙山乡	989.3	9.6	267.9	376.1	603.6
东兴区	东兴街道	367.0	4.8	96.6	0.0	265.6
	西林街道	323.0	4.2	85.0	0.0	233.8
	新江街道	495.0	6.5	130.3	0.0	358.2
	田家镇	1243.0	16.3	327.2	818.4	408.3
	郭北镇	1792.0	23.5	471.7	320.2	1296.9
	高梁镇	1850.0	24.2	486.9	933.3	892.5
	白合镇	1977.0	25.9	520.4	1216.0	735.1
	顺河镇	2499.0	32.7	657.8	1666.7	799.6
	胜利街道	739.0	9.7	194.5	0.0	534.8
	高桥镇	1082.0	14.2	284.8	384.7	683.1
	双才镇	1740.0	22.8	458.0	870.8	846.4
	小河口镇	1130.0	14.8	297.4	543.4	571.8
	杨家镇	1483.0	19.4	390.3	870.8	592.7
	椑木镇	414.0	5.4	109.0	53.2	299.6
	石子镇	1276.0	16.7	335.9	872.3	387.0
	太安乡	1277.0	16.7	336.1	870.1	390.2
	苏家乡	1358.0	17.8	357.4	1020.7	319.5
	富溪乡	1217.0	15.9	320.3	604.1	597.0
	同福乡	933.0	12.2	245.6	0.0	675.2
	椑南镇	1277.0	16.7	336.1	678.6	581.6

续表

县(市、区)	乡镇(街道)	多年平均地表水资源量	少水期河道生态环境需水量	多水期河道生态环境需水量	不可利用洪水量	可开发利用水资源量
	永兴镇	1642.0	21.5	432.2	604.3	1016.2
	永福乡	1348.0	17.7	354.8	986.6	343.7
	新店乡	1541.0	20.2	405.6	1065.6	455.2
	双桥乡	1548.0	20.3	407.4	590.1	937.6
	平坦镇	1814.0	23.8	477.5	1248.7	541.6
	中山乡	807.0	10.6	212.4	0.0	584.0
	大治乡	1133.0	14.8	298.2	0.0	819.9
	柳桥乡	1379.0	18.1	363.0	979.1	381.8
	三烈乡	736.0	9.6	193.7	223.0	503.3

(5) 本地地下水可利用量。

根据《技术规程》的规定，与地表水不重复的地下水资源量扣减出地下水系统生态需水量和无法利用的地下水量，即可得到地下水可利用量。本研究中受灾地区大部分为山丘区，地下水绝大部分与地表水重复，故不再计算地下水可利用量。

(6) 本地可开发利用水资源量。

直接取地表水资源可利用量代表本地可利用水资源量。内江市本地可开发利用水资源量全部为地表水，各乡镇(街道)地可开发利用水资源量见表 6-56。

2) 入境可开发利用水资源量

入境水资源量从河流水系上游至下游按县级(乡镇)行政区逐级推算，县级行政区的多年平均入境水资源量由其入境水断面控制的集水面积与参证站所控制的集水面积比，乘以参证站多年平均水资源量得到，其计算公式如下：

$$W_x = W_c \times \frac{F_x}{F_c} \tag{6-22}$$

式中，W_x 为县级行政区入境水资源量，万 m^3；W_c 为参证站多年平均水资源量，万 m^3；F_x 为县级行政区入境断面以上控制集水面积，km^2；F_c 为参证站控制集水面积，km^2。

根据《技术规程》规定，现状入境水资源量 W_c 乘以入境水利用系数 γ 即可得到入境水可开发利用水资源潜力。本次计算 γ 取值 0.05(根据技术规程，西南地区入境水利用系数取值)。采用规定的计算方法，本次计算得各县(乡)入境水可利用量见表 6-55。

表 6-55　内江市乡镇级行政区可开发利用入境水资源量　　单位：万 m^3

县(市、区)	乡镇(街道)	入境水资源量	可开发利用入境水资源量
市中区	城市街道区	993559.4	49678.0
	白马镇	2037001.0	101850.0
	朝阳镇	4811.9	240.6
	靖民镇	0.0	0.0
	乐贤街道	2036339.8	101817.0

续表

县(市、区)	乡镇(街道)	入境水资源量	可开发利用入境水资源量
	凌家镇	6877.8	343.9
	全安镇	0.0	0.0
	史家镇	992707.8	49635.4
	永安镇	2619.9	131.0
	伏龙乡	7524.5	376.2
	沱江乡	2024951.1	101247.6
	龚家镇	0.0	0.0
	凤鸣乡	442.4	22.1
	交通镇	2034508.3	101725.4
	四合镇	992831.6	49641.6
隆昌县	古湖街道	1455.3	72.8
	金鹅镇	908.5	45.4
	山川镇	3903.5	195.2
	响石镇	5510.8	275.5
	圣灯镇	2375.8	118.8
	黄家镇	0.0	0.0
	双凤镇	0.0	0.0
	龙市镇	488.8	24.4
	迎祥镇	0.0	0.0
	界市镇	0.0	0.0
	石碾镇	326.5	16.3
	周兴镇	1179.5	59.0
	渔箭镇	2088.0	104.4
	石燕桥镇	2867.0	143.4
	李市镇	0.0	0.0
	胡家镇	10140.6	507.0
	云顶镇	16562.9	828.1
	桂花井镇	0.0	0.0
	普润镇	302.5	15.1
威远县	越溪镇	0.0	0.0
	两河镇	0.0	0.0
	碗厂镇	1845.0	92.3
	小河镇	0.0	0.0
	严陵镇	14875.5	743.8
	铺子湾镇	13801.0	690.1
	新店镇	14807.5	740.4

续表

县(市、区)	乡镇(街道)	入境水资源量	可开发利用入境水资源量
	向义镇	17595.5	879.8
	界牌镇	15595.5	779.8
	龙会镇	444.0	22.2
	高石镇	0.0	0.0
	东联镇	0.0	0.0
	靖和镇	0.0	0.0
	镇西镇	0.0	0.0
	庆卫镇	3054.7	152.7
	山王镇	8609.5	430.5
	黄荆沟镇	7464.5	373.2
	观音滩镇	3699.5	185.0
	新场镇	8346.0	417.3
	连界镇	290.0	14.5
资中县	重龙镇	928457.2	46422.9
	甘露镇	912277.7	45613.9
	归德镇	925854.4	46292.7
	鱼溪镇	11868.6	593.4
	金李井镇	3603.2	180.2
	铁佛镇	4836.0	241.8
	球溪镇	10702.5	535.1
	顺河场镇	911183.4	45559.2
	龙结镇	4460.1	223.0
	罗泉镇	1800.0	90.0
	发轮镇	1800.0	90.0
	兴隆街镇	2414.2	120.7
	银山镇	964679.3	48234.0
	宋家镇	0.0	0.0
	太平镇	0.0	0.0
	骝马镇	1200.0	60.0
	水南镇	933238.0	46661.9
	苏家湾镇	962310.0	48115.5
	新桥镇	0.0	0.0
	明心寺镇	934043.7	46702.2
	双河镇	0.0	0.0
	公民镇	0.0	0.0
	龙江镇	18000.0	900.0

续表

县(市、区)	乡镇(街道)	入境水资源量	可开发利用入境水资源量
	双龙镇	2205.7	110.3
	高楼镇	3603.2	180.2
	陈家镇	1485.0	74.3
	配龙镇	3090.3	154.5
	走马镇	0.0	0.0
	孟塘镇	2000.0	100.0
	马鞍镇	23686.0	1184.3
	狮子镇	26103.0	1305.2
	板栗桠乡	3428.7	171.4
	龙山乡	0.0	0.0
东兴区	东兴街道	1000884.7	50044.2
	西林街道	993559.4	49678.0
	新江街道	2034508.3	101725.4
	田家镇	6634.9	331.7
	郭北镇	41066.1	2053.3
	高梁镇	0.0	0.0
	白合镇	0.0	0.0
	顺河镇	38404.9	1920.2
	胜利街道	992878.9	49643.9
	高桥镇	7512.4	375.6
	双才镇	0.0	0.0
	小河口镇	2036339.8	101817.0
	杨家镇	12399.9	620.0
	椑木镇	2036933.2	101846.7
	石子镇	33479.8	1674.0
	太安乡	1825.1	91.3
	苏家乡	14428.2	721.4
	富溪乡	992707.8	49635.4
	同福乡	2732.3	136.6
	椑南镇	1400.0	70.0
	永兴镇	0.0	0.0
	永福乡	11300.0	565.0
	新店乡	2341.1	117.1
	双桥乡	200.0	10.0
	平坦镇	34902.0	1745.1
	中山乡	2036747.2	101837.4

续表

县(市、区)	乡镇(街道)	入境水资源量	可开发利用入境水资源量
	大治乡	0.0	0.0
	柳桥乡	0.0	0.0
	三烈乡	1200.0	60.0

3) 可利用水资源潜力分析

可开发利用水资源量与可开发利用入境水资源量之和减去已开发利用水资源量(现状实际用水量)即得可利用水资源潜力。经过计算，内江市各乡镇行政区可利用水资源潜力见表 6-56。

表 6-56　内江市各乡镇可开发利用水资源潜力

县(市、区)	乡镇(街道)	水资源开发利用情况/万 m^3			可开发利用水资源潜力	
		本地可开发利用水资源量	可开发利用过入境水资源量	已开发利用水资源量	总量/万 m^3	人均/m^3
市中区	城市街道区	287.5	49678.0	1631.5	48334.0	2705.0
	白马镇	756.4	101850.0	6878.9	95727.5	18085.7
	朝阳镇	533.6	240.6	493.8	280.4	94.2
	靖民镇	478.4	0.0	365.1	113.2	50.1
	乐贤街道	238.2	101817.0	916.9	101138.3	61277.4
	凌家镇	753.9	343.9	702.9	394.9	100.0
	全安镇	485.0	0.0	256.2	228.7	91.1
	史家镇	268.1	49635.4	298.8	49604.7	27671.9
	永安镇	1038.4	131.0	718.9	450.5	102.4
	伏龙乡	521.8	376.2	229.6	668.4	451.5
	沱江乡	305.9	101247.6	249.1	101304.4	49965.2
	龚家镇	383.1	0.0	286.5	96.5	73.8
	凤鸣乡	291.5	22.1	241.2	72.4	32.0
	交通镇	681.9	101725.4	599.8	101807.6	41061.4
	四合镇	215.8	49641.6	290.8	49566.6	38281.3
隆昌县	古湖街道	781.3	72.8	1521.2	−667.1	−262.6
	金鹅镇	719.7	45.4	1850.2	−1085.0	−76.9
	山川镇	382.0	195.2	516.5	60.6	24.6
	响石镇	1146.3	275.5	593.7	828.1	166.7
	圣灯镇	723.1	118.8	914.1	−72.2	−29.0

续表

县(市、区)	乡镇(街道)	水资源开发利用情况/万 m^3			可开发利用水资源潜力	
		本地可开发利用水资源量	可开发利用过入境水资源量	已开发利用水资源量	总量/万 m^3	人均/m^3
	黄家镇	1444.3	0.0	1511.8	-67.5	-10.9
	双凤镇	835.8	0.0	720.6	115.2	24.2
	龙市镇	1527.5	24.4	1105.8	446.1	79.8
	迎祥镇	845.8	0.0	530.8	315.0	80.3
	界市镇	1431.6	0.0	613.0	818.6	172.8
	石碾镇	987.5	16.3	398.6	605.2	157.6
	周兴镇	472.5	59.0	541.4	-9.9	-4.1
	渔箭镇	509.5	104.4	223.8	390.1	252.8
	石燕桥镇	974.9	143.4	1667.1	-548.8	-124.8
	李市镇	379.7	0.0	432.2	-52.5	-31.2
	胡家镇	1419.6	507.0	1032.4	894.2	183.9
	云顶镇	1393.4	828.1	1090.9	1130.6	268.4
	桂花井镇	400.4	0.0	767.9	-367.4	-225.4
	普润镇	414.3	15.1	311.3	118.2	50.1
威远县	越溪镇	1223.0	0.0	700.7	522.3	260.1
	两河镇	421.2	0.0	124.1	297.1	209.7
	碗厂镇	949.7	92.3	302.8	739.1	634.4
	小河镇	963.5	0.0	287.8	675.8	285.6
	严陵镇	1478.3	743.8	1416.9	805.2	49.7
	铺子湾镇	690.8	690.1	275.2	1105.6	572.8
	新店镇	977.8	740.4	590.4	1127.8	214.7
	向义镇	833.3	879.8	429.9	1283.1	364.7
	界牌镇	549.2	779.8	258.0	1071.0	356.7
	龙会镇	826.5	22.2	476.8	371.9	95.0
	高石镇	818.3	0.0	525.6	292.8	80.2
	东联镇	452.8	0.0	181.2	271.6	123.6
	靖和镇	747.4	0.0	296.7	450.7	188.1
	镇西镇	2369.2	0.0	1080.8	1288.4	179.1
	庆卫镇	601.2	152.7	194.0	560.0	351.8

续表

县(市、区)	乡镇(街道)	水资源开发利用情况/万 m^3			可开发利用水资源潜力	
		本地可开发利用水资源量	可开发利用过入境水资源量	已开发利用水资源量	总量/万 m^3	人均/m^3
	山王镇	430.7	430.5	136.4	724.8	501.1
	黄荆沟镇	1407.3	373.2	378.9	1401.7	530.6
	观音滩镇	1198.1	185.0	376.8	1006.3	390.3
	新场镇	3719.9	417.3	300.7	3836.5	928.6
	连界镇	2875.3	14.5	686.4	2203.4	396.2
资中县	重龙镇	1273.5	46422.9	1140.3	46556.1	4620.0
	甘露镇	788.0	45613.9	266.9	46135.0	22341.4
	归德镇	873.8	46292.7	323.1	46843.4	15362.0
	鱼溪镇	1299.1	593.4	520.8	1371.8	321.9
	金李井镇	1101.0	180.2	361.2	919.9	359.6
	铁佛镇	1225.7	241.8	402.2	1065.3	321.6
	球溪镇	1718.4	535.1	1586.0	667.5	135.1
	顺河场镇	644.7	45559.2	225.6	45978.2	25784.1
	龙结镇	1249.6	223.0	433.0	1039.6	247.0
	罗泉镇	1279.5	90.0	468.1	901.4	263.7
	发轮镇	1350.0	90.0	530.7	909.3	238.0
	兴隆街镇	910.1	120.7	315.6	715.2	326.7
	银山镇	2179.7	48234.0	1959.5	48454.2	7469.2
	宋家镇	994.7	0.0	405.3	589.4	228.8
	太平镇	1084.9	0.0	496.6	588.3	135.3
	骝马镇	785.2	60.0	356.7	488.6	164.5
	水南镇	1257.5	46661.9	808.1	47111.3	5235.0
	苏家湾镇	1140.9	48115.5	445.9	48810.5	13996.2
	新桥镇	1195.3	0.0	443.3	752.1	268.1
	明心寺镇	980.4	46702.2	426.1	47256.5	13950.7
	双河镇	1249.3	0.0	502.9	746.4	215.3
	公民镇	1505.5	0.0	670.3	835.2	165.1
	龙江镇	2147.3	900.0	924.0	2123.3	363.5
	双龙镇	1148.4	110.3	589.6	669.0	134.5

续表

县(市、区)	乡镇(街道)	水资源开发利用情况/万 m^3			可开发利用水资源潜力	
		本地可开发利用水资源量	可开发利用过入境水资源量	已开发利用水资源量	总量/万 m^3	人均/m^3
	高楼镇	1059.2	180.2	461.5	777.8	197.6
	陈家镇	1020.2	74.3	456.1	638.4	181.1
	配龙镇	756.1	154.5	325.8	584.8	223.5
	走马镇	974.7	0.0	339.9	634.8	192.1
	孟塘镇	1804.0	100.0	745.2	1158.7	228.2
	马鞍镇	843.2	1184.3	379.7	1647.8	521.1
	狮子镇	1232.6	1305.2	428.9	2108.9	553.8
	板栗椏乡	838.2	171.4	346.4	663.3	258.2
	龙山乡	603.6	0.0	254.7	348.9	176.6
东兴区	东兴街道	265.6	50044.2	1731.2	48578.6	11183.4
	西林街道	233.8	49678.0	1647.3	48264.5	9745.7
	新江街道	358.2	101725.4	932.4	101151.2	37308.7
	田家镇	408.3	331.7	503.9	236.1	76.4
	郭北镇	1296.9	2053.3	1106.8	2243.4	484.7
	高梁镇	892.5	0.0	761.4	131.1	41.3
	白合镇	735.1	0.0	551.9	183.2	46.9
	顺河镇	799.6	1920.2	437.1	2282.7	496.7
	胜利街道	534.8	49643.9	1839.9	48338.9	10675.8
	高桥镇	683.1	375.6	646.2	412.6	125.9
	双才镇	846.4	0.0	414.1	432.3	98.1
	小河口镇	571.8	101817.0	1030.7	101358.0	28461.8
	杨家镇	592.7	620.0	319.5	893.2	313.5
	椑木镇	299.6	101846.7	903.3	101243.0	37687.2
	石子镇	387.0	1674.0	502.1	1559.0	577.5
	太安乡	390.2	91.3	438.5	43.0	24.6
	苏家乡	319.5	721.4	407.3	633.7	254.9
	富溪乡	597.0	49635.4	321.0	49911.4	19091.7
	同福乡	675.2	136.6	300.8	511.0	294.5
	椑南镇	581.6	70.0	461.9	189.8	52.4

续表

县(市、区)	乡镇(街道)	水资源开发利用情况/万 m^3			可开发利用水资源潜力	
		本地可开发利用水资源量	可开发利用过入境水资源量	已开发利用水资源量	总量/万 m^3	人均/m^3
	永兴镇	1016.2	0.0	268.1	748.1	193.7
	永福乡	343.7	565.0	334.6	574.1	226.5
	新店乡	455.2	117.1	427.8	144.5	61.8
	双桥乡	937.6	10.0	397.8	549.8	227.9
	平坦镇	541.6	1745.1	415.7	1870.9	654.9
	中山乡	584.0	101837.4	150.7	102270.7	46997.2
	大治乡	819.9	0.0	324.5	495.4	333.4
	柳桥乡	381.8	0.0	267.9	113.9	42.4
	三烈乡	503.3	60.0	172.9	390.5	257.5

6. 水资源丰富程度评价

人均可利用水资源量能够代表区域水资源丰富程度，因此本书选取该指标来评价水资源对重建规划区社会经济发展的支撑能力。其计算方法为用可利用水资源潜力除以常住人口。内江市以乡镇行政区为评价单元的人均可利用水资源量见表 6-57。由人均可利用水资源潜力计算结果，可以得出各评价单元可利用水资源的空间分布特征：

表 6-57　各乡镇人均可利用水资源潜力分级结果表

丰度分级/(m^3/人)	县乡
丰富(>1000)	市中区：城市街道区、白马镇、乐贤街道、史家镇、沱江乡、交通镇、四合镇 资中县：重龙镇、甘露镇、归德镇、顺河场镇、银山镇、水南镇、苏家湾镇、明心寺镇 东兴区：东兴街道、西林街道、新江街道、胜利街道、小河口镇、椑木镇、富溪乡、中山乡
较丰富(500～1000)	威远县：碗厂镇、铺子湾镇、山王镇、黄荆沟镇、新场镇 资中县：马鞍镇、狮子镇 东兴区：石子镇、平坦镇
一般(200～500)	市中区：伏龙乡 隆昌县：渔箭镇、云顶镇 威远县：越溪镇、两河镇、小河镇、新店镇、向义镇、界牌镇、庆卫镇、观音滩镇、连界镇 资中县：鱼溪镇、金李井镇、铁佛镇、龙结镇、罗泉镇、发轮镇、兴隆街镇、宋家镇、新桥镇、双河镇、龙江镇、配龙镇、孟塘镇、板栗椏乡 东兴区：郭北镇、顺河镇、杨家镇、苏家乡、同福乡、永福乡、双桥乡、大治乡、三烈乡
较缺乏(0～200)	市中区：朝阳镇、靖民镇、凌家镇、全安镇、永安镇、龚家镇、凤鸣乡 隆昌县：山川镇、响石镇、双凤镇、龙市镇、迎祥镇、界市镇、石碾镇、胡家镇、普润镇 威远县：严陵镇、龙会镇、高石镇、东联镇、靖和镇、镇西镇 资中县：球溪镇、太平镇、骝马镇、公民镇、双龙镇、高楼镇、陈家镇、走马镇、龙山乡 东兴区：田家镇、高梁镇、白合镇、高桥镇、双才镇、太安乡、椑南镇、永兴镇、新店乡、柳桥乡
缺乏(<0)	隆昌县：古湖街道、金鹅镇、圣灯镇、黄家镇、周兴镇、石燕桥镇、李市镇、桂花井镇

(1) 可利用水资源潜力的计算加入了可开发利用入境水资源量后，各评价单元可利用水资源潜力与本地可开发利用水资源量的地区分布有了很大差别。主要是因为某些乡镇入境可开发利用水资源量比本地可开发利用水资源量、已开发利用水资源量大很多，因此，这些地方入境可利用水资源量的大小在一定程度上决定了当地的可开发利用水资源潜力。主要表现为有大江大河过境的区县，可利用水资源潜力较丰富，特别是下游地区，经过多条河流的过境水累加，其入境水资源量相当可观，当其可开发利用入境水资源量与本地可利用水资源量相加后，该地的可利用水资源潜力相当大。

(2) 在入境可开发利用水资源量与本地可开发利用水资源量、已开发利用水资源量相差不是很大的地方，已开发利用水资源量的决定因素则比较大。当已开发利用水资源量越大的时候，该地可利用水资源潜力就越小。

(3) 地区间可利用水资源潜力存在巨大的差异，在进行经济人口布局规划时要合理考虑。入境水的利用与评价区域的人口、经济及城镇化布局密切相关，当入境水与其布局匹配程度高，利用的可能性、可利用量都将比较高。本次《技术规程》计算入境水可利用量时没有考虑水资源的匹配度，导致当过境水流经区域距离该区县的人口集中地较远时，过境水量很大，但当地实际利用该过境水的可能性不大，计算出来的可利用水资源潜力值会偏高。

7. 水资源丰度分级

根据《主体功能区划技术规程》，结合研究区人均可利用水资源量评价结果，将其水资源丰富程度划分为“丰富”“较丰富”“中等”“较缺乏”“缺乏”五级。人均水资源潜力分级标准见表 6-58。

表 6-58 人均水资源潜力分级标准表

人均可利用水资源潜力/(m^3/人)	>1000	500～1000	200～500	0～200	<0
丰度分级	丰富	较丰富	一般	较缺乏	缺乏

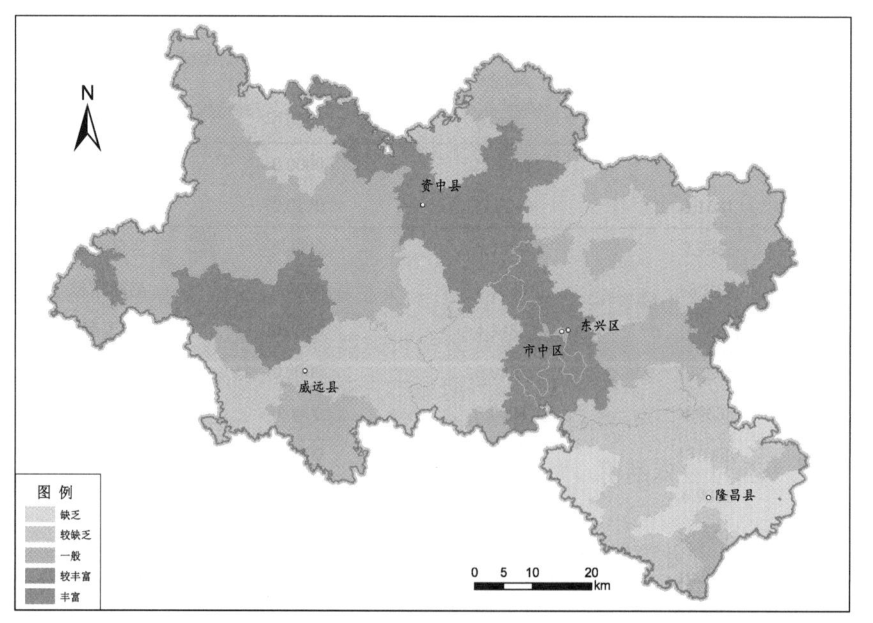

图 6-30 内江市可利用水地资源评价图

据此对内江市各乡镇行政区水资源丰度进行分级评价，成果见表 6-57。

由图 6-30 结果显示内江市 2 区 3 县 116 个乡级行政区（内江市市中区城市街道区为 1 个计算单元）中：23 个乡镇水资源丰度为“丰富”，即人均可利用水资源潜力均大于 1000 m^3，其中，市中区乐贤街道、沱江乡、交通镇、四合镇和东兴区新江街道、椑木镇、中山乡紧靠沱江，入境水资源量丰富，人均可利用水资源潜力均超过 30000 m^3；9 个乡镇人均水资源丰度属于“较丰富”；35 个乡镇人均水资源丰度属于“一般”；41 个乡镇人均水资源丰度属于“较缺乏”；仅隆昌县古湖街道、金鹅镇等 8 个乡镇人均水资源潜力已为负值，水资源丰度等级属于“缺乏”。

6.2.8.4　水资源开发利用现状与问题

1. 内江市水资源已开发利用现状

水资源已开发利用强度表达的是一定区域内水资源开发利用的程度，本书采用这一指标来分析重建规划区水资源已开发利用现状。其计算方法为：已开发利用强度=已开发利用水资源量/可开发利用水资源量×100%，水资源已开发利用强度接近或超过临界值 1，表明该地区水资源开发过度，将会影响经济、社会和生态的可持续发展。

内江市 2 区 3 县 116 个乡级行政区的水资源已开发利用强度统计结果见表 6-59。

表 6-59　内江市各乡镇已开发利用水资源强度

县（市、区）	乡镇（街道）	水资源开发利用情况/万 m^3			水资源已开发利用率/%
		本地可开发利用水资源量	可开发利用过入境水资源量	已开发利用水资源量	
市中区	城市街道区	287.5	49678.0	1631.5	3.27
	白马镇	756.4	101850.0	6878.9	6.70
	朝阳镇	533.6	240.6	493.8	63.79
	靖民镇	478.4	0.0	365.1	76.33
	乐贤街道	238.2	101817.0	916.9	0.90
	凌家镇	753.9	343.9	702.9	64.02
	全安镇	485.0	0.0	256.2	52.84
	史家镇	268.1	49635.4	298.8	0.60
	永安镇	1038.4	131.0	718.9	61.47
	伏龙乡	521.8	376.2	229.6	25.57
	沱江乡	305.9	101247.6	249.1	0.25
	龚家镇	383.1	0.0	286.5	74.80
	凤鸣乡	291.5	22.1	241.2	76.91
	交通镇	681.9	101725.4	599.8	0.59
	四合镇	215.8	49641.6	290.8	0.58
隆昌县	古湖街道	781.3	72.8	1521.2	178.10
	金鹅镇	719.7	45.4	1850.2	241.80
	山川镇	382.0	195.2	516.5	89.49

续表

县(市、区)	乡镇(街道)	水资源开发利用情况/万 m^3			水资源已开发利用率/%
		本地可开发利用水资源量	可开发利用过入境水资源量	已开发利用水资源量	
	响石镇	1146.3	275.5	593.7	41.76
	圣灯镇	723.1	118.8	914.1	108.57
	黄家镇	1444.3	0.0	1511.8	104.67
	双凤镇	835.8	0.0	720.6	86.22
	龙市镇	1527.5	24.4	1105.8	71.25
	迎祥镇	845.8	0.0	530.8	62.76
	界市镇	1431.6	0.0	613.0	42.82
	石碾镇	987.5	16.3	398.6	39.71
	周兴镇	472.5	59.0	541.4	101.86
	渔箭镇	509.5	104.4	223.8	36.46
	石燕桥镇	974.9	143.4	1667.1	149.08
	李市镇	379.7	0.0	432.2	113.82
	胡家镇	1419.6	507.0	1032.4	53.59
	云顶镇	1393.4	828.1	1090.9	49.10
	桂花井镇	400.4	0.0	767.9	191.75
	普润镇	414.3	15.1	311.3	72.48
威远县	越溪镇	1223.0	0.0	700.7	57.29
	两河镇	421.2	0.0	124.1	29.46
	碗厂镇	949.7	92.3	302.8	29.07
	小河镇	963.5	0.0	287.8	29.86
	严陵镇	1478.3	743.8	1416.9	63.76
	铺子湾镇	690.8	690.1	275.2	19.93
	新店镇	977.8	740.4	590.4	34.36
	向义镇	833.3	879.8	429.9	25.10
	界牌镇	549.2	779.8	258.0	19.41
	龙会镇	826.5	22.2	476.8	56.18
	高石镇	818.3	0.0	525.6	64.22
	东联镇	452.8	0.0	181.2	40.01
	靖和镇	747.4	0.0	296.7	39.70
	镇西镇	2369.2	0.0	1080.8	45.62
	庆卫镇	601.2	152.7	194.0	25.73
	山王镇	430.7	430.5	136.4	15.84
	黄荆沟镇	1407.3	373.2	378.9	21.28
	观音滩镇	1198.1	185.0	376.8	27.24

续表

县(市、区)	乡镇(街道)	水资源开发利用情况/万 m³			水资源已开发利用率/%
		本地可开发利用水资源量	可开发利用过入境水资源量	已开发利用水资源量	
	新场镇	3719.9	417.3	300.7	7.27
	连界镇	2875.3	14.5	686.4	23.75
资中县	重龙镇	1273.5	46422.9	1140.3	2.39
	甘露镇	788.0	45613.9	266.9	0.58
	归德镇	873.8	46292.7	323.1	0.69
	鱼溪镇	1299.1	593.4	520.8	27.52
	金李井镇	1101.0	180.2	361.2	28.20
	铁佛镇	1225.7	241.8	402.2	27.41
	球溪镇	1718.4	535.1	1586.0	70.38
	顺河场镇	644.7	45559.2	225.6	0.49
	龙结镇	1249.6	223.0	433.0	29.40
	罗泉镇	1279.5	90.0	468.1	34.18
	发轮镇	1350.0	90.0	530.7	36.86
	兴隆街镇	910.1	120.7	315.6	30.62
	银山镇	2179.7	48234.0	1959.5	3.89
	宋家镇	994.7	0.0	405.3	40.74
	太平镇	1084.9	0.0	496.6	45.77
	骝马镇	785.2	60.0	356.7	42.20
	水南镇	1257.5	46661.9	808.1	1.69
	苏家湾镇	1140.9	48115.5	445.9	0.91
	新桥镇	1195.3	0.0	443.3	37.08
	明心寺镇	980.4	46702.2	426.1	0.89
	双河镇	1249.3	0.0	502.9	40.26
	公民镇	1505.5	0.0	670.3	44.52
	龙江镇	2147.3	900.0	924.0	30.32
	双龙镇	1148.4	110.3	589.6	46.85
	高楼镇	1059.2	180.2	461.5	37.24
	陈家镇	1020.2	74.3	456.1	41.67
	配龙镇	756.1	154.5	325.8	35.78
	走马镇	974.7	0.0	339.9	34.88
	孟塘镇	1804.0	100.0	745.2	39.14
	马鞍镇	843.2	1184.3	379.7	18.73
	狮子镇	1232.6	1305.2	428.9	16.90
	板栗椏乡	838.2	171.4	346.4	34.31

续表

县(市、区)	乡镇(街道)	水资源开发利用情况/万 m^3			水资源已开发利用率/%
		本地可开发利用水资源量	可开发利用过入境水资源量	已开发利用水资源量	
东兴区	龙山乡	603.6	0.0	254.7	42.19
	东兴街道	265.6	50044.2	1731.2	3.44
	西林街道	233.8	49678.0	1647.3	3.30
	新江街道	358.2	101725.4	932.4	0.91
	田家镇	408.3	331.7	503.9	68.10
	郭北镇	1296.9	2053.3	1106.8	33.04
	高梁镇	892.5	0.0	761.4	85.31
	白合镇	735.1	0.0	551.9	75.08
	顺河镇	799.6	1920.2	437.1	16.07
	胜利街道	534.8	49643.9	1839.9	3.67
	高桥镇	683.1	375.6	646.2	61.03
	双才镇	846.4	0.0	414.1	48.92
	小河口镇	571.8	101817.0	1030.7	1.01
	杨家镇	592.7	620.0	319.5	26.35
	椑木镇	299.6	101846.7	903.3	0.88
	石子镇	387.0	1674.0	502.1	24.36
	太安乡	390.2	91.3	438.5	91.07
	苏家乡	319.5	721.4	407.3	39.13
	富溪乡	597.0	49635.4	321.0	0.64
	同福乡	675.2	136.6	300.8	37.05
	椑南镇	581.6	70.0	461.9	70.88
	永兴镇	1016.2	0.0	268.1	26.38
	永福乡	343.7	565.0	334.6	36.82
	新店乡	455.2	117.1	427.8	74.76
	双桥乡	937.6	10.0	397.8	41.98
	平坦镇	541.6	1745.1	415.7	18.18
	中山乡	584.0	101837.4	150.7	0.15
	大治乡	819.9	0.0	324.5	39.58
	柳桥乡	381.8	0.0	267.9	70.16
	三烈乡	503.3	60.0	172.9	30.69

由表 6-59 可以看出，内江市水资源利用强度较高且分布严重不均，隆昌县金鹅镇水资源已开发利用强度高达 241.80%，而东兴区中山乡水资源已开发强度还不到 1%，仅为 0.15%。

2. 开发利用存在的问题

内江市区位于川东南四川盆地中部丘陵区，沱江下游中段，水资源较为贫乏。同时由于工程措施不力、水资源时空分布不均、水土资源组合不平衡等客观因素造成了季节性、区域性的干旱缺水，同时对水资源保护和合理利用不足及水污染等人为因素加重了干旱缺水和洪涝灾害影响，致使农业灌溉用水严重不足，主要存在以下几个方面的问题：

1) 水资源性缺水是制约经济发展的瓶颈

内江市地处川中贫水区，多年平均水资源总量为 191144.64 万 m^3，2014 年末人口为 425.96 万人，人均水资源量为 448.74m^3，远低于四川全省平均水平为 2990 m^3。内江市多年平均可利用水资源量约为 10.31 亿 m^3，近年来随着社会经济发展，经济社会实际用水量达 7.31 亿 m^3，已接近本地可利用水资源上限，本地水资源已不能承载社会经济的发展，水资源性缺水已成为制约内江市社会经济发展的瓶颈。

2) 骨干工程短缺，且病险工程多，存在工程性缺水问题

内江市径流主要来源于降水补给，降水和径流量主要集中在 5～10 月，占全年降水和径流量的 90%以上，11 月至次年 3 月的降水和径流量很小。目前内江市辖区内水利基础薄弱，供水工程不足，开发利用程度较低，水资源供需矛盾依然突出；调蓄工程和引水配套工程缺乏，不能蓄丰补缺，农业灌溉和城乡供水保证率偏低，影响当地人民群众的生产、生活和流域经济社会的可持续发展。

以资中县为例，其县缺水严重，主要为工程性缺水，全县无大型灌区覆盖。已成水库 177 座中，仅有黄板桥、龙江 2 座中型水库，其中黄板桥水库总库容 1420 万 m^3，龙江水库总库容 2418 万 m^3；小(1)型水库有 33 座，而小(1)型水库中只有铜马桥、石板河等 7 座水库正常库容超过 200 万 m^3，其余 23 座均在 200 万 m^3 以下；小(2)型水库 142 座，正常库容在 10 万 m^3 以下的 33 座、占 24.09%，10 万～20 万 m^3 的 54 座、占 39.42%，20 万～50 万 m^3 的 33 座、占 24.09%，50 万～80 万 m^3 的 17 座、占 12.41%，并且这些工程 70%以上调节性能差，供水能力低，目前，全县还有部分旱山村极度缺乏水利设施。同时全县 70%以上的塘库建于 20 世纪 50～70 年代，绝大部分工程老化。严重影响水利工程效益的正常发挥。

3) 水环境恶化，水质性缺水加剧了供水矛盾

随着工业经济的快速发展，人们生活水平的提高，建设项目的增加，生活垃圾、建筑垃圾和污废水排放量也在快速增长。而垃圾弃置长效管理机制尚不完善、城市污水和工业废水处理工程不能完全满足实际需求、水源地保护欠缺和排污口监管力度较弱等因素，导致内江市主要河流均受到不同程度的污染。河流上游多数水质良好，但可利用率极低，中下游污染严重，特别是沱江三皇庙至内江段水质最差，下游沿江城市因水质问题取水困难，水质性缺水加剧了供用水矛盾。

4) 工程分布不均，人均占有量低

由于自然条件和历史的种种原因，境内水利工程分布不合理。造成该现象的主要原因：一是缺乏系统、科学的水利规划，修建的目的任务不明确；二是在工程安排布局上，未完全与客观自然地理条件的限制和田土分布相匹配。

以隆昌县为例，全县已建成中小型水库 39 座，水库总库容为 10190 万 m^3，正常库容为 7755 万 m^3，但水利工程分布不合理，南多北少，全县灌溉用水人均占有量远远低于全国、全省人均水平。南面的山川镇、胡家镇、圣灯镇、响石镇等地处古宇庙水库下游，一般年份农田灌溉基本能够得到保证；北面的桂花井、黄家镇、双凤镇、迎祥镇等，蓄水工程较少，沱灌工程配套设施尚不完善，几乎年年受到夏旱威胁。

5) 水资源合理配套体系不足

当前内江市水资源配置的主要问题是工程蓄水、农村饮用水安全、水资源开发等三个方面。工程蓄水有待进一步开发利用，如隆昌县人均占有水资源为 448m^3，低于全国全省人均水平，水资源十分贫乏，全县本地水资源总量不足，制约着地方经济发展。据统计，农村人口存在饮水不安全问题，资中县全县农村人口为 115.609 万人，现饮水不安全人口为 38.9144 万人，饮水不安全比例 33.7%。水源严重污染以及局部地区严重缺水等问题严重威胁着人们的身心健康，农村人口饮水不安全问题急需要解决。

6) 水资源管理体制不完善

按照四川省和水利部新时期的新治水思路，内江市水资源管理仍存在较多的问题，如尚未建立水资源统一管理体制，相关政策、法规建设滞后，规划工作不足或滞后，公众参与不足等，不能适应新时期的要求。

从整体来看，适用于农田水利工程建设和管理的法规偏少、不配套。尤其是地方性法规难制定，制定了也难执行，导致管理工作无章可循、矛盾较多、阻力较大，虽然完成了对水利工程管理体制的改革任务，但就整个农田水利工程建设与管理和改革的任务还尤为艰巨，管理体制不完善的问题严重阻挠着工程效益的正常发挥。

6.2.8.5 结论与建议

根据评价结果，内江市水资源开发利用与保护存在的主要问题是水资源紧缺，虽然总体来看入境水资源量较为丰富，但经济社会用水需求量大，评价区内大部分乡镇行政区评价单元水资源都为缺乏或较缺乏；评价区内水质状况较差，水质污染严重，如果考虑水质性缺水，内江市水资源紧缺状况更为严重，因此在未来一段时间内，为支撑当地经济社会可持续发展，水资源开发过程中需要特别重视以科学发展观为统领，按照建设资源节约型环境友好型社会的要求，采取工程措施和管理措施大力推进节水型社会建设，同时通过区域水资源合理配置适当加大入境水资源开发利用率，提高水资源保障能力，从而使内江市水资源问题在一定程度上得到改善。

通过对内江市各县、乡行政区水资源条件的整体分析与评价，建议如下：

1) 提高水资源配置能力

内江市水资源紧缺，因此用水效率较高，但如果不继续加强节水管理、提高节水技术、完善水资源配置工程体系，就不能有效地利用有限的水资源支撑未来经济社会的发展。应通过现有水利工程的配套及节水改造和新建水利工程等，加大供水工程的投入力度，尤其是骨干水资源调蓄工程，加快供水能力的建设，对全区水资源进行合理配置，使现有的地表水与地下水、河道外与河道内、镇级行政区之间水资源配置格局得到改善，提高水资源配置能力，为农业灌溉、工业生产及城乡供水提供水源保障；改善河道内生态环境用水状况，逐步实现以水资源的可持续利用支撑经济社会的可持续发展。

2) 提高水资源利用效率

内江市人均水资源量为 448.74m^3/a，为水资源紧缺地区，节约用水和科学用水应成为水资源合理利用的核心和水资源管理的首要任务。进一步减少无效蒸发与渗漏损失，提高水分利用效率，达到农业节水增产的目的；循环用水，提高水的重复利用率；降低工业用水定额和减少排污量；城镇生活用水应推广节水生活器具，减少生活用水的浪费；大力加强城镇和工业节水工作，通过节水教育宣传，征收水资源费、调整水价、实行计划供水和取水许可制度等手段，加强水资源的统一管理，保证节水目标的实现。

3) 提高水环境质量，减少水质性缺水

随着内江市经济社会的快速发展，水资源开发利用量不断增大，废污水排放量也与日俱增，水质恶化将导致水生态环境遭受一定程度破坏。水污染问题已成为内江市境内，尤其是沱江干流沿岸经济社会可持续发展的制约因素。开展水资源环境保护规划，以水功能区划为基础，根据内江市重要水功能区的纳污能力，确定相应的入河排污总量控制目标，并根据污染物排放控制量和削减量目标，拟定防治对策措施。通过工业污染控制措施，加强城镇污水处理设施建设和面源污染治理措施等可提高水环境容量和水体自净能力；有效改善境内河流、水库的水质，使内江市辖区内河流水质恶化趋势得到有效的遏制，水环境逐步改善。

6.2.9 环境容量评价

参照《省级主体功能区域划分技术规程》，环境容量评价由大气环境容量承载指数、水环境容量承载指数以及综合环境容量承载指数三个要素构成，通过大气和水环境对典型污染物的容纳能力来反映。环境容量用于评价一个地区在生态环境不受危害前提下可容纳污染物的能力，反映区域环境对于国土空间开发和区域经济社会发展的环境支撑能力。

6.2.9.1 计算方法与技术流程

1. 计算方法

$$[\text{水环境容量}] = \text{MAX}\{[\text{大气环境容量}(SO_2)], [\text{水环境容量}(COD)]\}$$

(1) 大气环境容量的计算。

$$[\text{大气环境容量}(SO_2)] = A\cdot\left(C_{ki}-C_0\right)\cdot S_i/\sqrt{S}$$

式中，A 为地理区域总量控制系数，$(km)^2\times10^4$，内江市 A 值取值为 2.94；C_{ki} 为国家或者地方关于大气环境质量标准中所规定的和第 i 功能区类别一致的相应的年日平均浓度，mg/m^3；环境空气质量功能区分类二类区执行二类标准 SO_2 年平均值(浓度限值) 0.06 mg/m^3。农村地区执行一类区的二分之一即 0.01 mg/m^3。C_0 为背景浓度，mg/m^3；在有清洁监测点的区域，以该点的监测数据为污染物的背景浓度 C_0，在无条件的区域，背景浓度 C_0 可以假设为 0。S_i 为第 i 功能区面积，km^2；S 为总量控制总面积，km^2。本研究总量控制总面积为评价单元的建成区面积，包括：城市、建制镇、独立工矿用地、农村面积。基准年为 2014 年。

(2) 水环境容量的计算。

$$[\text{水环境容量}] = Q_i(C_i - C_{i0}) + kC_iQ_i$$

C_i 为第 i 功能区的目标浓度；在重要的水源涵养区，采用地表水一类标准，为 2 mg/L；在一般地区采用地表水三类标准，为 6 mg/L，部分地区执行二类标准，为 4 mg/L。《地面水环境质量标准(GB3838—88)》。C_{i0} 为第 i 种污染物的本底浓度。无监测条件的区域，该参数应用相近或相邻区域的本地监测值。Q_i 为第 i 功能区的可利用地表水资源量，包括地表水可利用量(多年平均-河道生态-不可控制洪水)、可开发利用入境水。k 为污染物综合降解系数。根据一般河道水质降解系数参考值，选定 COD 的综合降解系数为 0.20。基准年为 2014 年。

(3) 承载能力的计算。

对于特定污染物的环境容量承载能力指数 a_i：

$$a_i = \frac{P_i - G_i}{G_i}$$

式中，G_i 为 i 污染物的环境容量；P_i 为 i 污染物的排放量。

2. 计算技术流程

第一步：按照数值的自然分布规律，对单因素环境容量承载指数(a_i)进行等级划分，分别是无超载($a_i \leqslant 0$)、轻度超载($0< a_i \leqslant 1$)、中度超载($1<a_i \leqslant 2$)、重度超载($2< a_i \leqslant 3$)和极超载($a_i >3$)。

第二步：将主要污染物(SO_2，COD)的承载等级分布图进行空间叠加，取二者中最高的等级为综合评价的等级，最后的等级分为5级，具体的级别与单因素环境容量评价相同。

6.2.9.2 引用标准、规范与数据来源

(1)《环境空气质量标准 GB 3095－1996(代替 GB 3095—82)》

(2)《地面水环境质量标准(GB3838－2002)》

(3)《制定地方大气污染物排放标准的技术方法(GB/T 13201－91)》

(4)《大气污染物综合排放标准(GB16297－1996)》

(5)《重点流域水污染防治规划(2011－2015年)》内江市实施方案(内府办发〔2013〕67号)

(6)《各市县2014年环境质量公告》

(7)《四川省主要河流湖库水环境功能区划方案(审定版)》

(8) 内江市环境质量状况公报，2014 年度

6.2.9.3 环境质量与变化趋势

环境质量监测网络的监测数据表明各主要环境质量要素稳定。

2014年环境空气优良天数显示，全市4个城区中内江城区为315天，资中县城为337天，威远县城为 274 天，隆昌县城为 334 天。全市二氧化硫、二氧化氮、可吸入颗粒物年平均浓度分别是 $0.029mg/m^3$、$0.024mg/m^3$、$0.102 mg/m^3$。

全市8条河流中沱江干流内江入境断面顺河场水质有所变差，该断面全年水质达标率仅为25%，主要污染指标为总磷，干流其余监测断面达标率为100%；7条主要支流监测断面水质均有所好转，水质达标率同比有所上升。对20个国控、省控、市控断面进行了监测，III类水质的断面 15 个、占75%，Ⅳ类水质的断面2个、占10%，劣Ⅴ类水质的断面3个、占15%，达III类水质的断面同比有所上升。

6.2.9.4 环境容量评价结果与分析

1. 大气环境容量承载特征

5个县(区、市)中121个乡镇(街道)中，二氧化硫轻度超载的乡镇1个即威远县的严陵镇，极超载的乡镇2个，即市中区的白马镇和威远县的连界镇，超载乡镇3个，其余118个均无超载，超载地区占2.5%。二氧化硫超载乡镇排放量与环境容量对比如图6-31，承载能力指数如图6-32。

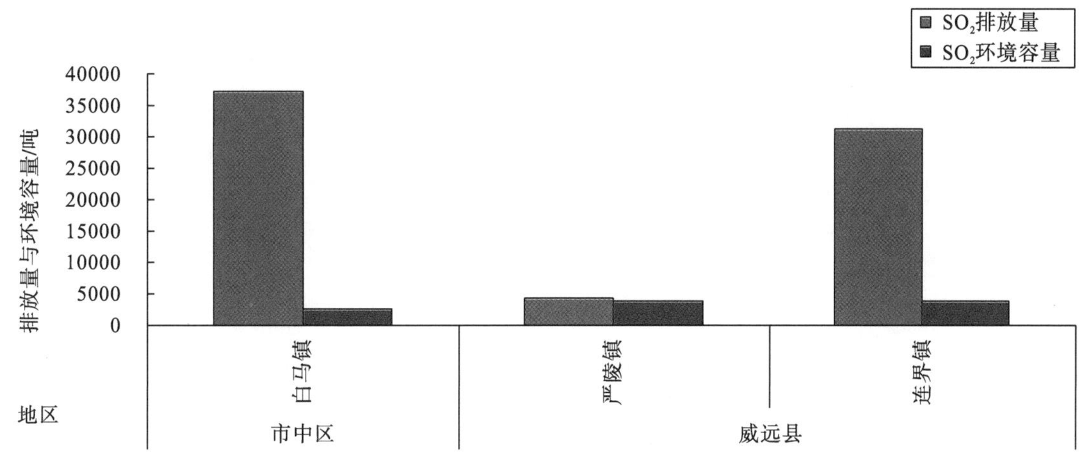

图 6-31　内江市 SO_2 超载乡镇排放量与环境容量对比图

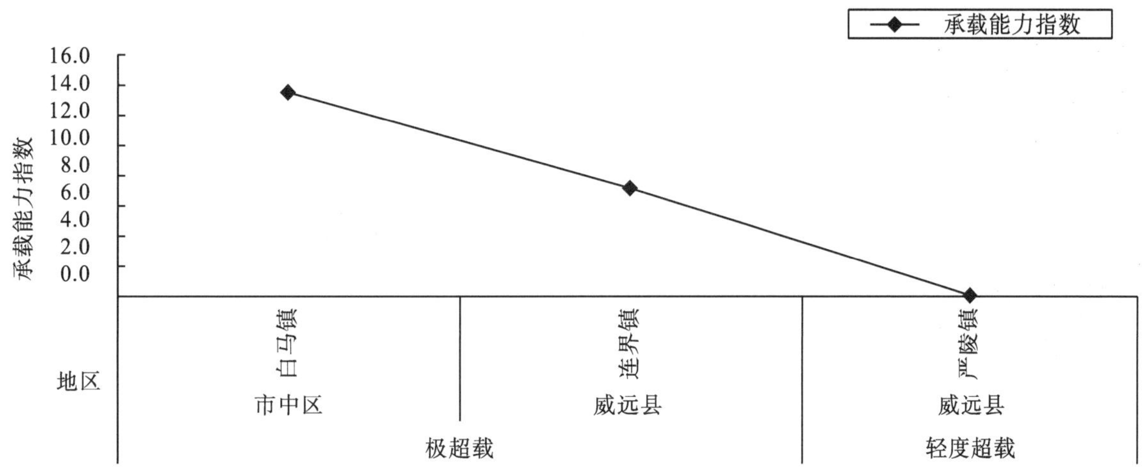

图 6-32　内江市 SO_2 超载乡镇承载能力指数图

2. 水环境容量承载特征

化学需氧量(COD)极超载地区有 6 个(括号内为 COD 超载率)，分别东兴区椑南镇(634%)、资中县球溪镇(818%)；隆昌县金鹅镇(676%)、圣灯镇(740%)、黄家镇(713%)、迎祥镇(749%)。

化学需氧量(COD)中度超载地区有 4 个(括号内为 COD 超载率)，分别为隆昌县的普润镇(202%)、石燕桥镇(236%)、胡家镇(231%)、古湖街道(221%)。

化学需氧量(COD)轻度超载地区有 6 个(括号内为 COD 超载率)，分别为市中区的白马镇(140%)、乐贤街道(138%)，东兴区的胜利街道(103%)，资中县的公民镇(112%)、双河镇(158%)，隆昌县的响石镇(122%)。

综上超载乡镇 16 个，且超载严重，其余地区无超载，如图 6-33、图 6-34。各水系水质状况带入数据、断面和水环境功能分区区划如表 6-60。

表 6-60 内江市各县河流断面汇总表

河流名称	断面名称	断面所在地区名称	断面控制级别	交界断面	水质规划类别
沱江	顺河场	资中县	省控	市界（资阳-内江）	III
	银山镇	内江城区	省控		III
	高寺渡口	内江城区	省控		III
	沱江乡	内江城区	国控	市界（内江-自贡）	III
球溪河	发轮河口	资中县	省控	市界（眉山-内江）	III
	球溪河口	资中县	省控		III
釜溪河	廖家堰上	威远县	省控	市界（威远-自贡）	III

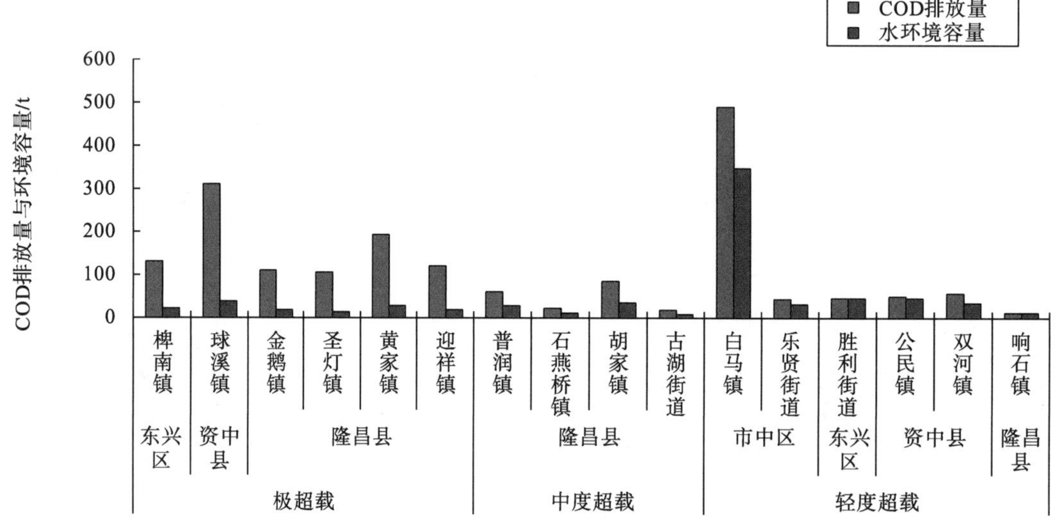

图 6-33 内江市 COD 超载乡镇排放量与环境容量对比图

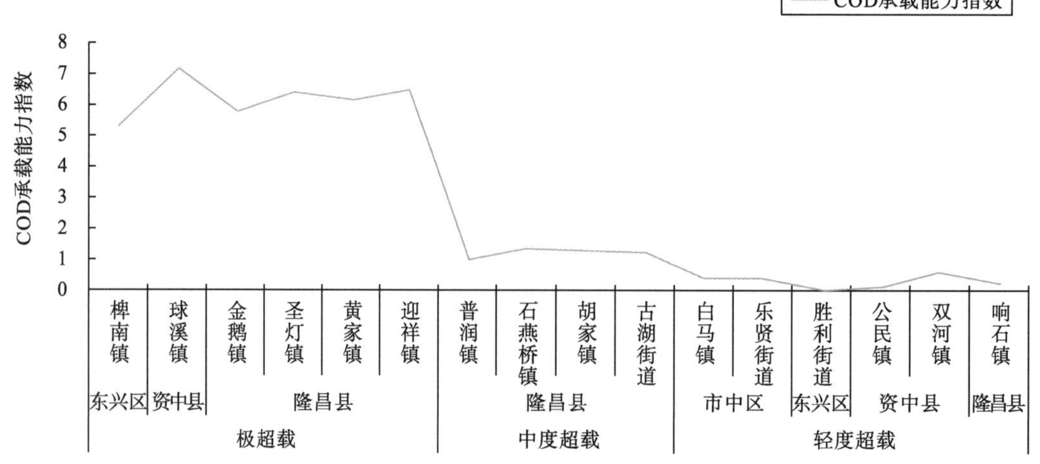

图 6-34 市 COD 超载乡镇承载能力指数图

3. 环境容量综合评价

将主要污染物(SO_2，COD)的承载等级分布进行空间叠加，取二者中最高的等级为综合评价的等级，最后的等级分为 5 级。综合 SO_2、COD 都超载的地区的承载能力指数见图 6-35，环境容量综合评价如表 6-61、表 6-62、图 6-36。

对内江市大气和水体主要典型污染物的分析与环境容量的计算得出，厂矿企业分集中的乡镇处于轻度以上超载，超载乡镇处于工业较为集中的城镇地带。一些地方的超载是因为水资源相对匮乏，一些地方是因为工业企业过于集中且未达标排放。

针对 121 个乡(镇、街道)的环境容量，乡镇间受经济、技术、资源、管理等方面因素影响，特提出以下发展建议：一些乡(镇、街道)(如各县所在的镇与工业发展区)尽管按照现有环境容量处于超载地区，但这些地区处于重点发展区域，需要优化调整产业结构，注重环境保护，在达标排放情况下重点发展；一些水源涵养区域，应该以环境保护为重，适度发展。

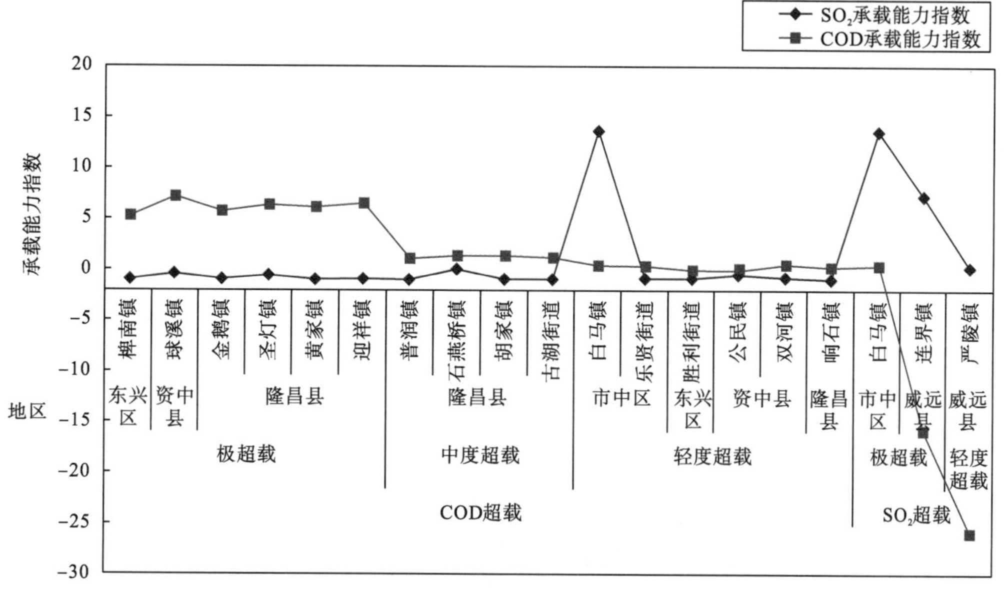

图 6-35　内江市超载乡镇 COD、SO_2 承载能力指数图

表 6-61　内江市各县(区、市)大气、水环境容量分级结果总表

超载状况	县(区、市)、乡镇	
	SO_2	COD
无超载($a_i \leqslant 0$)	共 118 个	共 105 个
轻度超载($0<a_i \leqslant 1$)	(共 1 个) 威远县：严陵镇	(共 6 个) 市中区：白马镇、乐贤街道 东兴区：胜利街道 资中县：公民镇、双河镇 隆昌县：响石镇
中度超载($1<a_i \leqslant 2$)	共 0 个	(共 4 个) 隆昌县：普润镇、石燕桥镇、胡家镇、古湖街道
重度超载($2<a_i \leqslant 3$)	共 0 个	共 0 个

续表

超载状况	县(区、市)、乡镇	
	SO_2	COD
极超载(a_i>3)	(共2个) 市中区：白马镇 威远县：连界镇	(共6个) 东兴区：椑南镇 资中县：球溪镇 隆昌县：金鹅镇、圣灯镇、黄家镇、迎祥镇

表 6-62　内江市各乡镇综合环境容量承载分级表

超载状况	综合环境容量超载状况
无超载(a_i≤0)	共102个
轻度超载(0<a_i≤1)	(共7个) 威远县：严陵镇 市中区：白马镇、乐贤街道 东兴区：胜利街道 资中县：公民镇、双河镇 隆昌县：响石镇
中度超载(1<a_i≤2)	(共4个) 隆昌县：普润镇、石燕桥镇、胡家镇、古湖街道
重度超载(2<a_i≤3)	共0个
极超载(a_i>3)	(共8个) 市中区：白马镇 威远县：连界镇 东兴区：椑南镇 资中县：球溪镇 隆昌县：金鹅镇、圣灯镇、黄家镇、迎祥镇

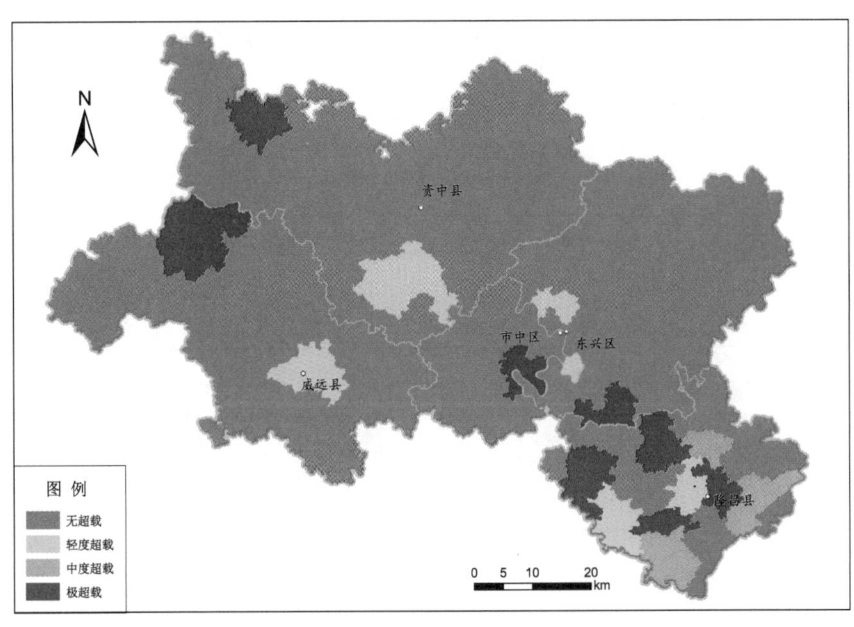

图 6-36　内江市环境容量评价图

6.2.10　生态系统脆弱性评价

重点采用生态系统脆弱性指标，对内江市及各区县的生态支撑条件及其内部空间格局加以评价分析。生态系统脆弱性主要由引发土壤侵蚀的各要素构成，根据内江市生态系统特点，通过土壤侵蚀脆弱性等级指标、石漠化脆弱性指标来反映。

6.2.10.1　总体技术路线

生态系统脆弱性评价总体技术路线见图 6-37。在土壤侵蚀敏感性评价的基础上，结合土壤侵蚀现状进行土壤侵蚀脆弱性评价；利用土壤侵蚀评价结果，建立判别模型实现自然单元的生态系统脆弱性评价；依据自然单元评价的结果，结合行政区划图，获取乡域评价结果。

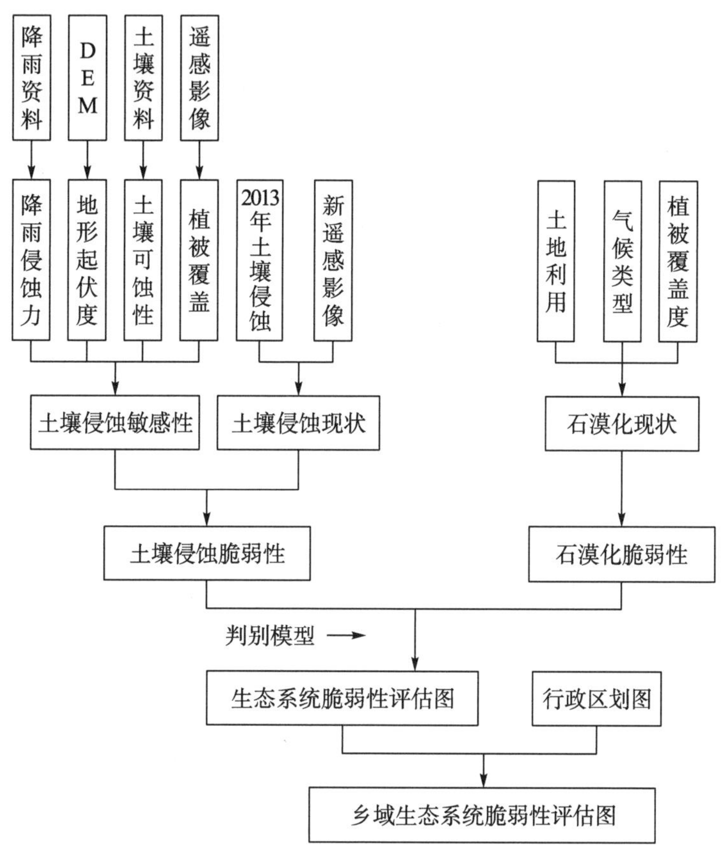

图 6-37　生态系统脆弱性评价技术路线

6.2.10.2　评价指标与分级标准

参考《主体功能区划分技术规程》，利用已有生态系统脆弱性研究积累、成果及数据资料，分别建立各项评价的指标。按照规程的要求，将生态系统脆弱性级别的划分标准定为 5 级，具体见表 6-63～表 6-65。

表 6-63 土壤侵蚀敏感性评价指标

评价因子	不敏感	轻度敏感	中度敏感	高度敏感	极敏感
降雨侵蚀力（mj.mm/hm^2.h）	＜250	250～1000	1000～4000	4000～6000	≥6000
土壤可蚀性 *k* 值	<0.15	0.15～0.2	0.2～0.3	0.3～0.4	≥0.4
地形起伏度/m	0～50	50～100	100～300	300～500	≥500
植被覆盖度	≥80%	60%～80%	40%～60%	20%～40%	<20%
分级赋值（*C*）	1	3	5	7	9
综合评价值	<2	2～3.5	3.5～5.5	5.5～7.5	≥7.5

表 6-64 土壤侵蚀脆弱性评价指标

土壤侵蚀强度	土壤侵蚀敏感性		
	轻度敏感	中度敏感	高度敏感
微度侵蚀	略脆弱	一般脆弱	较脆弱
轻度侵蚀	一般脆弱	较脆弱	较脆弱
中度侵蚀	一般脆弱	较脆弱	脆弱
强烈侵蚀	较脆弱	脆弱	脆弱
极强烈侵蚀	脆弱	脆弱	脆弱
剧烈侵蚀	脆弱	脆弱	脆弱

表 6-65 石漠化脆弱性评价指标

石漠化程度	脆弱性等级
极重度石漠化土地	脆弱
重度石漠化土地	较脆弱
中度石漠化土地	一般脆弱
轻度石漠化土地	略脆弱
潜在石漠化土地	不脆弱

6.2.10.3 指标获取

1. 降雨侵蚀力

内江市多年平均降雨量为 996 mm，主要分布在夏季主汛期(6～8 月份)，占年降雨量的 53%～59%，常有暴雨洪涝灾害发生，而冬季降水量仅占年降雨量的 3%～5%，常造成冬干春旱。

在地区分布上，隆昌县、东兴区在 1000mm 以上，市中区、经开区、资中县、威远县为 900～1000mm。2014 年各行政分区降水量与上年、常年比较见表 6-66。

表 6-66　内江市各区县 2014 年降水量情况表

行政分区	年降水量/mm	折合降水量/万 m³	与上年比较/%	与常年比较/%
市中区	976.6	33770	4.4	3.3
经开区	976.6	4122	4.1	3.0
东兴区	1017.8	120202	7.3	3.8
资中县	919.4	159424	−12.3	−3.3
隆昌县	1120.9	88999	22.8	10.7
威远县	980.7	126412	−16.6	−5.4
内江市	989.5	532930	−3.8	0.3

降雨侵蚀力以日降雨量观测数据为基础，建立模型，其简易算法模型如下：

$$M_i = \alpha \sum_{j=1}^{k} (D_j)^{\beta} \tag{6-23}$$

式中，M_i为第 i 个半月时段的侵蚀力值(mj.mm.hm^{-2}.h^{-1})；k 为该半月时段内的天数；D_j为半月时段内第 j 天的侵蚀性日雨量，要求日雨量≥10mm，否则以 0 计算；α 和 β 为模型待定参数，利用日雨量参数估计模型参数 α 和 β 的公式：

$$\beta=0.8363+18.144\cdot P_{d10}^{-1}+24.455\cdot P_{y10}^{-1} \tag{6-24}$$

$$\alpha=21.586\cdot\beta^{-7.1891} \tag{6-25}$$

式中，P_{d10}为日雨量≥10mm 的日平均雨量(mm)，P_{y10}为日雨量≥10mm 的年平均雨量(mm)。

2. 地形起伏度

内江市地形西北高、东南低，东西两侧向中间倾斜，东部与川东平行山岭余脉相连，西部为龙泉山余脉和荣威穹窿低山区。境内浅丘陵占 93%，小丘呈浑圆状或垅岗状，地形起伏，沟谷纵横，分割零碎。境内最高点为位于威远县西北部的九宫山，海拔为 902.5m。

在 GIS 系统支持下，分析选定 3km×3km 作为地形起伏度提取的最佳统计窗口，由 DEM 分析生成地形起伏度图，按表 6-63 的标准对地形起伏度进行分级获得地形起伏分级结果。

3. 土壤可蚀性 *K* 值

内江市土壤主要有水稻土、紫色土、黄壤土、黄色石灰土，全市共有土地面积 5386km^2，其土壤类型如表 6-67 所示。

表 6-67　内江市土壤情况表　单位：hm^2

区县名称	紫色土	水稻土	黄壤	黄色石灰土
合计	95790	80293	10440	3126
市中区	6255	9751	0	0
东兴区	23386	17970	0	0
资中县	24859	35629	3933	980
威远县	18345	12452	3960	1693
隆昌县	22855	4491	2547	453

全市土壤类型的空间分布情况：水稻土全市三县两区均有广泛分布；紫色土主要分布在市中区、东兴区、资中县、威远县、隆昌县广大浅丘陵地区；黄壤土主要分布在资中县新桥、公民、兴隆、双河一带，威远县山王、观音滩、黄荆沟、庆卫、连界场一带，隆昌县金鹅、山川、石燕桥、石碾桥一带；黄色石灰土主要分布在威远县新场镇及资中、威远县石灰岩槽谷内。

土壤可蚀性是一项评价土壤被降雨侵蚀力分离、冲蚀和搬运难易程度的内营力指标。*K* 是一种土壤特性，是由土壤本身的理化性质决定的，不同类型的土壤因其理化性状存在差异，因而被侵蚀的难易程度也就迥然不同。利用 1990 年 Williams 等人在侵蚀—生产力影响评价模型(EPIC)中发展形成的土壤可蚀性因子 *K* 值计算公式计算：

$$K=\{0.2+0.3\exp[-0.0256\mathrm{SAN}(1-\mathrm{SIL}/100)]\}[\mathrm{SIL}/(\mathrm{CLA}+\mathrm{SIL})]^{0.3}$$
$$\{1.0-0.025C/[C+\exp(3.72-2.95C)]\}\{1.0-0.7\mathrm{SN}_1/[\mathrm{SN}_1+\exp(-5.51+22.9\mathrm{SN}_1)]\} \quad (6\text{-}26)$$

式中，SAN、SIL、CLA 和 C 是砂粒、粉粒、黏粒和有机碳含量(%)，$\mathrm{SN}_1=1-\mathrm{SAN}/100$。

计算中采用土壤普查资料中土壤表层的机械组成、有机质含量，由土壤剖面点经插值分别获得土壤表层黏粒、粉沙、沙粒、有机质含量分布图。在 ERDAS IMAGE 支持下，根据 *K* 值计算式建模计算得到土壤可蚀性 *K* 值图层，该图层按表 6-65 的标准分级得到土壤可蚀性分级结果。

4. 植被覆盖度

内江市海拔高差不大，地形多为丘陵、低山，森林植物种类、群落组成以及群落特征随土壤理化性质差异呈较明显的地带变化，并在相应范围内有相对的稳定性，其森林植被主要有针叶林、阔树林、竹林、灌木林等。从用途上看，内江森林植物以用材林为主，其中面积最大的是威远县，最小的是市中区；经济林树种丰富，主要有油桐林、油茶林、柑橘林，其他还有落叶果林，如梨、苹、桃、李、杏、樱桃、葡萄以及桑林、茶林、油橄榄、棕榈、核桃、白蜡等经济林木；薪炭林是内江市农村重要的生活燃料，分布广、产量高，多数可再生更新，主要树种有桤木、紫槐、马桑、黄荆等；其他还有特种用途的环境保护林、实验林、母树林、风景林、名胜古迹和革命圣地林、自然保护区林等，其优势树种有马尾松、香樟、楠木、黄连木、柏木等，主要分布在市中区、资中等地名胜古迹风景区。

应用近三年的夏季 LandSat TM 遥感影像，通过像元二分模型获得内江市雨季林草植被覆盖度信息，按表 6-64 的标准分级得到植被覆盖度分级结果。像元二分模型计算公式为

$$fg=\frac{\mathrm{NDVI}-\mathrm{NDVI}_{\mathrm{soil}}}{\mathrm{NDVI}_{\mathrm{veg}}-\mathrm{NDVI}_{\mathrm{soil}}} \quad (6\text{-}27)$$

式中，NDVI 为不同像元的 NDVI 值，$\mathrm{NDVI}_{\mathrm{soil}}$、$\mathrm{NDVI}_{\mathrm{veg}}$，分别代表全植被像元和全土壤覆盖像元的 NDVI 值。

5. 坡度

在 ARCGIS 软件支持下，采用 SLOPE 函数由 25m DEM 计算获得坡度信息。

全市坡度小于 5°的土地面积为 3215.32km^2、5°～25°的土地面积为 200.84km^2、大于 25°的土地面积为 161.56km^2，分别占土地总面积的 60%、37%和 3%(表 6-68)。

表 6-68　内江市土地坡度表　单位：km^2

行政区	<5°	5°-8°	8°～15°	15°～25°	25°～35°	>35°	合计
市中区	213.94	89.57	52.96	22.76	4.05	2.83	386.11
东兴区	814.20	210.98	107.02	39.47	5.23	3.23	1180.13
威远县	527.48	245.07	212.31	181.89	65.56	57.24	1289.56
资中县	1005.91	372.23	231.27	107.49	18.64		1734.82
隆昌县	654.49	80.28	38.95	15.60	2.68	2.10	794.10
合计	3215.32	998.13	642.50	367.21	96.15	65.41	5384.72

6. 土地利用

根据2015年内江统计年鉴，内江市2013年土地利用变更数据显示，全市土地总面积5384.73km^2，其中，耕地 2721.65km^2、园地 269.37km^2、林地 897.52km^2、草地 51.55km^2、城镇村及工矿用地 608.16km^2、交通运输用地104.64km^2、水域及水利设施用地237.03km^2、其他土地494.81km^2（表 6-69）。

表 6-69　内江市土地利用现状表　单位：hm^2

地类	合计	市中区	东兴区	威远县	资中县	隆昌县
合计	538472	38611	118103	128956	173482	79410
耕地	272165	22375	66129	54355	84309	44998
园地	26937	941	2556	2115	18878	2447
林地	89752	1762	18390	39970	21580	8050
草地	5155	22	1186	2544	1158	264
城镇村及工矿用地	60816	6864	11244	12338	20080	10291
交通运输用地	10464	1000	2369	2168	3393	1535
水域及水利设施用地	23703	2150	5109	4019	8042	4384
其他土地	49481	3499	11031	11449	16043	7460

土地利用以农用地（包括耕地、园地、林地、草地、设施农用地）为主，占土地总面积的 75%，随着城镇化水平的提高和工业化的进程的加快，交通运输用地、城镇村及工矿用地比例逐步提高，约占总土地面积的 13%。

土地利用中耕地面积最大，占 51%，其中，水田约占耕地面积的 37%，主要分布在资中、隆昌、威远和东兴区；占耕地面积的 63%，主要分布在资中、东兴和威远。林地面积次之，占土地总面积的 17%，以有林地为主（占林地面积的 96%），主要分布在威远、资中和东兴。

7. 土壤侵蚀现状

水土流失的类型主要是水力侵蚀，重力侵蚀较少。水力侵蚀表现形式主要是坡面侵蚀，分布在坡耕地中，占总流失量的一半以上；其次，在丘陵地区亦有浅沟侵蚀及小切沟侵蚀，是在面蚀后发展起来和顺坡耕种而加剧形成的。重力侵蚀占总流失量的比例最小，主要发生在威远县穹窿构造沟谷切割较深和砂页岩互层风化后砂岩崩塌产生。

根据水利部第一次全国水利普查成果，内江市水蚀面积为2447.52km^2(占土地总面积的45.45%)其中，轻度流失面积26.02km^2、占水土流失总面积的26.02%，中度流失面积858.96km^2、占35.1%，强度流失面积 438.69km^2、占 17.92%，极强烈流失面积 398.33km^2、占 16.27%、剧烈流失面积114.74km^2、占4.69%。水力侵蚀以中度和轻度为主，占侵蚀面积的61.12%。

从地区分布和侵蚀总量上看(表6-71)，水土流失面积最多的是资中县，侵蚀面积为718.26km^2、占全市总侵蚀面积的29.35%，其次是威远县和东兴区，侵蚀面积分别为605.23km^{2}和574.07km^2，分别占全市总侵蚀面积的24.73%和23.46%。

从侵蚀面积占区域总面积的比重看(表6-70)，全市两区三县比重均超过40%，其中市中区比重最大，为49.89%，其次是东兴区和威远县，分别是48.61%和46.95%。

表6-70　内江市各县(区)水力侵蚀各级强度面积与比例

行政区划	侵蚀总面积/km^2	轻度		中度		强烈		极强烈		剧烈	
		面积/km^2	比例/%	面积/km^2	比例/%	面积/km^2	比例/%	面积/km^2	比例/%	面积/km^2	比例/%
市中区	193.34	33.35	17.25	59.51	30.78	42.8	22.14	48.6	25.14	9.08	4.70
东兴区	574.07	128.94	22.46	191.4	33.34	113.59	19.79	118.97	20.72	21.17	3.69
威远县	605.23	178.1	29.43	212.18	35.06	114.69	18.95	84.34	13.94	15.92	2.63
资中县	718.26	205.85	28.66	257.72	35.88	110.61	15.40	92.9	12.93	51.18	7.13
隆昌县	356.62	90.56	25.39	138.15	38.74	57	15.98	53.52	15.01	17.39	4.88
合计	2447.52	636.8	26.02	858.96	35.10	438.69	17.92	398.33	16.27	114.74	4.69

8. **石漠化现状**

利用四川省2010年石漠化调查成果获取石漠化现状图。内江市仅有资中县和威远县存在石漠化现象，因石灰土主要分布在威远县新场镇及资中、威远县石灰岩槽谷内。

6.2.10.4　单项评价

1. **土壤侵蚀脆弱性评价**

内江市不存在冻融侵蚀脆弱性、风力侵蚀脆弱性，因此，仅对水力侵蚀脆弱性进行评价，获得土壤侵蚀脆弱性信息。

将上述降雨侵蚀力、地形起伏度、土壤可蚀性和植被覆盖各单因子图在ArcGIS软件支持下应用图像运算功能进行计算，计算式如下：

$$S_j = \sum_{i=1}^{n} W_i C_{ij} \tag{6-28}$$

式中，S_j为j空间单元水力侵蚀敏感性综合评价值；W_i为i因素的权重；C_{ij}为i因素j空间单元敏感性等级值。通过运算获得水力侵蚀敏感性综合评价值，再结合土壤侵蚀现状图，根据表 6-66 的指标建立判别模型实现水力侵蚀脆弱性评价。

内江市土壤侵蚀脆弱性总体水平较高(图 6-38)，脆弱、较脆弱、一般脆弱、略脆弱、不脆弱区域面积分别占总面积的 3.29%、23.84%、35.44%、1.85%、35.58%。其中脆弱、较脆弱、一般脆弱共占内江市总面积的 62.57%，土壤侵蚀脆弱地区主要集中在威远县北部的观英滩镇、黄荆沟镇、山王镇、碗厂镇、小河镇、石碾镇、新场镇、越溪镇。该区域地貌类型为低山区且山体较陡，主要土壤类型为石灰岩土，石灰岩土土层较薄且呈弱碱性，故容易被雨水侵蚀。

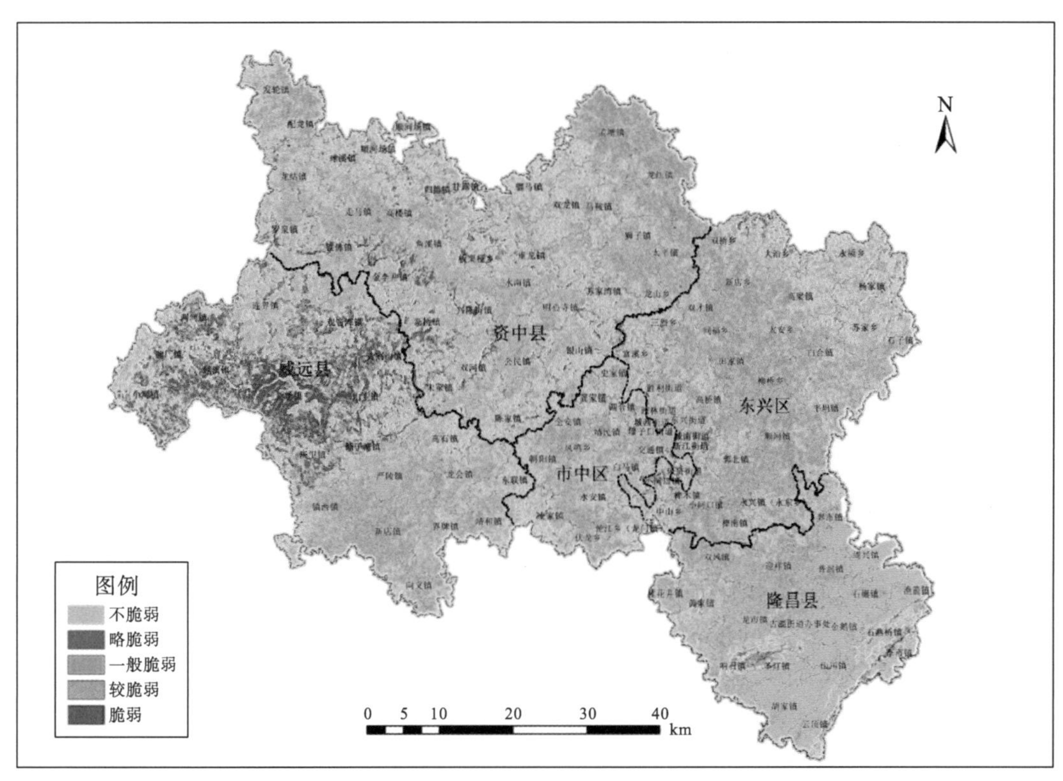

图 6-38　内江市土壤侵蚀脆弱性

土壤侵蚀不脆弱地区主要集中在隆昌县胡家镇、黄家镇、金鹅镇、古湖街道、龙市镇、普润镇、山川镇、圣灯镇、响石镇、渔箭镇、云顶镇、周兴镇、骝马镇及内江市中心城区。隆昌县的主要土地利用类型为水田，水田具有保持水土、调节水能的功能，对保持水力具有重要意义，故该地区抗侵蚀能力较强，水土保持良好。

2. 石漠化脆弱性评价

威远县和资中县石漠化多为岩石裸露的地区，地面多为岩块，土层浅薄，风化作用强烈，水土流失严重，生态环境恶劣，在亚热带脆弱的喀斯特环境背景下，受人类不合理活动的干扰破坏，造成土壤严重侵蚀，基岩出露，土地生产力严重下降，地表出现类似荒漠景观。

利用 2010 年石漠化现状图，按表 6-65 的指标进行分级得到石漠化脆弱性，其结果见图 6-39。

石漠化土地占全市土地总面积的 2.87%，主要分布于威远县的越溪镇、新场镇、镇西镇、庆卫镇、铺子湾镇和资中县的山区。

喀斯特脆弱生态环境的形成，主要受制于特殊的地质地貌因子及其影响下的地表土层，也受人类的生产活动、开发利用方式以及经济发展水平的作用，因此喀斯特脆弱生态环境形成的因素可归结为自然因素和人为因素两大类。

威远和资中的低山区土壤类型主要为石灰岩土，土蓄水能力差，土层较薄，土壤肥力弱，再加之当地森林砍伐较为严重，导致石漠化大量出现。由于人口增长快，农业人口过多，岩溶地区土地资源相对不足，因此为了多种地多产粮，乱砍滥伐、滥垦滥耕、毁林开荒、刀耕火种、烧山种地的现象时有发生。喀斯特地区的植被一旦被破坏，极易造成水土流失—植物群落退化—荒漠化发展，发生喀斯特生态系统的逆向演化。本来就已脆弱的喀斯特生态环境在人为活动的干扰下更加脆弱，已破坏的生态环境很难恢复，因此而带来一系列生态环境问题。

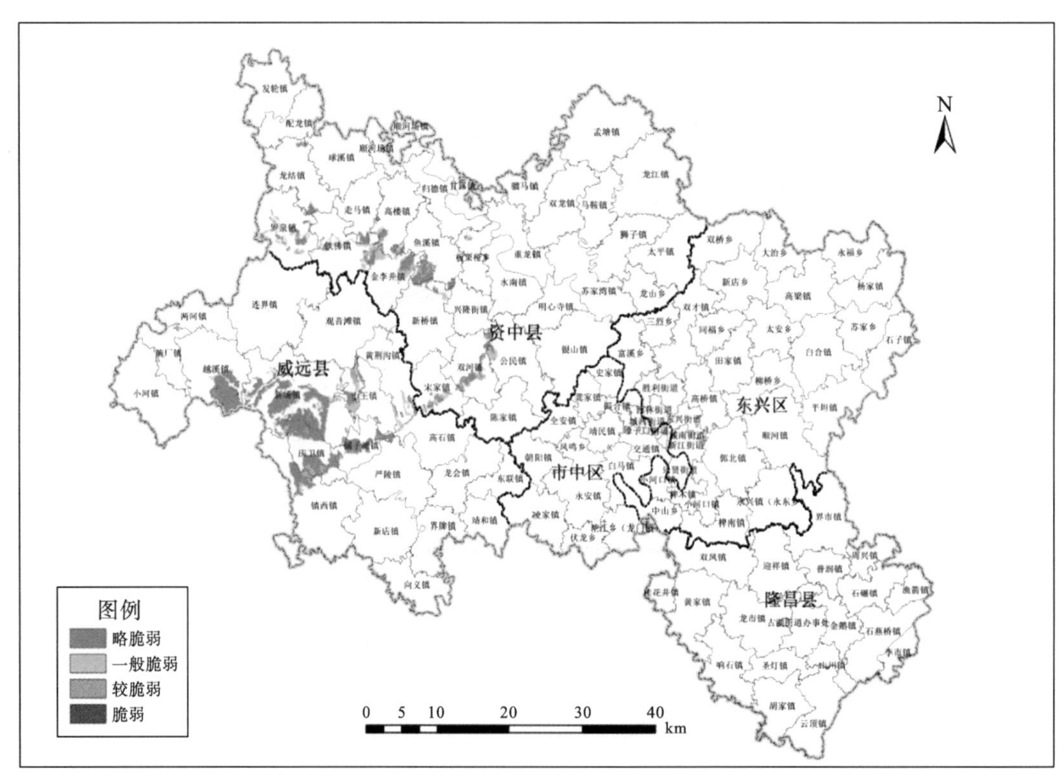

图 6-39 内江市石漠化脆弱性

6.2.10.5 脆弱性综合评价

在土壤侵蚀脆弱性、石漠化脆弱性评价基础上，按式(6-29)在 ERDAS 支持下建立判别模型，实现生态系统脆弱性综合评价，自然单元评价结果见图 6-40。依据该自然单元评价的结果，采用自然单元评价结果的等级与面积的乘积之和，除以乡域总面积，得到乡域的评价结果，见图 6-41。

[生态系统脆弱性]=MAX｛[土壤侵蚀脆弱性]，[石漠化脆弱性]｝ (6-29)

从图 6-40～图 6-42 可以看出，该区域生态系统总体一般脆弱。脆弱、较脆弱、一般脆弱、略脆弱、不脆弱区域面积占总面积的百分比分别为 3.28%、23.98%、35.12%、1.85%、35.76%，脆弱、较脆弱、一般脆弱区域面积占了总面积的 62.39 % 。

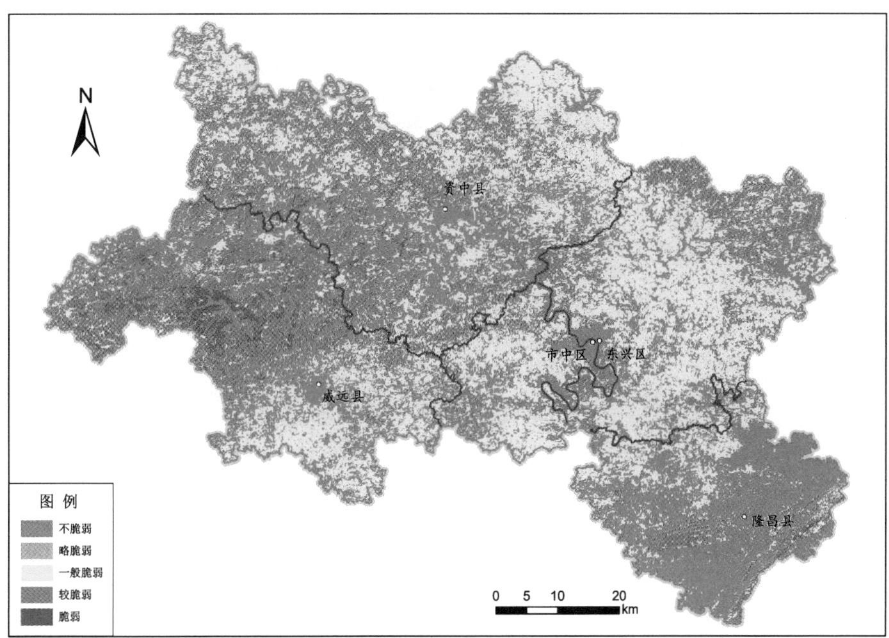

图 6-40　内江生态系统脆弱性评价(自然单元)

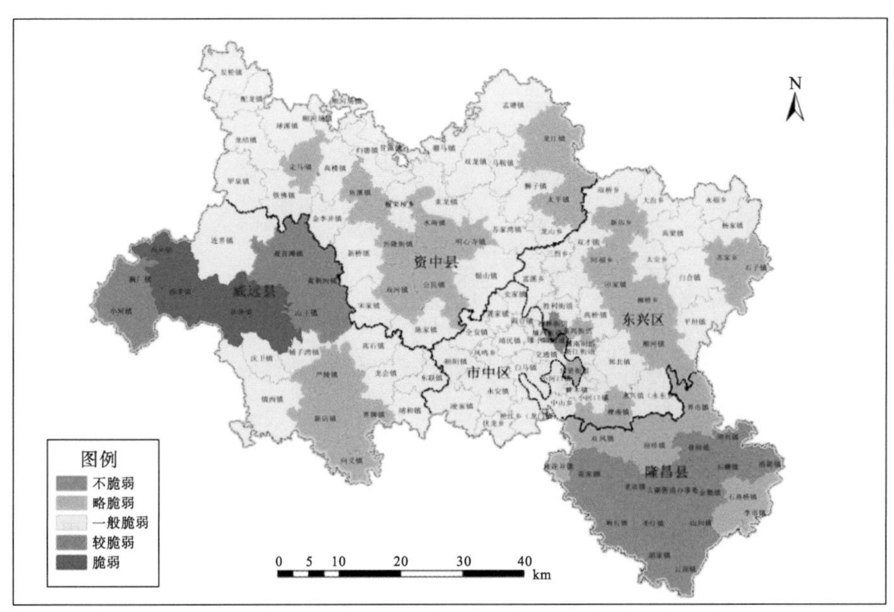

图 6-41　内江生态系统脆弱性评价(行政单元)

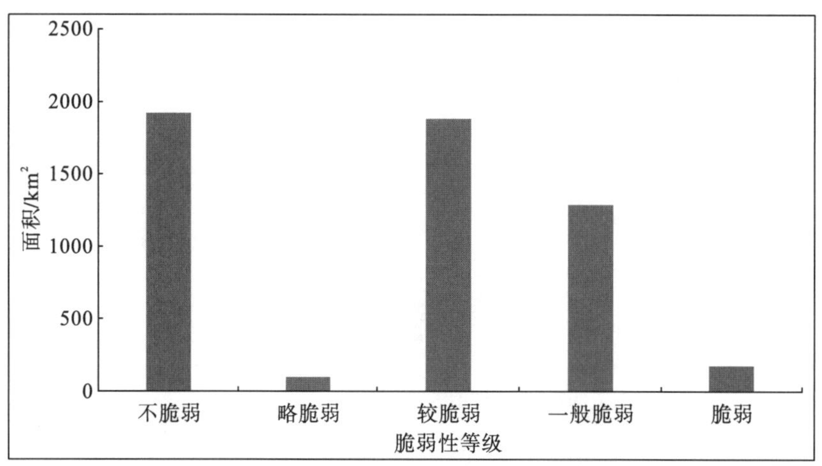

图 6-42 内江市生态脆弱性各等级的面积柱状图

各乡镇脆弱性评估统计结果见表 6-71。其中，脆弱性指数小于 2.0 的为不脆弱，2.0～2.5 的为略脆弱，2.5～3.0 为一般脆弱，3.0～3.5 为较脆弱，3.5 以上为脆弱。该区域不脆弱乡镇为 20 个；略脆弱乡镇为 29 个；一般脆弱乡镇 64 个；较脆弱乡镇 5 个，为观英滩镇、黄荆沟镇、山王镇、碗厂镇、小河镇；其余两河镇、新场镇、越溪镇 3 个乡镇生态系统脆弱性强，其等级为脆弱。

不脆弱、略脆弱、较脆弱、一般脆弱、脆弱面积分别为 1925.79 km^2、99.65 km^2、1891.34 km^2、1291.42 km^2、176.61 km^2（图 6-42）。

表 6-71 内江市乡镇脆弱性评估统计结果

县(市、区)	乡镇(街道)	脆弱性等级面积百分比/%					脆弱性指数	脆弱性等级
		1	2	3	4	5		
东兴区	白合镇	31.02	2.54	47.57	18.63	0.24	2.55	一般脆弱
	大治乡	30.74	1.18	29.30	36.28	2.50	2.79	一般脆弱
	东兴街道	48.12	2.49	33.82	15.51	0.06	2.17	略脆弱
	富溪乡	26.30	1.35	33.52	37.17	1.66	2.87	一般脆弱
	高梁镇	29.51	1.63	39.71	28.91	0.23	2.69	一般脆弱
	高桥镇	27.21	2.97	47.13	22.39	0.29	2.66	一般脆弱
	郭北镇	28.47	2.33	51.07	17.84	0.29	2.59	一般脆弱
	柳桥乡	31.84	2.98	56.27	8.91	0.00	2.42	略脆弱
	椑木镇	31.53	2.26	44.20	21.73	0.28	2.57	一般脆弱
	椑南镇	31.67	3.50	49.41	15.30	0.12	2.49	略脆弱
	平坦镇	31.49	2.56	49.74	16.13	0.07	2.51	一般脆弱
	三烈乡	24.53	3.04	38.57	33.45	0.41	2.82	一般脆弱

续表

县(市、区)	乡镇(街道)	脆弱性等级面积百分比/%					脆弱性指数	脆弱性等级
		1	2	3	4	5		
	胜利街道	29.41	1.64	45.80	22.04	1.10	2.64	一般脆弱
	石子镇	41.11	3.08	41.56	14.13	0.13	2.29	略脆弱
	双才镇	30.95	1.92	50.36	16.47	0.29	2.53	一般脆弱
	双桥乡	24.97	3.72	39.00	29.68	2.63	2.81	一般脆弱
	顺河镇	31.56	4.55	51.42	12.45	0.02	2.45	略脆弱
	苏家乡	39.79	1.49	31.87	26.50	0.35	2.46	略脆弱
	太安乡	28.31	2.73	55.42	13.43	0.11	2.54	一般脆弱
	田家镇	32.19	4.90	56.29	6.61	0.00	2.37	略脆弱
	同福乡	30.97	2.87	56.04	10.12	0.00	2.45	略脆弱
	西林街道	71.81	0.94	15.82	10.99	0.43	1.67	不脆弱
	小河口镇	28.81	1.40	41.27	26.41	2.12	2.72	一般脆弱
	新店乡	29.94	3.16	54.80	12.10	0.00	2.49	略脆弱
	新江街道	35.37	1.62	27.96	31.93	3.12	2.66	一般脆弱
	杨家镇	28.52	1.42	28.38	40.43	1.25	2.84	一般脆弱
	永兴镇	29.51	3.37	43.57	23.29	0.27	2.61	一般脆弱
	永福乡	30.43	1.85	33.95	32.96	0.81	2.72	一般脆弱
	中山乡	28.71	0.73	36.83	32.36	1.37	2.77	一般脆弱
隆昌县	古湖街道	75.93	0.94	17.00	5.89	0.24	1.54	不脆弱
	桂花井镇	48.47	1.89	40.99	8.60	0.04	2.10	略脆弱
	胡家镇	93.70	0.36	5.79	0.15	0.00	1.12	不脆弱
	黄家镇	56.96	1.43	27.69	13.43	0.48	1.99	不脆弱
	界市镇	45.32	3.60	34.54	16.37	0.17	2.22	略脆弱
	金鹅镇	87.60	0.69	10.67	1.04	0.00	1.25	不脆弱
	李市镇	60.64	2.19	17.51	13.64	6.01	2.02	略脆弱
	龙市镇	58.72	0.37	30.46	9.83	0.61	1.93	不脆弱
	普润镇	75.06	0.51	22.31	2.09	0.03	1.52	不脆弱
	山川镇	80.03	0.46	12.50	6.52	0.50	1.47	不脆弱
	圣灯镇	64.97	0.58	13.30	19.82	1.32	1.92	不脆弱
	石碾镇	90.54	0.78	8.36	0.31	0.00	1.18	不脆弱

续表

县(市、区)	乡镇(街道)	脆弱性等级面积百分比/%					脆弱性指数	脆弱性等级
		1	2	3	4	5		
	石燕桥镇	49.98	2.58	21.98	23.09	2.37	2.25	略脆弱
	双凤镇	44.52	2.73	42.45	10.10	0.20	2.19	略脆弱
	响石镇	60.02	0.50	25.15	13.22	1.10	1.95	不脆弱
	迎祥镇	43.92	2.67	43.56	9.81	0.04	2.19	略脆弱
	渔箭镇	87.18	1.14	8.37	3.25	0.06	1.28	不脆弱
	云顶镇	73.90	0.64	12.99	11.67	0.80	1.65	不脆弱
	周兴镇	97.37	0.18	2.33	0.12	0.00	1.05	不脆弱
市中区	白马镇	26.68	2.27	37.05	31.77	2.23	2.81	一般脆弱
	朝阳镇	30.22	1.83	43.35	24.28	0.31	2.63	一般脆弱
	城东街道	100.00	0.00	0.00	0.00	0.00	1.00	不脆弱
	城南街道	100.00	0.00	0.00	0.00	0.00	1.00	不脆弱
	城西街道	100.00	0.00	0.00	0.00	0.00	1.00	不脆弱
	凤鸣乡	24.13	1.47	54.74	19.60	0.06	2.70	一般脆弱
	伏龙乡	28.81	2.33	55.00	13.86	0.00	2.54	一般脆弱
	龚家镇	24.85	4.90	37.91	32.26	0.08	2.78	一般脆弱
	壕子口街道	85.80	2.10	3.53	8.09	0.48	1.35	不脆弱
	交通镇	36.39	2.78	35.23	23.85	1.76	2.52	一般脆弱
	靖民镇	26.51	3.63	50.52	19.12	0.22	2.63	一般脆弱
	乐贤街道	51.04	1.45	17.68	27.58	2.25	2.29	略脆弱
	凌家镇	31.97	1.44	34.46	30.97	1.16	2.68	一般脆弱
	牌楼街道	96.22	0.43	0.90	2.45	0.00	1.10	不脆弱
	全安镇	28.05	2.18	51.04	18.61	0.13	2.61	一般脆弱
	史家镇	28.03	1.17	40.36	29.87	0.57	2.74	一般脆弱
	四合镇	32.19	1.86	35.72	29.29	0.94	2.65	一般脆弱
	沱江乡	20.11	1.67	50.54	26.91	0.77	2.87	一般脆弱
	永安镇	27.54	1.62	49.43	21.23	0.18	2.65	一般脆弱
	玉溪街道	99.32	0.00	0.68	0.01	0.00	1.01	不脆弱
威远县	东联镇	27.57	1.33	37.24	33.52	0.34	2.78	一般脆弱
	高石镇	32.30	1.80	35.90	28.39	1.61	2.65	一般脆弱

续表

县(市、区)	乡镇(街道)	脆弱性等级面积百分比/%					脆弱性指数	脆弱性等级
		1	2	3	4	5		
	观音滩镇	20.55	0.34	25.27	41.56	12.28	3.25	较脆弱
	黄荆沟镇	17.99	0.25	21.58	45.06	15.12	3.39	较脆弱
	界牌镇	42.00	0.94	41.44	15.60	0.02	2.31	略脆弱
	靖和镇	32.22	2.35	47.53	17.56	0.34	2.51	一般脆弱
	连界镇	32.58	0.89	23.58	36.16	6.79	2.84	一般脆弱
	两河镇	12.29	0.18	23.13	48.70	15.70	3.55	脆弱
	龙会镇	32.78	2.37	45.46	19.23	0.16	2.52	一般脆弱
	铺子湾镇	41.77	0.50	22.38	31.22	4.13	2.55	一般脆弱
	庆卫镇	35.14	0.42	18.03	36.81	9.61	2.85	一般脆弱
	山王镇	30.04	0.25	13.77	39.73	16.21	3.12	较脆弱
	碗厂镇	15.82	0.67	23.36	41.76	18.39	3.46	较脆弱
	向义镇	36.92	2.63	48.25	12.12	0.08	2.36	略脆弱
	小河镇	17.76	0.45	23.07	43.08	15.64	3.38	较脆弱
	新场镇	18.28	0.21	12.04	39.34	30.13	3.63	脆弱
	新店镇	34.61	0.97	57.14	7.29	0.00	2.37	略脆弱
	严陵镇	51.99	1.56	33.80	12.63	0.03	2.07	略脆弱
	越溪镇	15.82	0.23	16.62	44.42	22.90	3.58	脆弱
	镇西镇	36.62	0.78	37.37	21.82	3.40	2.55	一般脆弱
资中县	板栗椏乡	33.49	1.83	31.74	29.83	3.11	2.67	一般脆弱
	陈家镇	26.87	1.01	37.01	33.88	1.23	2.82	一般脆弱
	发轮镇	30.30	2.34	48.33	18.88	0.15	2.56	一般脆弱
	甘露镇	23.52	2.06	39.23	33.26	1.92	2.88	一般脆弱
	高楼镇	32.54	1.76	38.24	26.05	1.40	2.62	一般脆弱
	公民镇	46.23	1.19	32.51	19.14	0.92	2.27	略脆弱
	归德镇	25.72	1.18	29.07	40.55	3.48	2.95	一般脆弱
	金李井镇	41.72	1.04	22.36	30.06	4.82	2.55	一般脆弱
	骝马镇	22.86	1.68	44.79	30.56	0.11	2.83	一般脆弱
	龙江镇	32.69	6.54	50.78	9.97	0.02	2.38	略脆弱
	龙结镇	31.45	0.93	36.76	29.41	1.45	2.68	一般脆弱

续表

县(市、区)	乡镇(街道)	脆弱性等级面积百分比/%					脆弱性指数	脆弱性等级
		1	2	3	4	5		
资中县	龙山乡	27.48	2.22	44.34	25.79	0.17	2.69	一般脆弱
	罗泉镇	36.43	1.43	28.34	30.11	3.68	2.63	一般脆弱
	马鞍镇	21.45	5.62	43.71	28.98	0.24	2.81	一般脆弱
	孟塘镇	25.35	3.45	58.82	12.14	0.24	2.58	一般脆弱
	明心寺镇	43.42	1.46	36.15	18.13	0.84	2.31	略脆弱
	配龙镇	23.19	2.92	47.35	26.21	0.33	2.78	一般脆弱
	球溪镇	23.20	1.39	37.92	35.48	2.01	2.92	一般脆弱
	狮子镇	30.62	2.75	47.12	19.35	0.17	2.56	一般脆弱
	双河镇	42.70	1.15	29.51	24.44	2.21	2.42	略脆弱
	双龙镇	23.48	2.48	39.44	34.26	0.34	2.85	一般脆弱
	水南镇	45.33	2.96	29.64	20.71	1.37	2.30	略脆弱
	顺河场镇	23.66	0.54	34.53	39.22	2.06	2.95	一般脆弱
	宋家镇	32.80	0.65	25.64	36.66	4.25	2.79	一般脆弱
	苏家湾镇	22.11	2.56	38.67	35.82	0.84	2.91	一般脆弱
	太平镇	36.80	4.85	47.97	10.39	0.00	2.32	略脆弱
	铁佛镇	39.10	1.70	28.32	27.02	3.86	2.55	一般脆弱
	新桥镇	34.72	0.65	23.14	34.25	7.24	2.79	一般脆弱
	兴隆街镇	46.57	0.83	22.60	25.66	4.33	2.40	略脆弱
	银山镇	29.31	1.82	33.11	33.43	2.33	2.78	一般脆弱
	鱼溪镇	42.82	1.93	30.49	22.99	1.77	2.39	略脆弱
	重龙镇	30.42	3.19	31.63	33.08	1.68	2.72	一般脆弱
	走马镇	40.78	1.27	38.62	18.89	0.43	2.37	略脆弱

6.3 内江市空间功能区划分

6.3.1 国土空间开发综合评价

国土空间开发综合评价，实质就是资源环境承载力综合评价，目的在于明晰内江市资源环境承载力的地域差异，为科学合理的国土空间开发布局提供科学依据。因此，在上述 10 大指标项评价的基础上，根据《市县经济社会发展总体规划技术规范与编制导则》《省级主体功能区域划分技术规范》，统筹考虑未来内江市人口分布、资源利用、经济发展、生态建设和城镇布局等因素，采用多指标综合评价法，进行定量与定性的国土空间开发评价，从而使评价结果更加符合内江市实际。

将市县域空间开发评价的各适宜性指标和约束性指标评价结果进行叠加与分级处理，形成多指标综合评价结果。

6.3.1.1　多指标综合评价模型

将各单项指标评价结果进行加权综合。

计算公式为

$$F_{叠加分析}=\sum_{i=0}^{n}\lambda_i \cdot f_i \tag{6-30}$$

式中，$F_{叠加分析}$为多指标综合评价值；i 为各单项指标；f_i 为各单项指标评价值；λ_i 为各单项指标权重值；n 为单项指标数量。

各指标权重值根据各乡镇 10 大指标与乡镇 GDP 相关性确定各指标的权重，各指标权重值总和为 1。

当$f_{地形地势}$、$f_{自然灾害影响评价}$、$f_{可利用土地资源评价}$、$f_{可利用水资源评价}$、$f_{环境容量}$、$f_{生态系统脆弱性评价}$中任意一项为 0 时，$F_{叠加分析}$值为 0，表明该区域土地不适宜开发。

6.3.1.2　多指标综合评价分级标准

由于公式(6-30)计算得到的函数 $F_{叠加分析}$取值在 0～4 存在多种情况且数据分散，因此，将 $F_{叠加分析}$的取值区间[0，4]进行四等分，并划定相应等级，得到多指标综合评价结果分级函数 $G_{叠加分级}$：

$$G_{叠加分级}=\begin{cases}一级 & 3\leqslant F_{叠加分析} \\ 二级 & 2\leqslant F_{叠加分析}<3 \\ 三级 & 1\leqslant F_{叠加分析}<2 \\ 四级 & 0\leqslant F_{叠加分析}<1\end{cases} \tag{6-31}$$

等级越高，说明该区域发展潜力越大，越适宜进行开发；等级越低，则发展受限程度越大，越倾向于保护。

6.3.1.3　多指标综合评价分级结果

内江市多指标综合评价结果如图 6-43，表 6-72，表 6-73 所示，内江市发展潜力大的一级区域占比 0.82%，主要分布在内江市中心城区附近。其中，交通镇的发展潜力最大，一级潜力区面积为 9.37 km^2；西林街道次之，为 8.07 km^2；东兴街道位居第三，为 5.94 km^2。发展潜力二级区域占比 25.50%，主要分布在沱江沿岸以及县镇政府所在区域。其中，银山镇的二级发展潜力区域面积最大，83.39 km^2；

表 6-72　内江市多指标综合评价表

等级	面积/km^2
一级	44.31
二级	1373.27
三级	3956.26
四级	11.21

严陵镇次之，为 61.25km^2。发展潜力三级区域占主导地位，占比 73.47%。其中，新场镇的三级发展潜力区域面积最大，为 135.02 km^2；连界镇次之，为 127.97 km^2。发展潜力四级区域较少，仅占比 0.21%，零星分布在观音滩镇、罗泉镇等区域。

表 6-73 现状地表分区结果与多指标综合评价结果叠加规则表

<table>
<tr><th colspan="3">叠加</th><th rowspan="2">开发适宜性评价等级</th></tr>
<tr><th colspan="2">现状地表分区</th><th>多指标综合评价</th></tr>
<tr><td colspan="2">空间开发负面清单</td><td>一、二、三、四级</td><td>四等</td></tr>
<tr><td rowspan="5">过渡区</td><td>I 型</td><td>一、二、三、四级</td><td>等级相同</td></tr>
<tr><td>II 型</td><td>一、二、三、四级</td><td>均降一等</td></tr>
<tr><td rowspan="3">III型</td><td>一级</td><td>一等</td></tr>
<tr><td>二级</td><td>三等</td></tr>
<tr><td>三级、四级</td><td>四等</td></tr>
<tr><td colspan="2">现状建成区</td><td>一、二、三、四级</td><td>等级相同</td></tr>
</table>

说明：表中，多指标综合评价结果与现状地表分区中的空间开发负面清单重叠区域，开发适宜性评价等级全部为四等；与 I 型过渡区重叠区域，等级相同；与 II 型过渡区重叠区域，等级均降一等；与III型过渡区重叠区域，若多指标综合评价结果为一级、则开发适宜性评价等级为一等，若多指标综合评价结果为二级、则开发适宜性评价等级为三等，若多指标综合评价结果为三级和四级、则开发适宜性评价等级均为四等；与现状建成区重叠部分等级相同。

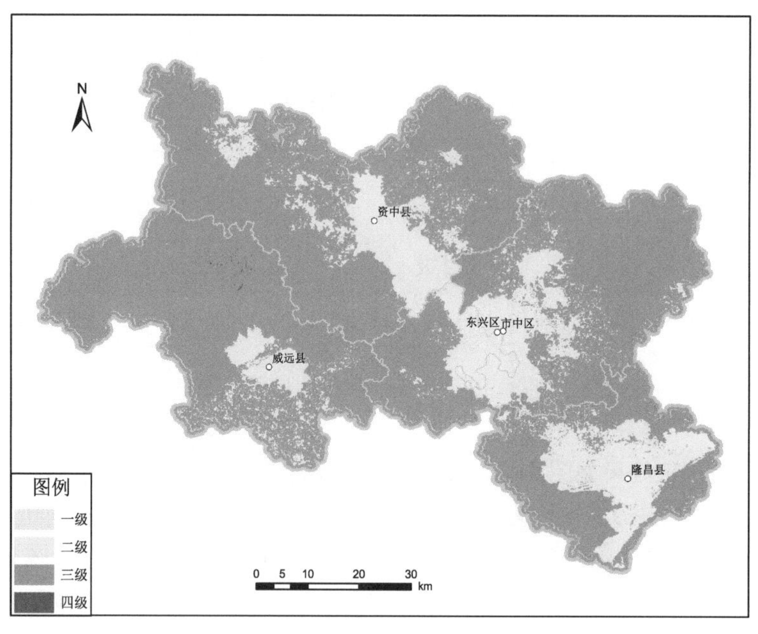

图 6-43 内江市多指标综合评价图

6.3.2 国土空间开发适宜性评价

6.3.2.1 空间开发负面清单

结合所收集的各类保护、禁止(限制)开发区界线资料，提取、采集空间开发负面清单数据。内江市空间开发负面清单主要包括基本农田保护区、公益林、自然保护区、风景名胜区、森林公园、地质公园、水域及水利设施用地、湿地、饮用水水源保护区等禁止开发区域，以及受地形地势影响不适宜大规模工业化城镇化开发的空间地域单元，生成空间开发负面清单数据。

6.3.2.2　现状建成区

以地表覆盖归类数据成果为基础，提取城市、建制镇、水工建筑用地、公路用地、港口码头用地、管道运输用地、采矿用地、铁路用地等图斑，生成现状建成区数据。

6.3.2.3　过渡区

以地表覆盖归类数据成果为基础，结合坡度数据，提取 I 型、II 型、III型过渡区数据。数据提取方式如下：

(1) 提取除基本农田保护区外坡度小于 25°的水田和旱地、水浇地、果园、茶园、其他园地等要素，生成以农业为主的 I 型过渡区数据；

(2) 提取有林地、灌木林地、其他林地、其他草地、裸地等要素，以及坡度在 25°以上的除基本农田外的水田和旱地等要素，生成以天然生态为主的II 型过渡区数据；

(3) 提取风景名胜区及特殊用地(不涵盖在负面清单内的区域)、地表破坏较大的露天采掘场，生成III型过渡区数据。

6.3.2.4　开发适宜性评价

将空间规划底图中形成的现状地表分区结果与多指标综合评价结果(图 6-43)进行叠加，得到市县开发适宜性评价结果(图 6-44)。分为四个等级：一等为最适宜开发区域，二等为较适宜开发区域，三等为较不适宜开发区域，四等为不适宜开发区域。叠加规则见表 6-73。

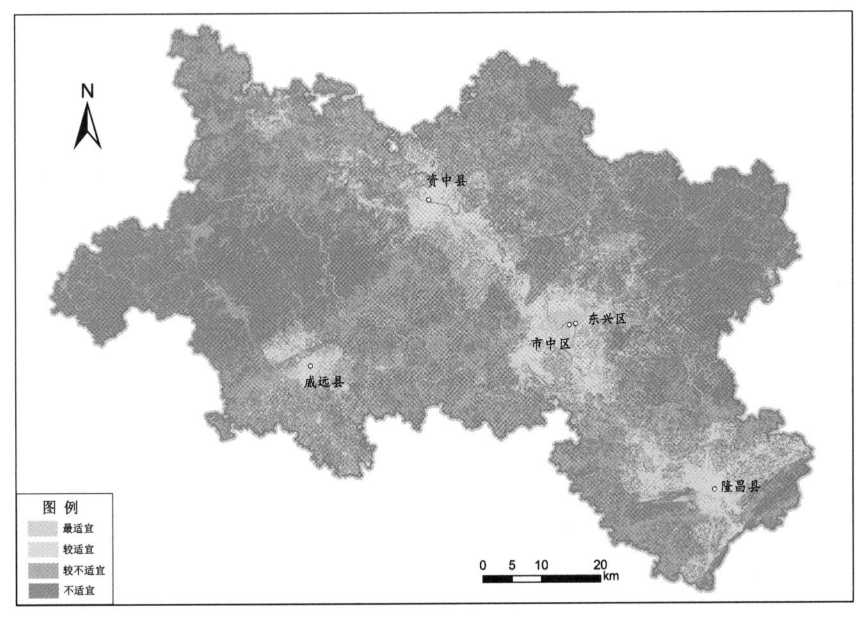

图 6-44　内江市开发适宜性评价图

内江市的负面清单面积 3127.76km^2，占比 58.08%；过渡区面积 2079.43 km^2，占比 38.61%，其中Ⅰ型区面积1346.66 km^2，Ⅱ型区面积730.94 km^2，Ⅲ型区面积1.83 km^2；现状建成区面积177.86km^2，占比 3.31%。

内江市的一等最适宜开发区域面积 36.34 km^2，占比 0.67%，主要分布在市中区和东兴区的主城区附近；二等较适宜开发区域面积 563.43 km^2，占比 10.46%，主要分布在沱江沿岸的市中区、东兴区、资中县、隆昌县以及威远县的县城附近；三等较不适宜开发区域面积 1020.87 km^2，占比 18.96%，主要沿各乡镇所在地分布；四等为不适宜开发区域面积 3764.41 km^2，占比 69.90%（表 6-74、表 7-75）。

表 6-74 内江市开发适宜性评价等级统计表

现状地表分区		开发适宜性评价等级	单项面积/km^2)	总面积/km^2
负面清单		四等	3127.7569	3127.7569
过渡区	Ⅰ型区	一等	9.8614	1346.6574
		二等	473.1136	
		三等	862.5098	
		四等	1.1727	
	Ⅱ型区	二等	0.9482	730.9424
		三等	95.6877	
		四等	634.3066	
	Ⅲ型区	一等	0.0587	1.8302
		三等	0.6602	
		四等	1.1113	
现状建成区		一等	26.4247	177.8625
		二等	89.3670	
		三等	62.0121	
		四等	0.0587	

表 6-75 内江市各乡镇开发适宜性评价等级统计表

县(市、区)	乡镇(街道)	一级面积/km^2	二级面积/km^2	三级面积/km^2	四级面积/km^2
市中区	玉溪街道	0.8995	0.0113	0.0000	0.2314
	城西街道	0.9694	0.0015	0.0000	0.3099
	城南街道	0.0165	0.5674	0.0000	0.1289
	城东街道	0.0642	0.3267	0.0000	0.2041
	白马镇	0.0013	23.3025	1.7536	13.3855
	牌楼街道	1.6282	0.0464	0.0000	0.0000
	乐贤街道	3.9477	4.7488	0.4493	1.8760
	靖民镇	0.0003	3.5280	6.7503	12.9277
	凌家镇	0.0000	0.0008	10.9008	36.8455

续表

县(市、区)	乡镇(街道)	一级面积/km²	二级面积/km²	三级面积/km²	四级面积/km²
	朝阳镇	0.0000	0.0004	11.2040	24.0167
	全安镇	0.0000	0.0015	4.7449	22.2508
	沱江乡	0.0000	0.0025	4.7654	21.9671
	永安镇	0.0000	2.0067	8.8144	37.4834
	凤鸣乡	0.0000	0.0153	5.1937	17.8346
	史家镇	0.0000	5.7257	0.9620	11.4719
	伏龙乡	0.0000	0.0010	4.3808	19.6399
	龚家镇	0.0000	0.5525	3.5824	17.1514
	壕子口街道	1.6789	0.2659	0.1045	0.2653
	交通镇	7.9007	11.4309	0.6179	1.9280
	四合镇	0.9614	8.1137	0.6385	2.5531
东兴区	东兴街道	5.5686	5.2559	0.7090	0.3236
	西林街道	7.0493	2.9935	0.0446	1.1606
	新江街道	3.4830	8.9837	2.1973	1.7430
	椑木镇	0.0000	10.2104	0.4516	2.4457
	郭北镇	0.0043	6.3905	11.0134	42.3378
	田家镇	0.0000	6.2637	7.5939	27.1107
	高梁镇	0.0000	0.0000	7.1581	50.9667
	白合镇	0.0000	0.0004	9.7154	54.5936
	顺河镇	0.0000	5.1837	9.9390	68.5677
	胜利街道	2.1507	12.8467	1.4459	6.1634
	高桥镇	0.0031	18.1100	6.7645	11.3352
	双才镇	0.0000	4.9653	10.2720	41.2337
	杨家镇	0.0000	0.0000	6.6709	39.7708
	小河口镇	0.0007	13.8110	2.8644	20.3802
	石子镇	0.0000	1.8309	5.8551	33.5595
	椑南镇	0.0000	5.3441	8.9616	26.5325
	同福乡	0.0000	4.4634	4.0604	21.5371
	三烈乡	0.0000	0.8015	4.1914	18.3759
	双桥乡	0.0000	1.8240	6.6933	40.8233
	新店乡	0.0000	1.1224	5.5411	41.6891
	大治乡	0.0000	0.0047	4.5111	31.3551
	太安乡	0.0000	0.1463	4.5541	36.2367
	永福乡	0.0000	0.0000	6.8717	35.7657
	苏家乡	0.0000	0.0185	7.1626	36.1177
	平坦镇	0.0000	0.0004	6.1227	54.0543

续表

县(市、区)	乡镇(街道)	一级面积/km^2	二级面积/km^2	三级面积/km^2	四级面积/km^2
	柳桥乡	0.0000	3.4511	7.1280	35.1915
	永东乡	0.0000	0.0055	9.1579	45.4730
	富溪乡	0.0000	0.0172	7.5730	31.9589
	中山乡	0.0000	8.9737	3.0279	13.7792
威远县	严陵镇	0.0000	36.3182	10.3548	24.3026
	铺子湾镇	0.0000	16.7717	7.5288	8.2337
	镇西镇	0.0000	6.7946	30.7429	72.5040
	庆卫镇	0.0000	0.0142	6.0959	34.3114
	向义镇	0.0000	6.9831	11.8953	28.3165
	新店镇	0.0000	8.1028	13.5489	47.6979
	界牌镇	0.0000	4.1417	7.7527	31.7870
	新场镇	0.0000	0.3979	18.1601	116.6514
	连界镇	0.0000	0.3942	29.4899	98.5396
	山王镇	0.0000	0.0144	5.6499	42.0833
	观音滩镇	0.0000	0.0008	8.8811	91.4709
	黄荆沟镇	0.0000	0.0158	7.3388	50.1903
	越溪镇	0.0000	0.0000	7.5941	70.6318
	两河镇	0.0000	0.0043	4.6859	35.2434
	小河镇	0.0000	0.0000	10.7517	71.0564
	碗厂镇	0.0000	0.0032	4.2772	27.9893
	龙会镇	0.0000	4.6865	11.8231	38.9007
	高石镇	0.0000	1.1049	15.3351	37.8233
	靖和镇	0.0000	0.0000	6.3948	28.1671
	东联镇	0.0000	0.0061	11.9504	19.6650
资中县	重龙镇	0.0000	25.4581	2.3911	22.7076
	水南镇	0.0170	27.5049	3.1681	16.1969
	板栗桠乡	0.0000	5.7889	7.9362	18.6278
	苏家湾镇	0.0000	8.0035	10.3235	43.8444
	狮子镇	0.0000	4.3486	10.0689	36.6433
	太平镇	0.0000	0.0032	13.2900	44.8952
	龙山乡	0.0000	0.0004	4.9638	23.6007
	双龙镇	0.0000	4.0352	13.1480	46.0663
	马鞍镇	0.0000	3.0970	6.9376	31.5883
	骝马镇	0.0000	0.0012	10.3692	29.8329
	龙江镇	0.0000	0.0062	19.0588	71.2171
	孟塘镇	0.0000	0.0002	16.0877	77.2151

续表

县(市、区)	乡镇(街道)	一级面积/km²	二级面积/km²	三级面积/km²	四级面积/km²
	银山镇	0.0000	24.4892	10.3222	49.0543
	明心寺镇	0.0000	18.9165	4.1193	11.0375
	公民镇	0.0000	0.3459	13.9957	49.2082
	双河镇	0.0000	0.2458	15.9844	37.5533
	宋家镇	0.0000	0.0379	8.6992	31.9226
	陈家镇	0.0000	0.0000	12.5730	41.0759
	新桥镇	0.0000	0.0248	8.8354	62.7790
	兴隆街镇	0.0000	3.8753	8.4262	20.2962
	鱼溪镇	0.0000	12.0434	13.6287	29.3476
	金李井镇	0.0000	0.0454	13.2467	28.4746
	铁佛镇	0.0000	0.0128	23.7693	32.0322
	高楼镇	0.0000	2.6759	12.2633	34.3159
	归德镇	0.0000	5.6537	17.2420	24.7592
	甘露镇	0.0000	0.0153	16.2496	21.1085
	球溪镇	0.0000	15.9912	13.5751	29.9925
	顺河场镇	0.0000	0.0057	11.3852	22.2767
	走马镇	0.0000	0.0091	14.5843	26.8927
	龙结镇	0.0000	0.0094	23.8063	34.7420
	罗泉镇	0.0000	0.0005	22.1976	42.2000
	发轮镇	0.0000	0.0000	17.2585	37.9841
	配龙镇	0.0000	0.0000	19.6697	21.5177
	金鹅镇	0.0000	17.4353	0.7038	8.1045
	圣灯镇	0.0000	0.4134	12.6798	17.3608
	响石镇	0.0000	0.0071	12.8799	41.1468
	黄家镇	0.0000	0.0271	20.0501	50.0529
	桂花井镇	0.0000	0.0000	6.2069	8.7062
	双凤镇	0.0000	9.5453	10.9608	33.7775
	迎祥镇	0.0000	11.3493	6.5752	35.3511
隆昌县	普润镇	0.0000	5.5552	2.5064	21.6654
	界市镇	0.0000	0.2084	17.5259	48.3473
	石碾镇	0.0000	10.0180	1.4200	29.4223
	周兴镇	0.0000	0.0125	6.5705	21.4529
	石燕桥镇	0.0000	4.6258	10.0595	47.0456
	李市镇	0.0000	0.1782	5.4102	13.3554
	渔箭镇	0.0000	4.5620	1.2517	15.6689
	云顶镇	0.0000	8.7027	3.0857	42.2271

续表

县(市、区)	乡镇(街道)	一级面积/km^2	二级面积/km^2	三级面积/km^2	四级面积/km^2
	胡家镇	0.0000	0.0090	13.2974	30.5013
	山川镇	0.0000	10.4993	0.9059	8.3295
	龙市镇	0.0000	23.0551	4.1568	36.8348
	古湖街道	0.0000	25.1576	1.6827	15.4312

6.3.3 三类空间划分

6.3.3.1 三类空间划分方法

基于开发适宜性评价结果，结合现状地表分区，划分城镇、农业、生态三类空间(图 6-45)。

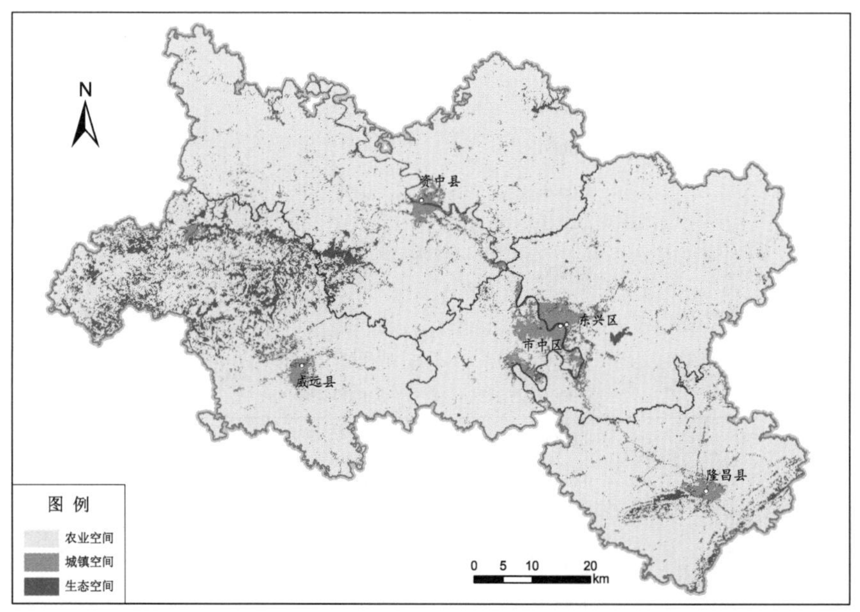

图 6-45 内江市三大空间分布图

城镇空间，包括现状建成区、与开发适宜性等级为一等和二等现状建成区相邻的 I 型过渡区及 II 型过渡区中的沙障、堆放物、其他人工堆掘地、盐碱地表、泥土地表、沙质地表、砾石地表、岩石地表，以及开发适宜性等级为一等的III型过渡区。

农业空间，包括基本农田保护区、与开发适宜性等级为三等和四等的现状建成区相邻的 I 型过渡区、不与现状建成区相邻的 I 型过渡区。

生态空间，包括空间开发负面清单中除基本农田外的其他用地，以及除被划入城镇空间的其他 II 型过渡区和III型过渡区。

6.3.3.2　三类空间划分结果

全市国土空间分为城镇空间、农业空间和生态空间三类。其中城镇空间 357.77 km^2，占全市国土空间比重为 6.64%；农业空间面积 3725.69 km^2，占全市国土空间比重为 69.19%；生态空间面积 1301.60 km^2，占全市国土空间比重为 24.17%(表 6-76、表 6-77)。

表 6-76　内江市三类空间构成及占比一览表

功能区类型	实际面积/km^2	各类空间占全市国土面积比重/%
国土面积	5385.05	100.00
一、城镇空间	357.77	6.64
市中区城镇空间	62.91	1.17
东兴区城镇空间	67.29	1.25
资中县城镇空间	79.36	1.47
威远县城镇空间	79.18	1.47
隆昌县城镇空间	69.02	1.28
二、农业空间	3725.69	69.19
市中区农业空间	283.78	5.27
东兴区农业空间	856.07	15.90
威远县农业空间	1284.14	23.85
资中县农业空间	727.94	13.52
隆昌县农业空间	573.76	10.65
三、生态空间	1301.60	24.17
市中区生态空间	39.37	0.73
东兴区生态空间	256.77	4.77
资中县生态空间	369.74	6.87
威远县生态空间	484.42	9.00
隆昌县生态空间	151.30	2.81

表 6-77　内江市各乡镇三类空间构成

县(市、区)	乡镇(街道)	城镇空间/km^2	生态空间/km^2	农业空间/km^2
市中区	玉溪街道	0.9096	0.2314	0.0000
	城西街道	0.9708	0.3099	0.0000
	城南街道	0.5839	0.1289	0.0000
	城东街道	0.3908	0.2041	0.0000
	白马镇	16.6477	4.4651	17.3281
	牌楼街道	1.6888	0.0000	0.0000
	乐贤街道	5.6475	2.6689	2.7042
	靖民镇	5.0904	1.7495	16.3680
	凌家镇	1.2463	2.7900	43.7129
	朝阳镇	0.6069	2.6657	31.9495

续表

县(市、区)	乡镇(街道)	城镇空间/km²	生态空间/km²	农业空间/km²
	全安镇	0.4459	1.6485	24.9044
	沱江乡	0.3078	3.5501	22.8784
	永安镇	1.5662	2.0059	44.7347
	凤鸣乡	0.3534	1.6813	21.0100
	史家镇	3.5078	2.2301	12.4220
	伏龙乡	0.0619	1.8196	22.1414
	龚家镇	0.1494	7.5071	13.6296
	壕子口街道	1.9268	0.3950	0.0000
	交通镇	14.7104	1.1051	6.0387
	四合镇	6.0975	2.2117	3.9545
东兴区	东兴街道	8.0992	1.1328	2.6235
	西林街道	9.9629	1.2209	0.0630
	新江街道	5.5889	4.3048	6.5114
	椑木镇	5.7334	1.1298	6.2436
	郭北镇	1.8600	12.1841	45.7031
	田家镇	2.0423	9.7686	29.1690
	高梁镇	0.5084	14.9548	42.6645
	白合镇	0.5741	17.8108	45.9255
	顺河镇	0.8641	19.2013	63.6285
	胜利街道	9.6968	2.2226	10.6857
	高桥镇	6.6260	4.8843	24.6999
	双才镇	3.1104	9.6110	43.7483
	杨家镇	0.2118	10.7135	35.5177
	小河口镇	3.3319	5.8687	27.8555
	石子镇	1.0065	11.3513	28.8891
	椑南镇	2.7034	3.8744	34.2609
	同福乡	0.4992	6.7988	22.7639
	三烈乡	0.3011	4.8608	18.2075
	双桥乡	1.3973	11.1658	36.7787
	新店乡	0.5433	10.9381	36.8727
	大治乡	0.0966	10.5115	25.2635
	太安乡	0.1252	11.9492	28.8642
	永福乡	0.0892	10.4089	32.1400
	苏家乡	0.0922	11.9820	31.2249
	平坦镇	0.0579	18.2954	41.8255
	柳桥乡	1.1531	9.6801	34.9365
	永东乡	0.2340	7.1998	47.2049

续表

县(市、区)	乡镇(街道)	城镇空间/km^2	生态空间/km^2	农业空间/km^2
	富溪乡	0.7468	7.4531	31.3504
	中山乡	0.0388	5.2928	20.4488
威远县	严陵镇	22.8490	9.9168	38.2055
	铺子湾镇	10.4202	9.0970	13.0141
	镇西镇	5.5227	17.5304	86.9884
	庆卫镇	0.9480	14.8641	24.6095
	向义镇	4.5644	5.5709	37.0593
	新店镇	5.5206	5.2592	58.5712
	界牌镇	2.3095	4.7180	36.6552
	新场镇	4.1133	72.0173	59.0760
	连界镇	10.8914	62.9833	54.5426
	山王镇	0.8444	27.4572	19.4468
	观音滩镇	0.6181	63.2497	36.4822
	黄荆沟镇	1.4957	34.1432	21.9045
	越溪镇	1.1463	46.9781	30.0980
	两河镇	1.0512	28.2776	10.6022
	小河镇	1.0054	45.4740	35.3261
	碗厂镇	0.4059	16.1468	15.7160
	龙会镇	2.6525	7.3744	45.3830
	高石镇	2.2314	5.0605	46.9723
	靖和镇	0.3275	4.3439	29.8919
	东联镇	0.2631	3.9584	27.3998
资中县	重龙镇	13.3849	8.3811	28.7892
	水南镇	14.5318	9.9379	22.4146
	板栗椏乡	2.3235	6.1804	23.8486
	苏家湾镇	1.4835	15.1300	45.5589
	狮子镇	1.3836	8.2002	41.4780
	太平镇	0.4802	5.9088	51.8017
	龙山乡	0.0101	4.7782	23.7780
	双龙镇	2.0415	5.9217	55.2881
	马鞍镇	1.2572	7.3615	33.0056
	骝马镇	0.1775	4.5764	35.4507
	龙江镇	0.6297	16.7587	72.8977
	孟塘镇	0.2286	14.9455	78.1332
	银山镇	6.8403	17.4277	59.5980
	明心寺镇	6.5250	6.8662	20.6801
	公民镇	0.9126	10.5574	52.0818

续表

县(市、区)	乡镇(街道)	城镇空间/km^2	生态空间/km^2	农业空间/km^2
	双河镇	3.0985	10.1751	40.5109
	宋家镇	1.5608	14.3886	24.7122
	陈家镇	0.2792	7.8156	45.5559
	新桥镇	0.3692	37.6643	33.6097
	兴隆街镇	2.3187	10.1413	20.1372
	鱼溪镇	5.4080	9.2509	40.3502
	金李井镇	0.8512	12.5670	28.3480
	铁佛镇	1.5241	14.1018	40.1864
	高楼镇	1.6972	11.0920	36.4667
	归德镇	2.0486	13.0265	32.5793
	甘露镇	0.2016	10.2349	26.9366
	球溪镇	5.4833	11.0140	43.0560
	顺河场镇	0.4900	12.1717	21.0056
	走马镇	0.4471	5.9432	35.0957
	龙结镇	0.4113	11.7107	46.4334
	罗泉镇	0.4546	16.3401	47.6019
	发轮镇	0.3082	13.0893	41.8456
	配龙镇	0.2023	6.0781	34.9056
隆昌县	金鹅镇	18.2644	3.1118	12.0211
	圣灯镇	2.4233	8.5246	19.5056
	响石镇	1.0135	10.5186	42.5037
	黄家镇	0.9129	9.1402	60.0792
	桂花井镇	0.1855	1.4492	13.2572
	双凤镇	4.1052	4.2944	45.8844
	迎祥镇	3.6571	6.0405	43.5791
	普润镇	1.9826	5.0660	22.6794
	界市镇	1.2602	19.0291	45.7931
	石碾镇	2.5708	3.8463	34.4353
	周兴镇	0.2759	4.3771	23.3841
	石燕桥镇	3.8104	20.9092	37.0126
	李市镇	1.4017	4.8128	12.7295
	渔箭镇	1.7429	5.0978	14.6425
	云顶镇	3.5980	15.1488	35.2711
	胡家镇	0.6033	5.4041	37.8227
	山川镇	6.6549	3.4463	9.6327
	龙市镇	7.6275	11.0727	45.3465
	古湖街道	6.9269	10.0106	18.1759

6.3.4　发展布局

6.3.4.1　总体发展格局

根据内江市经济地理区位、资源环境承载能力、优势特色产业发展、人口和城镇化趋势，强化融入成渝经济区发展战略，构建“一核三片四廊”总体发展格局(图 6-46)。

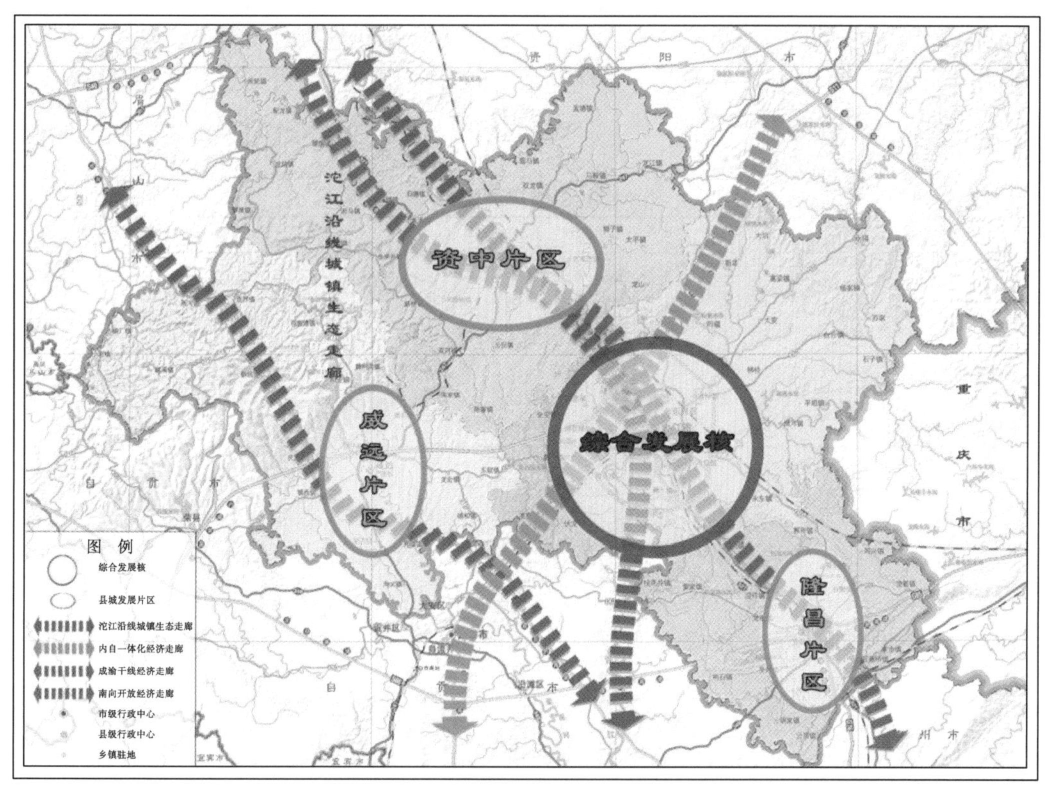

图 6-46　内江市总体发展格局图

“一核”：一个综合发展核。由东兴区和市中区组成，是全市政治经济文化商贸中心，城市人口主要聚集区域，重要交通、通信枢纽，信息安全、生物医药、机械制造等产业的主要布局区域。

“三片”：三个县城发展片区。着力将资中县建设成全省现代农业强县和历史文化名城；把隆昌县建设成川渝合作示范城市和文化旅游城市；把威远县建设成丘陵地区工业转型发展示范县和新兴旅游城市。

“四廊”：一是沱江沿线城镇生态走廊，这是内江城镇布局的重要中轴线，也是其商贸、文化、旅游、生态等功能的重要集聚区，随着沱江航道整治提升，它将成为融入国家长江经济带的重要廊道。二是成渝干线经济走廊，(依托成渝高速、国道 321、成渝高铁等)，该廊道是成渝经济区重要的发展轴线，也是内江传统产业主要集聚区，沿线城镇应通过积极参与区域产业分工，强化与成渝两地的区域合作，积极融入成渝经济圈。三是内(江)自(贡)一体化经济走廊(依托内宜高速公路、内威荣、自隆、省道206线等)，该廊道连接成渝南北两线的中部城市，强化内江与川南地区特别是自贡的联系，将成为内自一体化发展的重要纽带。四是南向开放经济走廊(依托成自泸赤高速公路、川南城际铁路、隆黄铁路等)，该走廊纵贯成都经济区与川南经济阜新地带，是全省东南向连接贵州的重要出川大通道，是内江西南部发展的重要新兴轴线。

6.3.4.2 城镇空间格局

遵循城镇自然聚合发展规律和内江市城镇化实际，近期以提升中心城区、三个县城和四个县域副中心集聚能力为重点，逐步形成“一主多辅，大中小协调并进”的城乡城镇发展格局。

坚持走组团式城镇发展模式，强化各组团功能互补，保持空间适度疏离，畅通城市生态廊道，着力构建“一核三极多点”城乡空间格局(表6-78)。

表6-78 内江市城镇规模结构一览表

城镇等级	城镇名称	城镇数量/个
一级中心城市	内江中心城区	1
二级县域中心城市	资中县域中心城市、威远县域中心城市、隆昌县域中心城市	3
三级县城副中心	黄家、连界、球溪、田家	4
四级重点镇	山川、响石、镇西、新店、龙会、银山、石燕桥、新场、铁佛、界市、双才、郭北、白合、罗泉、宋家、龙江、凌家	17
四级一般镇	略	64

一核：强化内江市中心城区核心地位，增强城市经济实力，扩大城市规模，大力发展商贸、金融、物流等现代服务业，打造成渝南线及川南城市群中心城市。形成区域的交通枢纽、产业聚集中心、商贸物流中心，使之成为参与区域竞争的龙头和主体，实现“强心战略”。

三极：资中、威远、隆昌三个县城为市域辅助增长极，通过融入区域经济城镇发展格局、依托自身资源、区位和交通等发展条件，形成分别辐射市域西北部、西南部和东南部的市域副中心，强化次级城市在市域中的辐射带动作用。

多点：依托特色资源、区域城镇、经济发展轴，突出新型工业、特色农业、旅游休闲服务等不同功能，近期重点培育四个县城副中心，扶持一批发展基础良好的重点镇，带动周边乡村发展，健全市域城镇等级结构。

6.3.4.3 农业空间格局

统筹考虑全市耕地资源、水文气象和农业发展现状，依托全国商品粮生产基地和优质生猪供应基地，从保障粮食安全、提高农业经济效益和可持续发展需要出发，着力强化基本农田保护，确保农业发展空间，大力发展特色农业，全面推进农业现代化(表6-79)。

市中区、东兴区建设城郊型现代农业示范区；隆昌县建设平坝型现代农业示范区；资中县和威远县建设浅丘型现代农业示范区。要着力培育优质粮油示范片、精品农业示范片、循环农业示范片、创意农业体验片四大农业功能片区。

优质粮油示范片。在资中、威远、东兴区、隆昌主要公路沿线建设优质粮油种植基地，实施标准化生产，提高单产和品质。

精品农业示范片。以资中和威远为重点，按照相对连片、规模经营的要求，着力建设优质蔬菜基地、无花果产业带、优质茶叶产业带、柠檬产业带、塔罗科血橙产业带、枇杷产业带等。

循环农业示范片。建设威远、资中和东兴区优质生猪基地，市中区、东兴区优质牛羊基地，东兴区、市中区和隆昌县特色水产基地。积极推广“种养联动，以种促养、种养结合”的循环经济农业模式，探索构建“畜-沼-林”“畜-沼-渔”等共生产业链。

创意农业体验片。以市中区、东兴区以及资中银山国家级现代农业示范园区为重点，推广设施农业，建设精品花卉苗木基地、特色中药材种植基地、蚕桑基地等，着力深入挖掘特色资源、地域文化，将度假、休闲、观光、体验、科普、教育、养生等融为一体，大力发展休闲创意生态农业。

表 6-79　内江市农业生产空间构成表

县(市、区)	面积		耕地面积		
	面积/万 hm^2	占全市比重/%	现有耕地/万 hm^2	耕地所占比重/%	占全市耕地比重/%
市中区	3.86	7.17	2.24	58.11	8.22
东兴区	11.80	21.91	6.61	55.99	24.19
资中县	17.35	32.22	8.44	48.63	30.89
威远县	12.90	23.95	5.50	42.66	20.15
隆昌县	7.94	14.75	4.25	56.93	16.55
合计	53.85	100.00	27.04	—	100.00

6.3.4.4　生态空间格局

根据全市资源环境承载能力超限、生态空间较为分散等特点，建立以沱江水土保持和水源涵养生态功能带为主体，黄鹤湖、古宇湖、大青龙河、小清流河、濛溪河、乌龙河、威远河、隆昌河以及各集中饮用水源地等水生态环境保护区为延伸，各类森林公园、地质公园、风景名胜区、城市绿地为依托的“一带一区多片”的生态空间。

沱江水土保持和生态涵养功能带。沱江北由资中顺河场入境，贯穿全境(威远除外)，由市中区沱江乡出境。该区域要加大水土流失治理力度，实施人工生态林、经济林抚育工程，提升沿江水土保持功能。提高沱江水质动态监测信息化水平，建立完善突发水污染预警预报制度。大力整治沱江及其主要支流，严格按照饮用水源保护管理条例要求，进行管护。因地制宜，继续搞好沱江城市生态景观廊道建设。

水生态环境保护区。该区域由全市自然水体(河流、水库)和集中饮用水源一、二级保护区构成。全面推进威远河、隆昌河、球溪河、大清流、小青龙河、濛溪河、球溪河、乌龙河及黄河镇水库流域环境综合治理工程，强化富营养化水体和黑臭水体综合整治和生态系统恢复。严格执行《饮用水水源保护区污染防治管理规定》，全面清理各集中式饮用水源地一、二级保护区内的违章建筑、排污口、生活垃圾，沿途修建截污管道，建立饮用水源地保护区界标、界碑和宣传牌，建设隔离防护设施和水源地警示标志，修建边坡、护坎等。

森林、地质公园及城市绿地。包括长江森林公园、茨菇塘森林公园、资中重龙山—白云峡风景区、资中圣灵山地质公园、威远穹窿地质公园、隆昌云顶山风景区等公园景区和中心城区、各县城的绿地系统。

森林公园。严禁从事与资源保护、生态建设、森林游憩无关的生产建设活动和非抚育、更新性采伐等活动，有效控制旅游规模，拆除违规设施，保护野生动植物资源，维护森林生态系统完整性和稳定性。

地质公园。除建设必要的保护和附属设施外，不得进行任何与地质灾害防治、地质遗迹保护功能不相符的工程建设活动。

风景名胜区。要根据景区生态重要性等级确定合理的旅游开发规模，进一步完善景区智能化管理系统，提升综合接待能力；不得在景区核心区进行商业性餐饮、房地产、娱乐项目开发，完善环卫设施，增强景区环境自净能力。

城市绿地。建设以农田、水网和林地为主的城市组团间绿地，构建城乡贯通的生态空间格局，有效增加风速风量、稀释空气污染、降低热岛效应。设置城市绿色限建区，严格保护中心城区现有绿地，加快环城生态带建设，打造城市生态斑块、河滨绿地，增强绿色生态屏障功能。

6.4 总体结论

6.4.1 空间开发评价

根据内江市县主体功能定位，通过对全市地形地势、交通干线、区位优势、人口集聚度、经济发展水平、自然灾害影响、可利用土地资源、可利用水资源、环境容量、生态系统脆弱性等要素指标分析，得出如下主要结论：

1. 交通区位优势突出，要素空间分配不均

内江市位于四川省东南部，沱江下游中段，成渝高速公路中段，距成都 173km，距重庆 167km。东邻重庆市，西连乐山、眉山市、南与自贡、泸州市接壤，北与资阳市相依，素有“川中枢纽，川南咽喉”之称，是川东南乃至西南各省交通的重点交汇点。交通干线影响强的乡镇主要沿成泸、遂内、内宜、内威荣等主要交通干线呈线状分布。人口聚集度从空间上均呈现出由中心城区、乡镇向周边递减的趋势，县(区)经济发展水平差异较大，市中区的产业、人口聚集度明显高于其他县(区)。

2. 可利用水资源缺乏，环境容量轻度超载

内江市属川中丘陵低水质区，境内水质状况较差，水质污染严重，利用难度大，是典型的资源型、水质性、工程性缺水地区，全市多年人均水资源量仅 351m^3，是全国 108 个最严重缺水城市之一。内江市环境容量无超载区有 102 个乡镇、占 84.30%，厂矿企业分布集中的乡镇处于轻度以上超载状况。5 个区县中，市中区为极度超载区，威远县、隆昌县重度超载，东兴区、资中县无超载。

3. 生态环境一般脆弱，局部自然灾害影响大

区域生态系统总体属一般脆弱等级，脆弱地区主要集中在威远县北部的低山区，较脆弱以上区域占 27.26%。全市 7.18%的区域属于自然灾害影响大区，51.88%的区域属于自然灾害影响略大区。其中，地质灾害影响大区域主要分布在威远县北部山区，穹窿构造东侧。洪水灾害影响大区域主要分布于沱江干流两岸，以及内江辖区内主要河流两岸地势低洼区和区内主要水库周边。

4. 可利用土地资源较为缺乏，适宜开发区较少

内江市属典型的川中丘陵区地貌，可利用土地资源属于较缺乏等级，人均可利用土地资源 0.22 亩/人。适宜建设用地资源较少且较为集中的分布在沱江、清流河、小青龙河等河流及支流沿岸。最适宜开发的一级区域面积占比仅 0.67%，主要分布在中心城区附近；较适宜开发的二等区域占比 10.46%，主要分布在沱江沿岸以及县城所在区域；较不适宜开发的三级区域占比 18.96%；不适宜开发的四级区域面积较大，占比 69.90%(其中严禁开发的负面清单占全市总面积的 58.08%)。

6.4.2　三大空间

科学划定三大空间，支撑空间管控。全域三大空间边界划定，将在较长时期内保持稳定，是土地利用规划和城市发展规划编制的基本依据。根据内江市县主体功能定位，编制空间规划底图，划定空间开发负面清单范围，综合分析评估内江市国土空间开发潜力、资源环境承载能力，并划分城镇、农业、生态三类空间。其中，城镇空间占比 6.64%、农业空间占比 69.19%、生态空间占比 24.17%。内江市进行空间开发建设应遵循三大空间管控要求，不得随意突破功能空间管制边界。

6.4.3　空间格局

1. “一核三片四廊”总体发展格局

“一核”：一个综合发展核(东兴区和市中区)。

“三片”：三个县城发展片区。资中县、隆昌县、威远县。

“四廊”：一是沱江沿线城镇生态走廊，二是成渝干线经济走廊，三是内自一体化经济走廊，四是南向开放经济走廊。

2. “一核三极多点”城乡空间格局

一核：强化内江市中心城区核心地位，形成区域的交通枢纽、产业聚集中心、商贸物流中心，实现“强心战略”。

三极：资中、威远、隆昌三个县城为市域辅助增长极，形成分别辐射市域西北部、西南部和东南部的市域副中心，强化次级城市在市域中的辐射带动作用。

多点：近期重点培育四个县城副中心，扶持一批发展基础良好的重点镇，带动周边乡村发展，健全市域城镇等级结构。

3. “城郊型-平坝型-浅丘型”现代农业空间格局

在市中区、东兴区建设城郊型现代农业示范区；隆昌县建设平坝型现代农业示范区；资中县和威远县建设浅丘型现代农业示范区。着力培育优质粮油示范片、精品农业示范片、循环农业示范片、创意农业体验片等四大农业功能片区。

4. “一带一区多片”生态空间格局

建立以沱江水土保持和水源涵养生态功能带为主体的“一带一区多片”的生态空间。

第7章　绵竹市空间规划重构：空间规划整合协调

绵竹市是全国28个“多规合一”试点市县之一，于2012年全面启动了县域空间规划试点工作。经过一年多的不断探索，《绵竹市全域空间规划》编制完成，从资源环境承载能力出发，尊重自然规律，强化底线思维，合理确定不同功能区，构建了生活空间、生产空间、生态空间协调均衡的开发格局，描绘了一幅未来绵竹发展的宏伟蓝图，稳步推进“多规融合”，为其他市县推进主体功能区建设提供了很好的借鉴。

根据《国家发展改革委 环境保护部关于进一步推动市县“多规合一”试点工作的通知》(发改规划〔2014〕3003号)要求，四川省选取绵竹市、内江市开展多规合一空间数据库支撑试点，服务四川省多规合一空间数据库建设工作，为四川省市县“多规合一”工作提供重要支撑，对规范四川省市县空间规划编制工作具有重要意义。

本章将以绵竹市为例，采用理论加实践的方式，应用地理信息、云计算、大数据等技术，打破信息孤岛，构建多规合一空间数据标准体系，整合各类规划数据和基础地理信息数据形成，“多规一张图”，建立“多规合一”规划信息平台，为绵竹实现多规融合、多规衔接、空间管控、协同审批提供支撑，为助推试点改革工作提供技术支撑。

7.1　绵竹市概况

7.1.1　区位

绵竹市为德阳市下辖县级市，地处东经103°54′～104°20′、北纬30°09′～31°42′。地理区位优越，位于四川盆地西北部，东南紧邻德阳市旌阳区，东北与绵竹市安县接壤，西南与什邡隔河相望，西北与阿坝州茂县毗邻。境内东西宽约42km，南北长约61km，其形状如一支笔尖，自西北向东南伸展，全市面积1245.3km^2。西北部为龙门山地区，东南部为成都平原的一部分(图7-1)。

目前绵竹市辖19个镇2个乡，2013年末户籍总户数24.9万户，总人口50.7万人，全市城镇化率45.33%，全年实现地区生产总产值185.96亿元、比上年增长10.2%，非公经济实现增加值122.7亿元、比上年增长12.4%，非公经济占全市经济总量的比重为66%。

7.1.2　自然地理条件

绵竹市地形地貌区域分异明显，气候温暖湿润，地质灾害较为频繁。

(1)地形地貌。西北部为龙门山脉，东南部为成都平原，地势西北高、东南低，高差大，海拔最

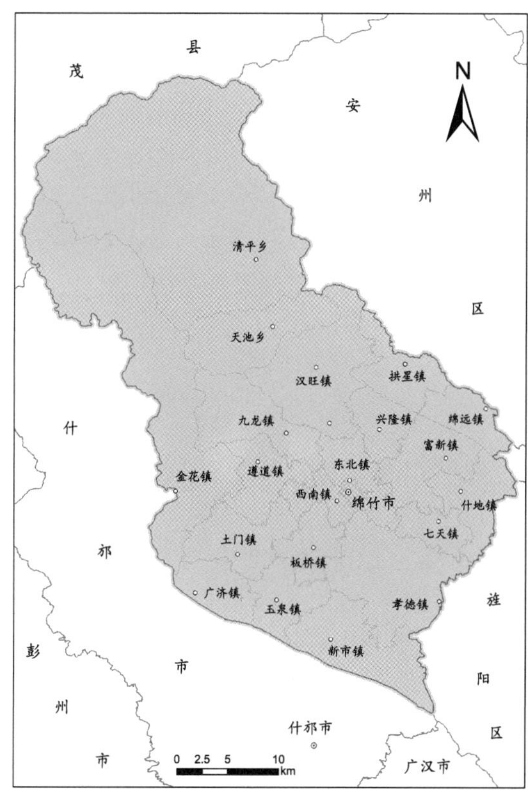

图 7-1　绵竹市区位图

高 4405m、最低 504m。西北部山区是河流发源地，支流众多，呈树枝状分布，河流切割深度一般为 500～1000m。全市地形大致分为山地、平原两类，界限分明。其中，山地面积 648.55km^2、占全市总面积的 52.08%，平原面积 596.75km^2、占全市总面积的 47.92%。

(2) 气候条件。属四川盆地中亚热带湿润气候区，气候温和，降水充沛，四季分明，大陆季风性气候特点显著，年平均气温 15.7℃。多年平均降水量 1053.2mm、平均年日照时数 1011.3h、平均无霜期 285 天。春夏旱和秋绵雨是其主要特点，盛夏多暴雨，冬季长而温暖少雨。

(3) 自然灾害。地处龙门山地震构造带中—南段，境内分布有多条断裂带，属国家、四川省地震局圈定的地震重点监视防御区之一。“5·12”汶川特大地震后，山区部分地域山体受到破坏，在降雨、余震诱发下，地质灾害发生概率较高。

7.1.3　主要自然资源

绵竹市矿产、水和生物资源丰富，其中磷矿资源在我国和四川省占有重要地位。

(1) 水资源。地处沱江上游，由西北部山区流向东南平原，境内多年平均自产水量 8.76 亿 m^3、平均地下水天然资源量 1.13 亿 m^3、平均过境水量 4.90 亿 m^3。水能资源理论蕴藏量 14.7 万 kW、可开发量 2.1 万 kW。主要河流有绵远河、石亭江、射水河、马尾河、白水河、龙蟒河等。

(2) 矿产资源。矿产资源丰富，已探明矿产 25 种，磷、白云石和石灰石储量较多。磷矿主要分布于西北山区，储量 17376 万 t，品位均在 25%以上，是全国四大磷矿基地之一。石灰石也主要分布于西北山区，可采储量 2 亿 t 以上。

(3) 植物资源。植被属四川盆地西北边缘亚热带常绿阔叶林区。植物垂直性带谱明显：中、低山为针阔叶林带；中山为硬阔叶、暗针叶林带；亚高山为针叶林、灌木林带；高山为灌丛草甸带。珍稀植物有珙桐、水杉、银杏、连香树等。

(4) 旅游资源。绵竹年画是我国四大年画之一，“绵竹年画村”声名远扬。剑南春“天益老号”酒坊遗址被评为中国考古十大新发现之一。沿山观光带是国家农业生态旅游示范点。西北部的九顶山属“岷山山系世界自然遗产保护地”。

7.1.4 国土空间及开发特征

绵竹市国土空间类型多样，土地利用结构较为有利，区域土地利用差异明显，土地总体利用率较高。

(1) 国土空间类型多样。国土空间有“六山一水三分田”的特点，可分为山区、沿山区、平坝区三大类，山区占全市土地面积 53.6%、沿山区占 9.2%、平坝区占 37.2%。受自然因素影响，境内土壤类型较多，其中自然土壤有 6 个区类。

(2) 土地利用结构较有利。全市土地利用以林地和耕地为主，占土地总面积 75%。其中，林地占 47.3%，耕地占 27.7%。耕地面积占土地总面积比重高于全省平均 1 倍以上，林地面积占土地总面积比重也明显高于全省平均水平。

(3) 土地利用区域差异大。东南平原区人口产业密集，土壤肥沃，土地利用以耕地为主，是粮、油的主要产区和工业化城镇化依托的重点区域。西北山地丘陵区土壤瘠薄，人均耕地比重较少，以林地为主。

(4) 土地总体利用率较高。土地利用按类型可分为宜农、宜林、宜园、宜牧、宜渔等多种类型。根据土地利用现状分为农用地、建设用地和未利用地 3 个一级地类。土地利用率较高，达到 95%以上，高于全省平均水平。

7.2 绵竹市“多规合一”规划信息平台

绵竹市“多规合一”规划信息平台建设按照国家试点工作要求，紧紧围绕绵竹市地方需求，发挥测绘地理信息优势，整合绵竹市各类基础数据和规划成果数据，构建“多规合一”规划信息平台，为地方加强国土空间管控提供技术支撑。

7.2.1 总体设计

7.2.1.1 系统概述

1. 总体框架图

绵竹市“多规合一”规划信息平台采用 MVC 架构，分离各层关注业务(图 7-2)。

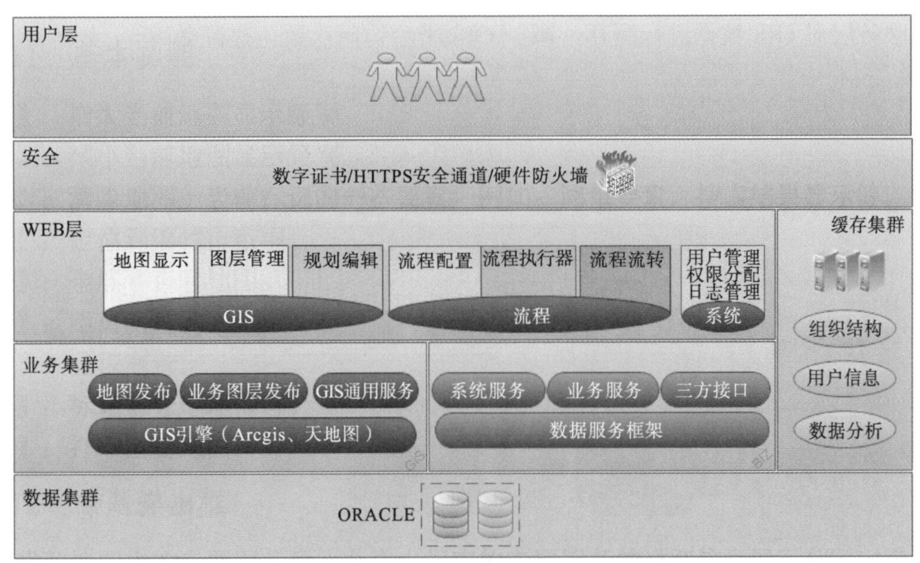

图 7-2　绵竹市“多规合一”规划信息平台整体框架图

后台数据保存采用 Oracle 数据库集群，集群模式可以保证一台服务器出现故障不影响系统运行，最大限度保障系统稳定运行。

业务服务器集群将系统的业务处理进行分布式部署，平滑应对用户规模的不断扩大。

缓存服务器可以加速系统响应速度，提高用户感知。

可以对外部系统提供必要的数据接口，满足外部系统的数据使用需求。

系统使用 ArcGIS 地图服务引擎。

通过对系统数据进行深度挖掘分析，可以为领导层进行重大决策提供必要的数据支撑。

2. 软件结构图

绵竹市“多规合一”规划信息平台框架主要由数据层、服务层、应用层和运行支撑层组成(图 7-3)。

数据层以基础地理信息数据库为基础，加载规划成果数据、项目数据和业务数据为主要内容，主要包括不同比例尺的地形图数据、遥感影像数据、规划成果数据以及项目审批材料等数据。各规划部门维护自身的规划数据，按照统一的技术规范进行整合处理，采用分布式的存储管理模式，在逻辑上规范一致，在物理上彼此互联互通。

服务层主要包括天地图四川服务接口和 ArcGIS 服务接口等。

应用层主要包括门户网站和协同规划系统等。

运行支撑层主要包括平台运行所需的软硬件条件、标准规范、安全保障、法律法规。

7.2.1.2　系统性能设计

WEB 集群设计分流用户请求，负载均衡，提升效率。

数据缓存和界面生成内容缓存。

在数据结构设计和存储方面优化，如多表存储，根据查询条件分流。减少 IO 争用。

多线程并行处理，提高效率。

在 GIS 服务层对 GIS 数据进行缓存，减少 GIS 平台访问次数，提高效率。

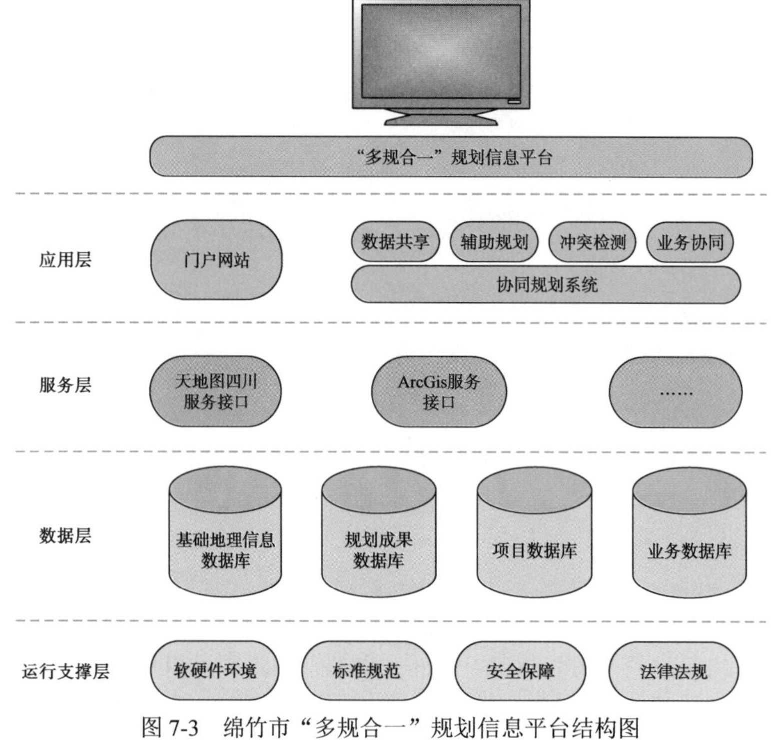

图 7-3 绵竹市"多规合一"规划信息平台结构图

7.2.2 "多规一张图"功能介绍

首页提供【多规一张图】和【协同规划系统】的快速导航。

绵竹市"多规合一"规划信息平台(图 7-4)门户网站，即绵竹市多规一张图，是绵竹市多个政府部门规划成果的展示平台，包括市发改局、市规划局、市水务局、市国土局、市建设局、市交通局等部门，网站可对各规划数据进行展示、查询、冲突分析和规划检测。

图 7-4 绵竹市"多规合一"规划信息平台

7.2.2.1　界面展示

网站包括地图展示、规划专题图层分类展示、“十三五”规划数据展示、矢量数据加载、地名查询、空间查询等功能(图 7-5)。

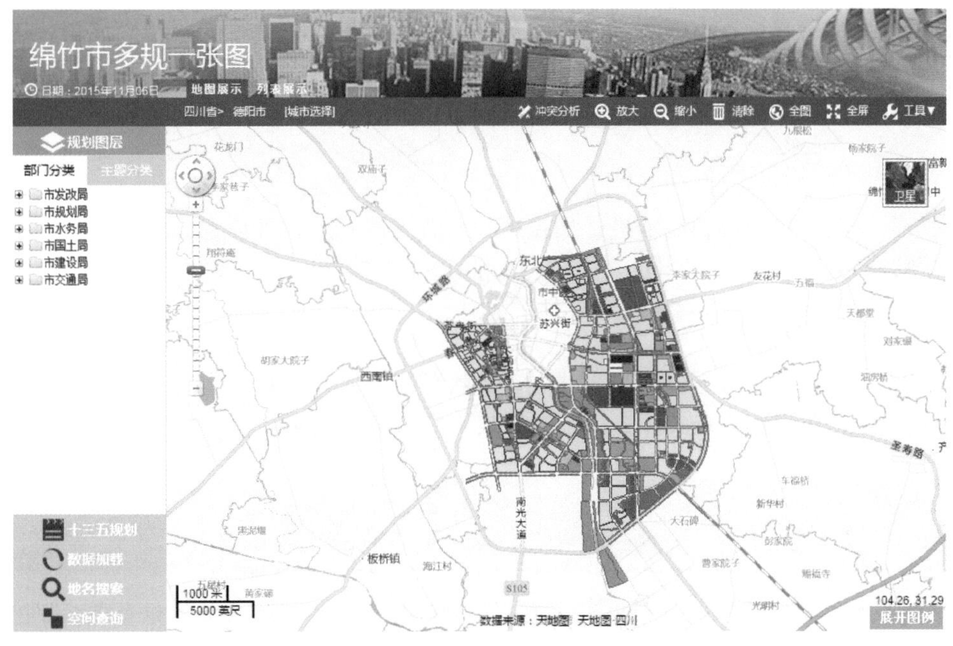

图 7-5　界面效果图

7.2.2.2　地图展示

打开网站首页，默认展示绵竹市矢量电子地图，点击地图切换按钮可切换至绵竹市影像电子地图，点击路网可进行路网的可见性控制(图 7-6)。

图 7-6　绵竹市影像电子地图

展开图例为当前的地图图例样式。在添加专题地图后，图例会自动变成当前选中添加的专题要素样例。

7.2.2.3 分类展示

按部门可分为市发改局、市规划局、市水务局、市国土局、市建设局、市交通局，详细分类见系统展示。

按主题可分为总体规划、主干规划、专题规划、土地规划，详细分类见系统展示。

7.2.2.4 列表展示

用户点击列表展示可与地图展示进行切换，显示各专题图层详细信息，包括服务名称、所属部门、所属主题、图层简介、上传时间、服务地址等信息。

7.2.2.5 “十三五规划”展示

绵竹市“十三五规划”数据以列表方式进行详细信息展示，可在列表上方进行按项目类别、项目名称、建设地址、建设性质多条件查询，在列表下方进行分页控制显示数据(图 7-7)。

图 7-7 绵竹市“十三五规划”展示图

7.2.2.6 数据加载

提供用户上传 shp 文件并在地图上叠加显示的功能，用户将 shp 文件打包成 zip 格式压缩文件，并将 shp 文件置于压缩包根目录下，点击上传，选择压缩包路径，文件自动上传并显示(图 7-8)。

7.2.2.7 地名搜索

用户在选择地名搜索列表后，会弹出地名搜索框，在框中输入需要搜索的信息后，在地图中，系统会自动将用户搜索的相关内容展示出来，搜索范围为绵竹市。

在搜索框的下方会有搜索结果的分页显示，在地图中，会对当前分页的信息进行相应的标注(图 7-9)。

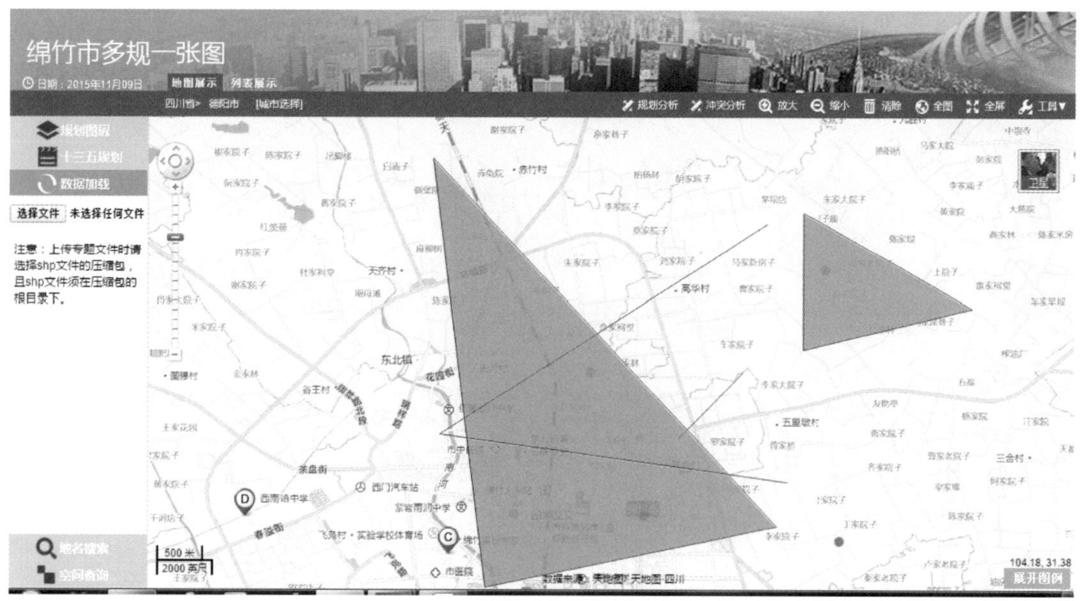

图 7-8　数据加载效果图

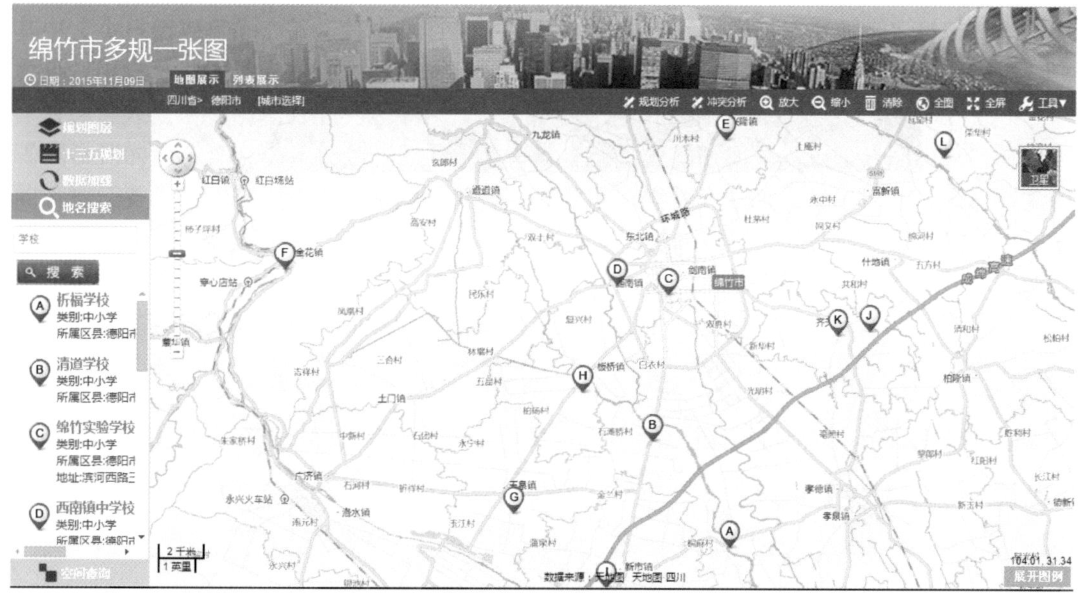

图 7-9　地名搜索展示图

7.2.2.8　空间查询

空间查询主要是针对专题图层列表进行查询。在目录选择中，可以选择相应的服务、服务中的图层、图层中所包含的数据字段查询。如不选择条件，则是搜索所有的数据，选择条件则是查询符合当前选择条件的数据。查询的结果会在电子地图的下半部分以列表的形式展示出来，在地图中也会有相应的标记(图 7-10)。

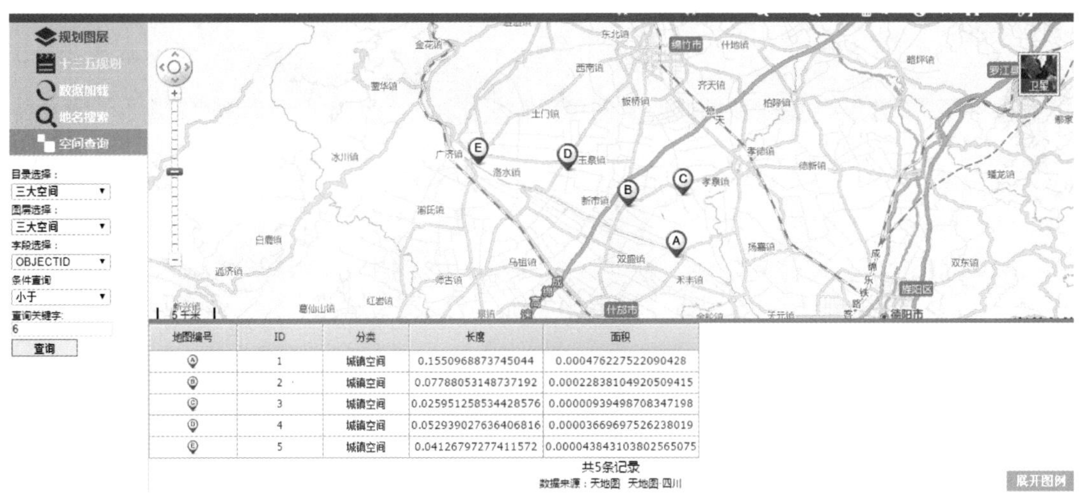

图 7-10　空间查询结果图

7.2.2.9　规划分析

规划分析功能主要是针对相应的规划图层进行点、线、面和 shp 文件的加载分析。点、线、面和 shp 文件中的 features 所占用的图层在规划分析列表中会以红色标记的形式表现出来。

第一步，点击工具条中的【规划分析】后会弹出下列对话框(图 7-11)：

图 7-11　规划分析图

其中，列表是需要分析的图层列表。点、线、面分析分别为画点、画线、画面进行图层分析。选择文件为上传 shp 压缩文件进行规划图层分析。在分析时，需要先选中需要分析的图层。如图 7-12 所示。

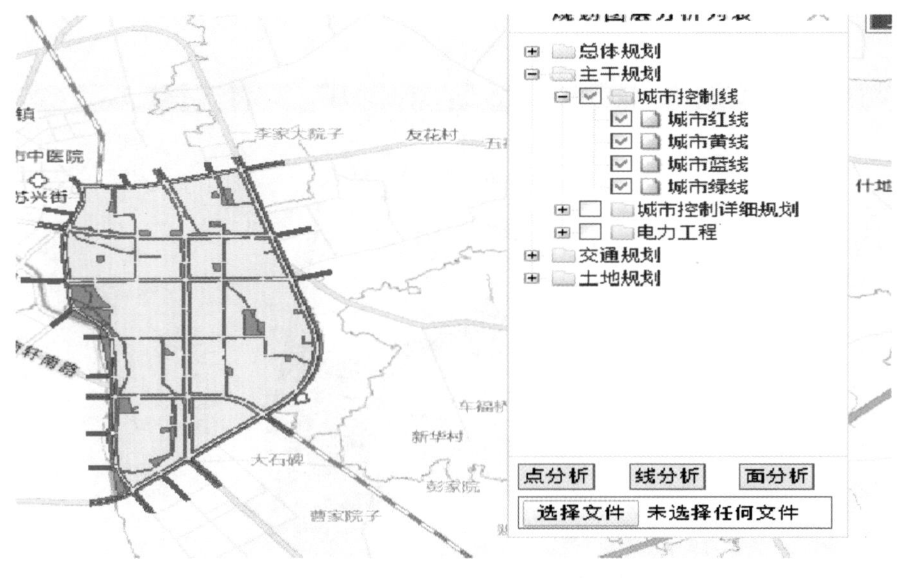

图 7-12　图层列表图

第二步，(只以线分析示例)点击线分析。在地图的专题图层中，需要分析飞部分画线。画线结束后，系统会自动将勾画线部分占用的规划图层以红色背景标记出来。(地图中蓝色为线分析时画的线。)

shp 上传分析：点击列表中的选择文件，会出现 shp 上传的文件夹选择对话框。选中需要进行分析的 shp 压缩文件，系统会将其加载到地图中，并在列表中标记出占用了的图层(图 7-13)。

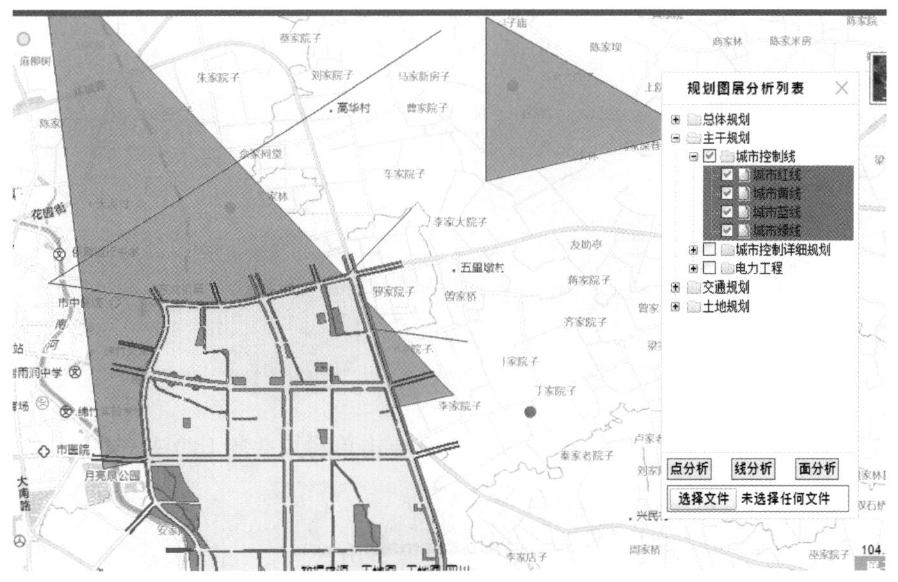

图 7-13　shp 压缩文件上传图

7.2.2.10 冲突分析

选择工具条中的冲突分析，系统会自动将冲突分析图层叠加到电子地图当中(图 7-14)。并激活画面工具。

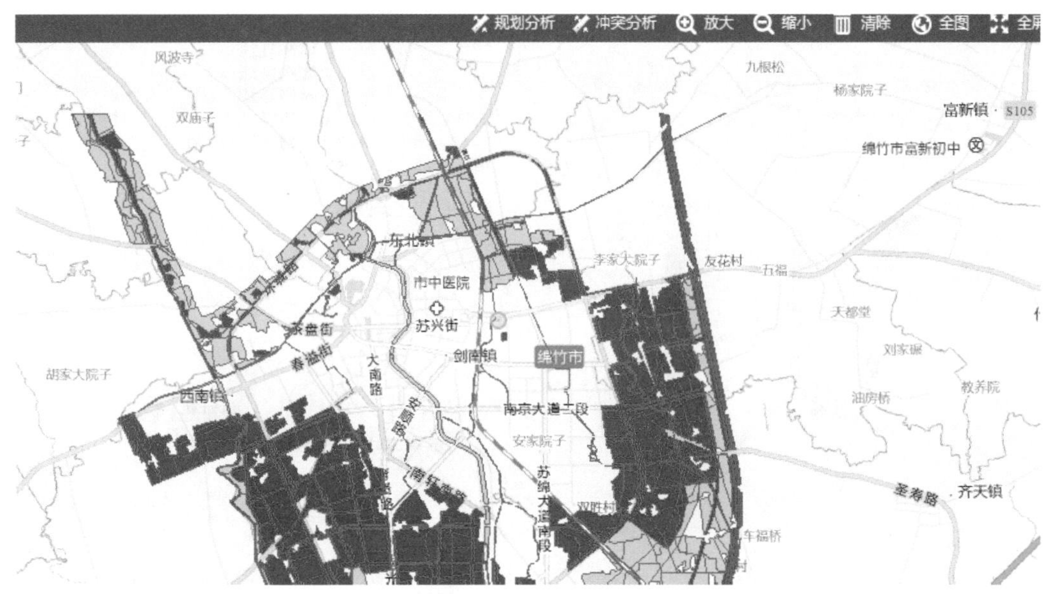

图 7-14 冲突分析图

用户将需要分析的部分在专题地图上勾画出来，系统会显示出相应的统计表，来展示冲突分析出来的数据(图 7-15)。

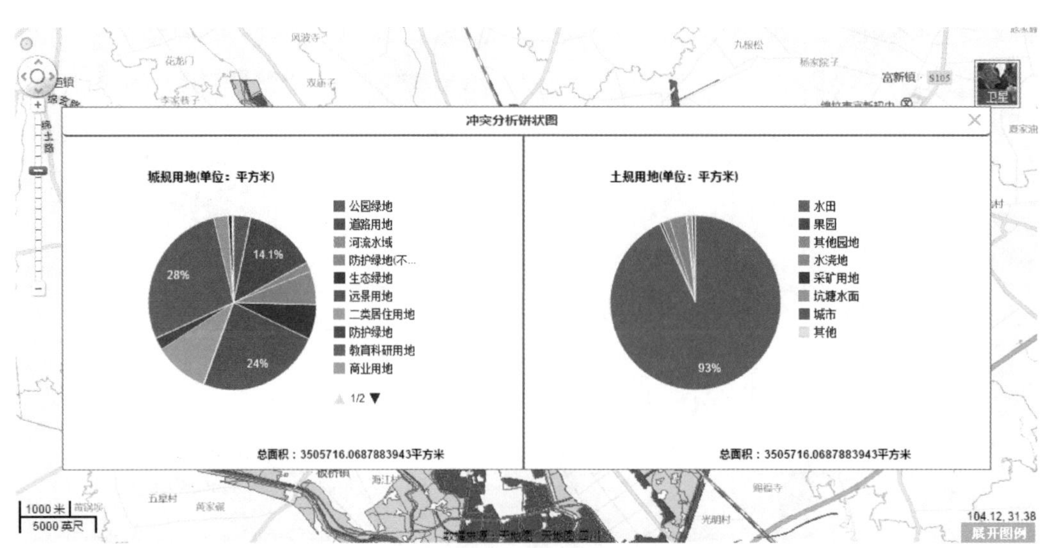

图 7-15 冲突分析现状图

7.2.2.11　基本功能

【放大】：增大当前地图显示级别。
【缩小】：减小当前地图显示级别。
【清除】：清除地图上当前标记的一些要素，例如：测量要素，搜索结果显示等。
【全图】：定位到绵竹市范围。
【全屏】：全屏幕查看地图。
【测距】：距离测量。
【测面】：面积测量。
【标绘】：标记部分地理信息。
【打印】：打印当前地图。

7.2.2.12　专题弹出框

点击加载到地图中的专题服务后，会弹出相应的专题服务的详细信息展示(图 7-16)。

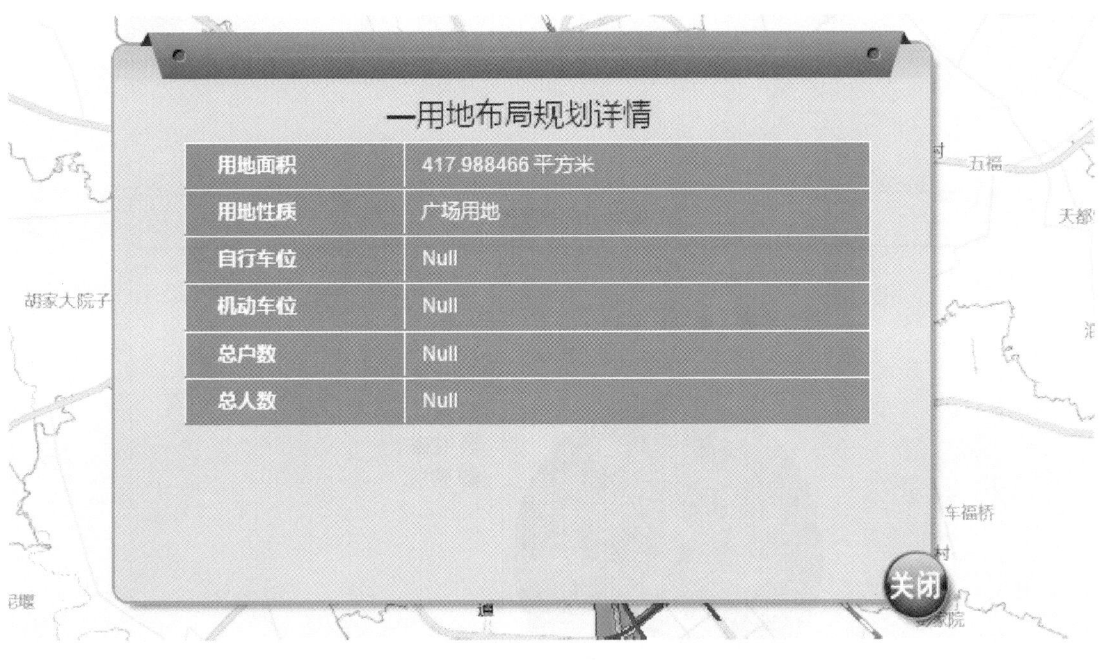
—用地布局规划详情

用地面积	417.988466 平方米
用地性质	广场用地
自行车位	Null
机动车位	Null
总户数	Null
总人数	Null

图 7-16　用地布局规划详情

7.2.2.13　周边搜索

在部分规划图层中，在弹出框中加入了周边搜索功能(图 7-17)。

在输入范围、点击周边搜索后，会将附近的学校、餐饮、住宿和购物等相关信息以饼状图的样式显示出来(图 7-18)。

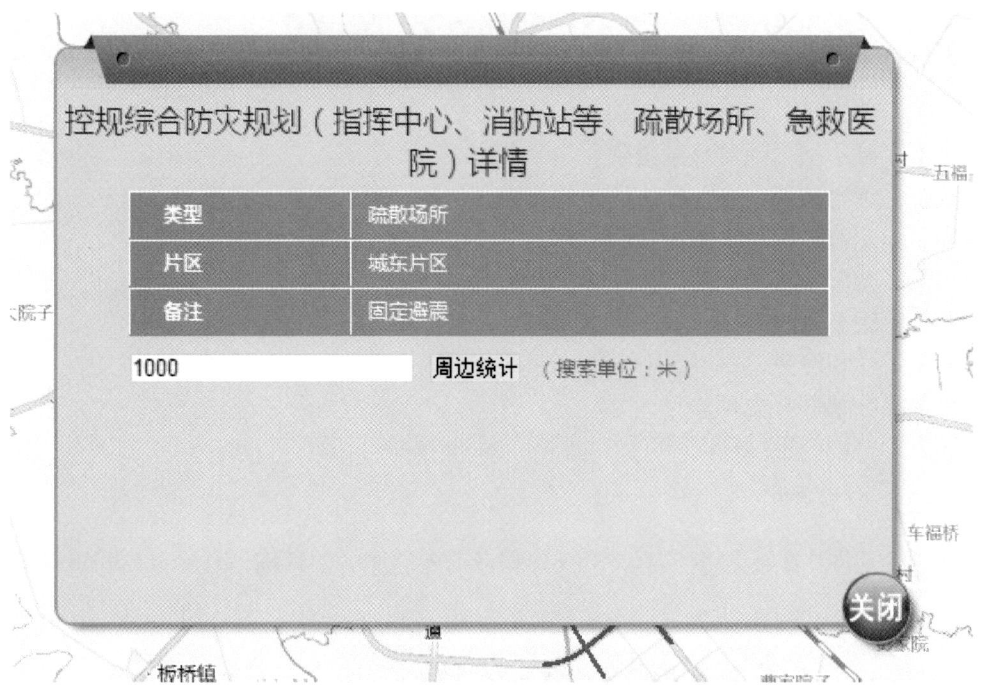

图 7-17　周边搜索图

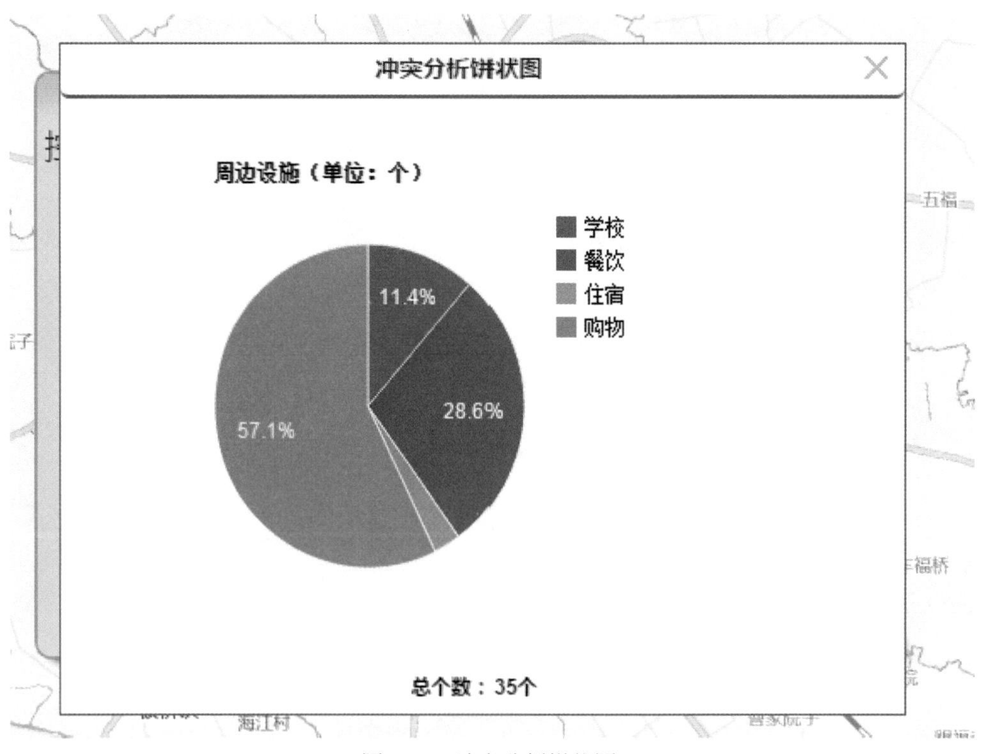

图 7-18　冲突分析饼状图

7.2.3　协同规划系统功能介绍

7.2.3.1　平台登录

用户点击首页【协同规划系统】，进入绵竹市“多规合一”规划信息平台(下文简称为“平台”)登录界面(图 7-19)。

图 7-19　系统登录界面

用户在平台的登录界面分别输入用户名和密码，点击【登录】按钮进行平台登录操作。

登录成功：平台验证用户输入的用户名和密码正确后，自动跳转至平台首页。

登录失败：若平台验证用户输入的用户名和密码不正确(包括用户名不存在、用户名错误、密码错误等)，平台清空用户输入的用户名和密码，并在登录窗口底部提示用户名密码错误。

7.2.3.2　平台首页

平台首页共包括 3 个主要区域，分别为：平台快速功能导航区域，平台导航菜单区域，平台功能操作区域(图 7-20)。

图 7-20　平台首页

1. 平台快速功能导航

平台快速功能导航包括【平台功能树图】控制按钮、平台名称、当前日期、【绵竹市多规一张图】快速导航按钮、当前用户信息、【平台首页】快速导航按钮，【平台退出】按钮(图 7-21)。

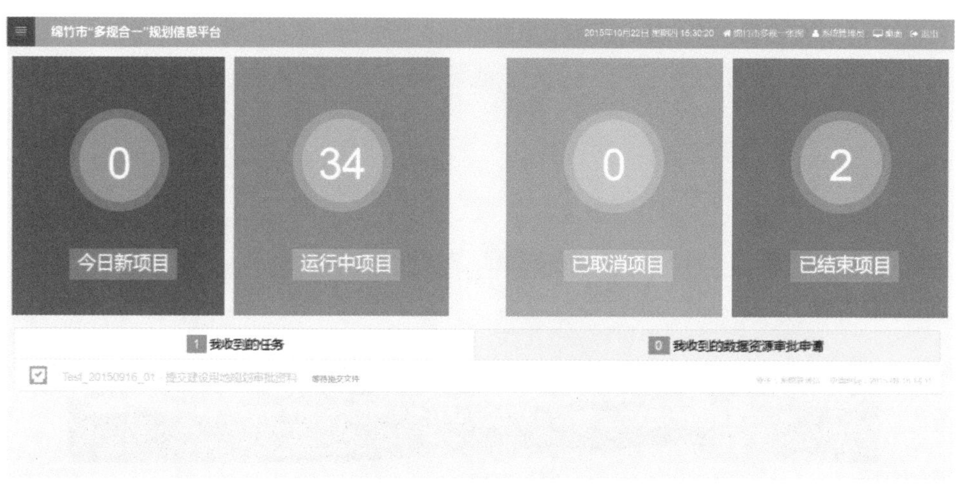

图 7-21　平台功能树图

2. 平台导航菜单

平台导航菜单亦为平台功能树图，显示平台当前提供的各功能模块入口。目前平台主要提供的功能模块包括：规划决策辅助、业务协同、数据资源共享、系统管理。系统默认显示一级导航菜单(图 7-22)。

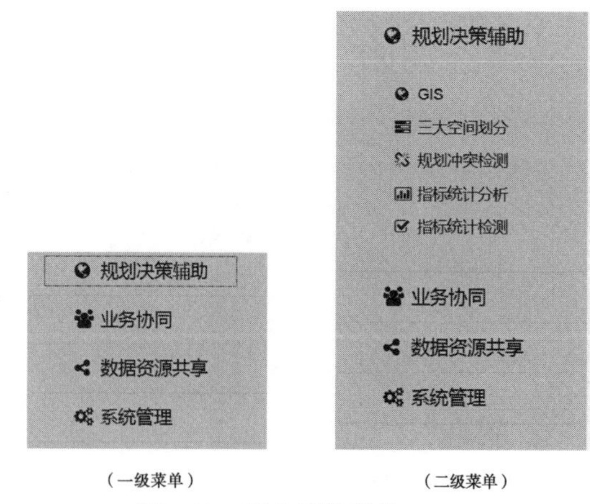

（一级菜单）　（二级菜单）

图 7-22　平台导航菜单

3. 平台功能操作区域

平台功能操作区包括【今日新项目】、【运行中项目】、【已取消项目】、【已结束项目】和

【我收到的任务】、【我收到的数据资源审批申请】6 个子模块(图 7-23)。

图 7-23　平台功能操作区域图

其中【今日新项目】、【运行中项目】、【已取消项目】、【已结束项目】显示有当前类别项目的数量。用户可以通过点击【今日新项目】、【运行中项目】、【已取消项目】、【已结束项目】文字，快速进入点击类别项目的列表中。

【我收到的任务】、【我收到的数据资源审批申请】根据时间先后顺序分别加载当前用户需要处理的流程任务和资源审批申请。若流程任务可以忽略不操作，系统支持用户点击【忽略】超链接进行忽略处理。

用户可以点击【我收到的任务】、【我收到的数据资源审批申请】列表中的任务标题或者资源申请标题快速跳转至任务信息页面或资源申请页面。

7.2.3.3　规划决策辅助

规划决策辅助包括 GIS、三大空间划分、规划冲突检测、指标统计分析、指标统计检测 5 个功能模块。用户点击规划决策辅助菜单，系统加载 5 个功能模块的菜单(图 7-24)。

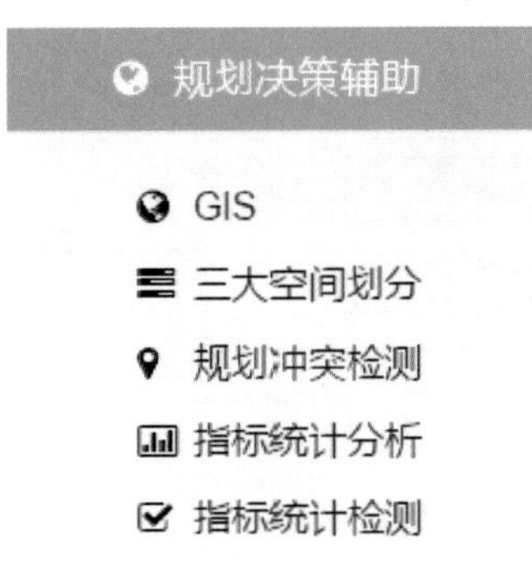

图 7-24　规划决策辅助菜单图

1. GIS 基本功能

被分配了【GIS】操作权限的用户，点击导航菜单的【规划决策辅助】-【GIS】菜单链接后，显示地图功能(图 7-25)。

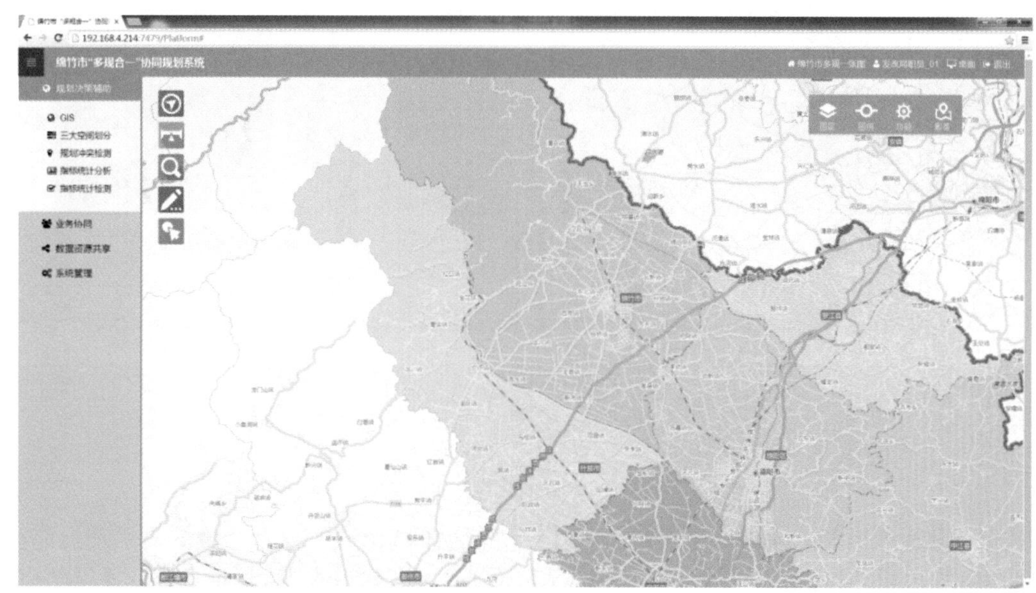

图 7-25　GIS 界面图

1) 导航功能

点击导航功能图标：，地图模式变为浏览模式，可拖动浏览地图。

2) 量测功能

(1) 坐标测量。

点击坐标测量图标：，在地图上点击鼠标左键，即可查询点击的位置的坐标(图7-26)。

图 7-26　坐标量测界面图

(2)距离测量。

点击面积测量图标：，在地图上点击鼠标左键画线，双击鼠标左键结束，即可查询所画线的距离(图 7-27)。

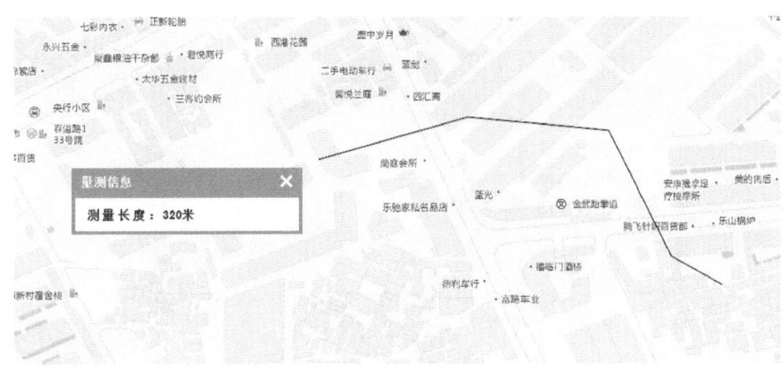

图 7-27　距离量测界面图

(3)面积测量。

点击面积测量图标：，在地图上点击鼠标左键画面，双击鼠标左键结束，即可查询所画面的面积和周长(图 7-28)。

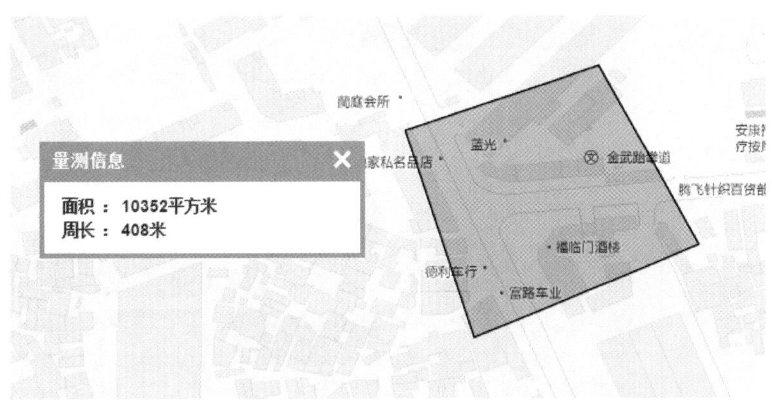

图 7-28　面积测量界面图

3) 查询功能

(1)点击查询。

用户在 GIS 界面按住 Ctrl 键并鼠标单击要查询的对象，即可弹出该对象的属性信息(图 7-29)。

(2)按属性查询。

点击按属性查询图标：，弹出按属性查询条件设置面板，设置要查询的图层、字段以及查询条件，点击查询按钮即可将符合条件的对象高亮显示(图 7-30，高亮：红色边框，填充色为蓝色）。

图 7-29　点击查询功能图

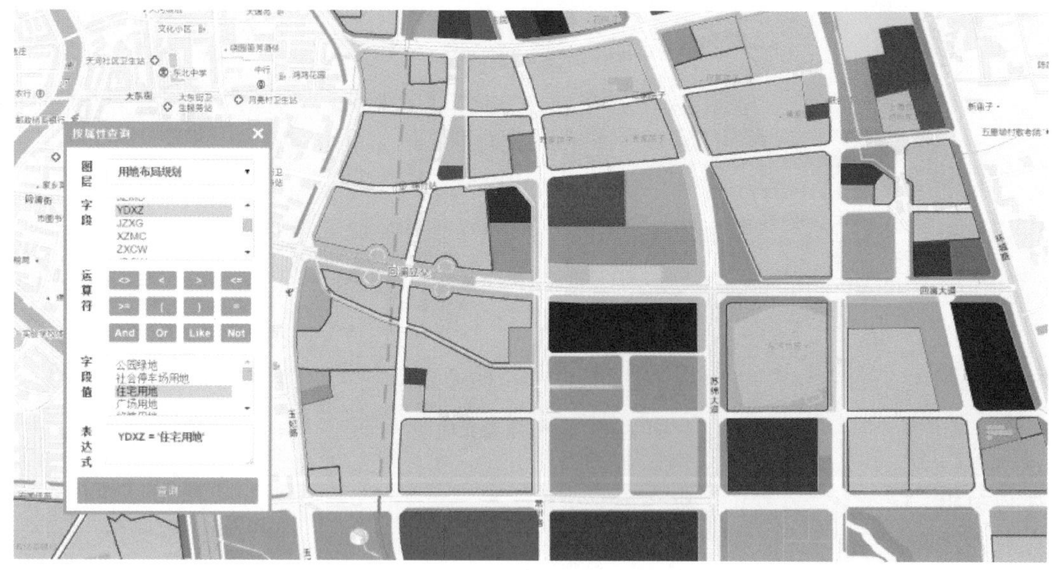

图 7-30　按属性查询结果图

(3)空间查询。

点击空间查询图标：，弹出空间查询面板，设置要查询的图层、工具(点、线、面)以及缓

冲距离(面工具没有缓冲距离)，在地图上画点、线或者面，即可将在缓冲距离以内或者面以内的对象高亮显示。

点工具查询(图 7-31)。

图 7-31　点工具查询图图

线工具查询(图 7-32)。

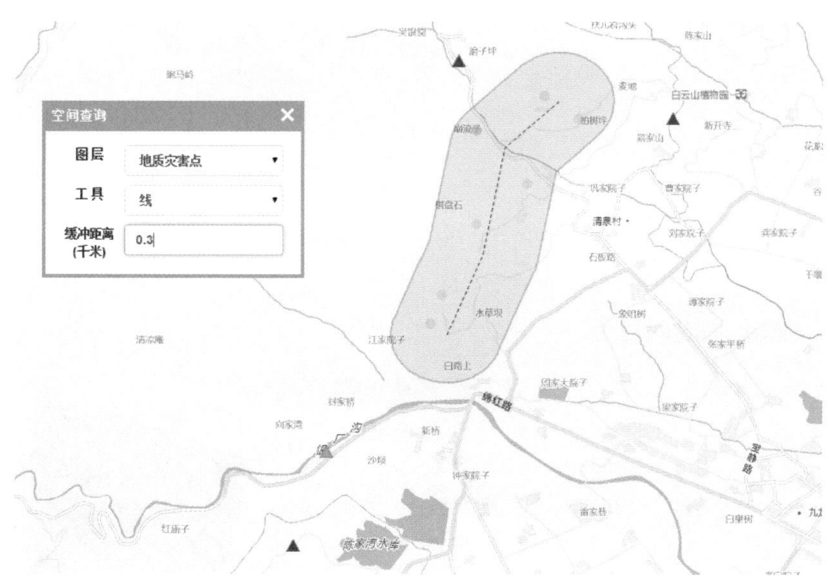

图 7-32　线工具查询图

面工具查询(图 7-33)。

4) 编辑功能

点击编辑工具栏图标：，弹出编辑工具栏，即可编辑矢量图层。

(1) 浏览。

点击浏览图标：，可切换到地图浏览模式。

(2) 选择。

点击选择图标：，可以拉框选中对象。

(3) 创建。

点击创建图标：，弹出创建要素面板(图 7-34)。

选中某图层的其中一项，即可在地图上勾画创建对象(图 7-35)。

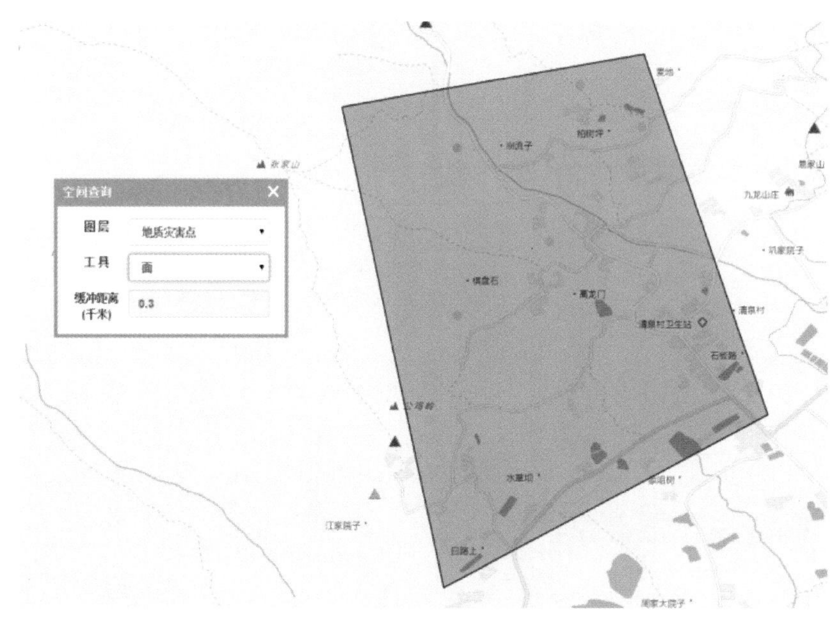

图 7-33　面工具查询图

图 7-34　要素面板图

图 7-35　创建对象图

(4) 删除。

利用选择工具，选中要删除的对象，点击删除图标：✕，即可删除选中的对象。

(5) 编辑顶点。

点击编辑顶点图标：，双击需要编辑的对象，即可启动对象的顶点编辑，可随意拖动顶点以进行编辑，双击对象即可关闭编辑顶点(图 7-36)。

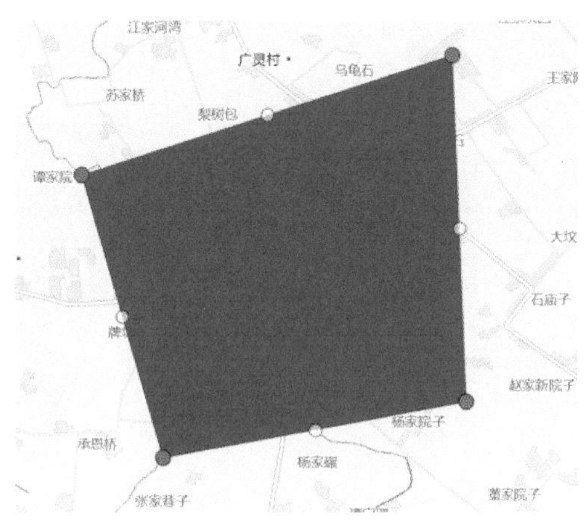

图 7-36　编辑顶点图

(6) 移动。

点击移动图标：，双击需要移动的对象，即可移动该对象。

(7) 编辑属性。

点击编辑属性按钮：，拉框选中需要编辑属性的对象，弹出属性编辑面板，即可直接编辑对象的属性信息(图 7-37)。

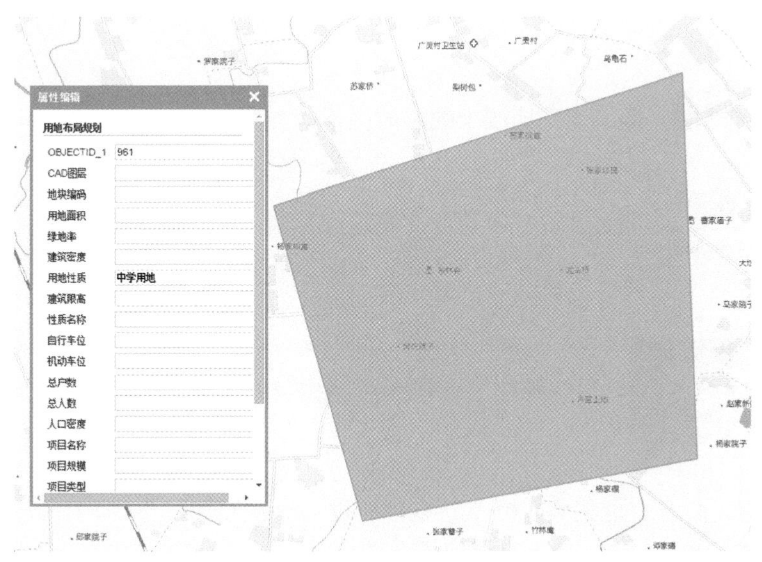

图 7-37　编辑属性图

(8)切割。

选中要切割的对象，点击切割图标：，画线进行切割(图 7-38)。

用户双击鼠标左键，结束完成切割(图 7-39)。

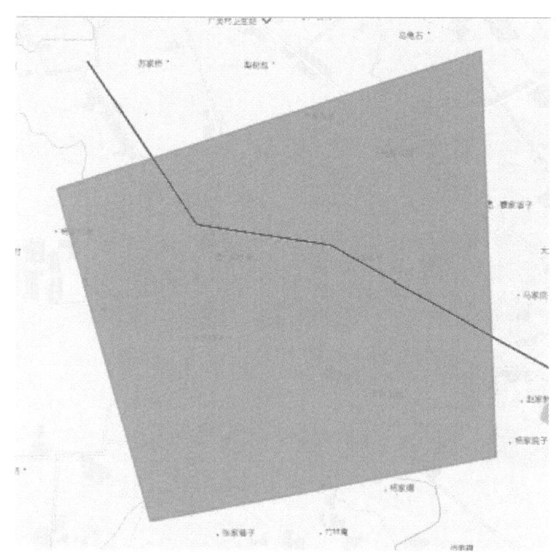

图 7-38　切割对象图

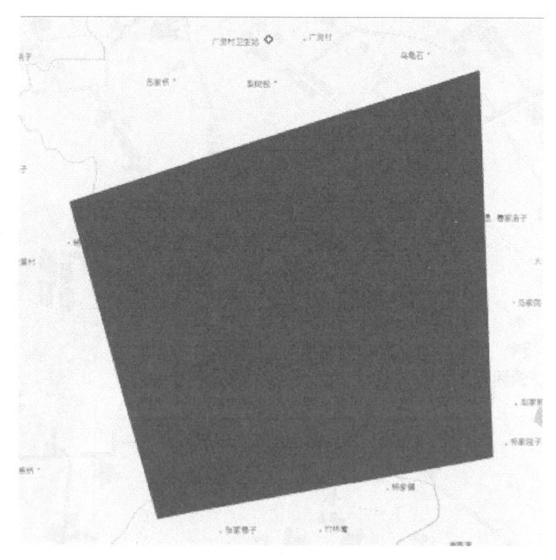

图 7-39　完成对象切割图

(9)合并。

选中需要合并的两个面(必须相互挨着或者部分重叠)，点击合并图标：，即可合并两个面。

(10)清除选择。

点击清除选择图标：，可清除所选中的对象。

(11)撤销与恢复。

点击撤销按钮：，撤销上一步操作，点击恢复按钮：，恢复上一步操作。

5)清空和打印

(1)清空。

点击清空按钮：，即可清空地图上的临时图形。

(2)打印。

点击打印按钮：，即可开启打印功能，将地图范围内的内容进行打印(图 7-40)。

6)图层功能

(1)图层管理。

点击图层按钮：

，可打开图层管理面板(图 7-41)。

(2)加载 shape 文件。

在图层树上右键，打开右键菜单面板，选择“加载 shape 文件”(图 7-42)。

点击文件夹图标：或，可以打开或者关闭图层组。

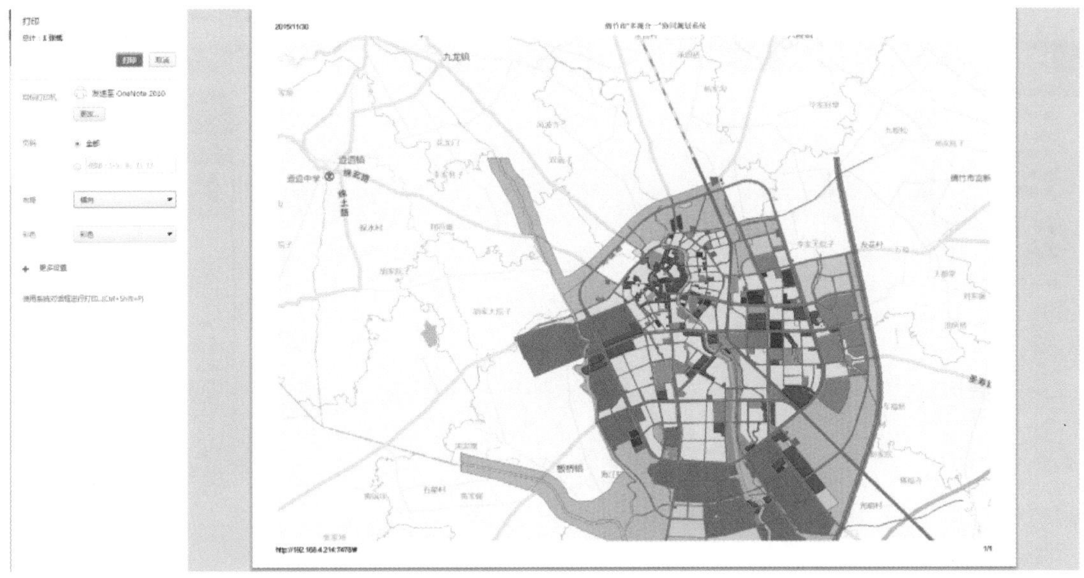

图 7-40　打印地图

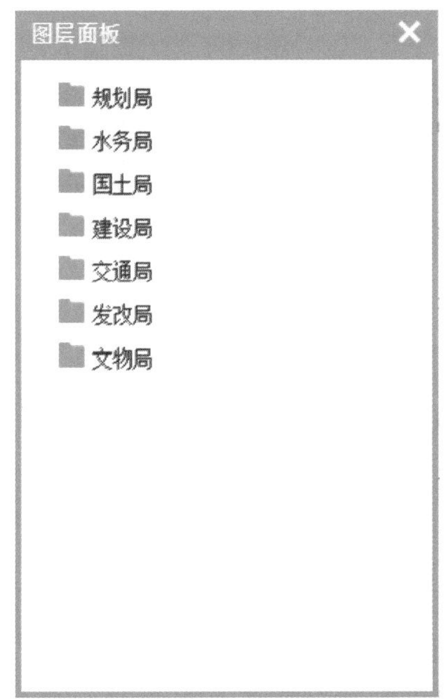

图 7-41　图层管理面板图

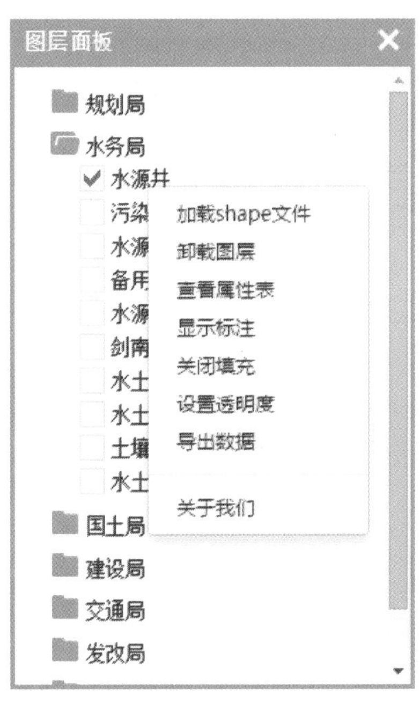

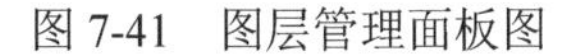

图 7-42　图层树右键菜单面板图

打开文件选择对话框，选择 shp 文件压缩包文件(且 shp 文件须在压缩包的根目录下，图 7-43)，即可加载 shp 文件到地图上(图 7-44)。

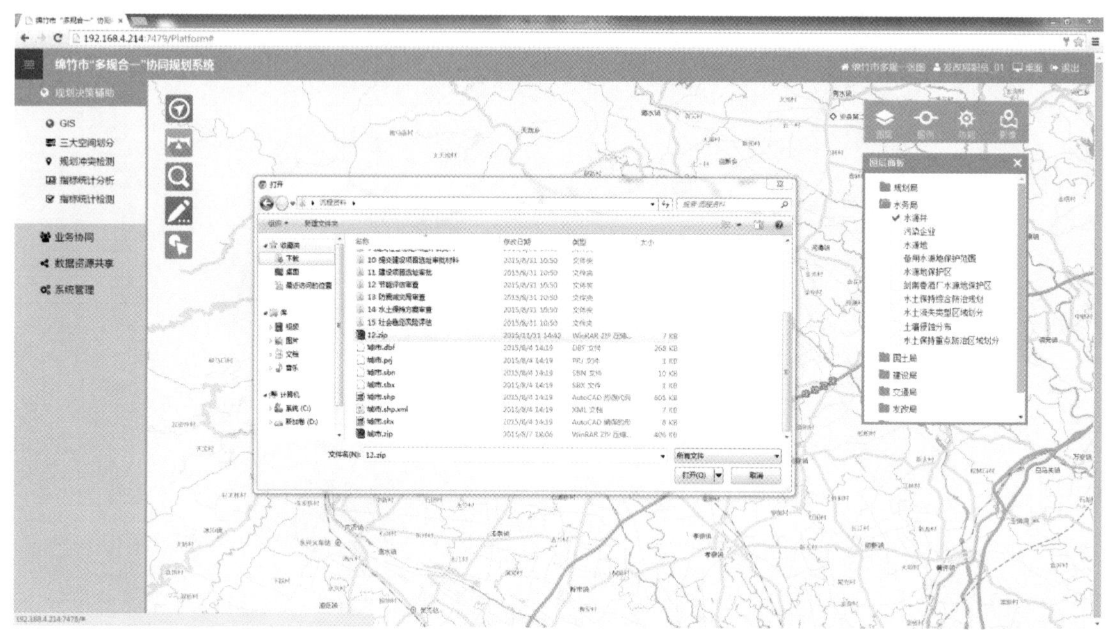

图 7-43 选择 shp 文件压缩包文件

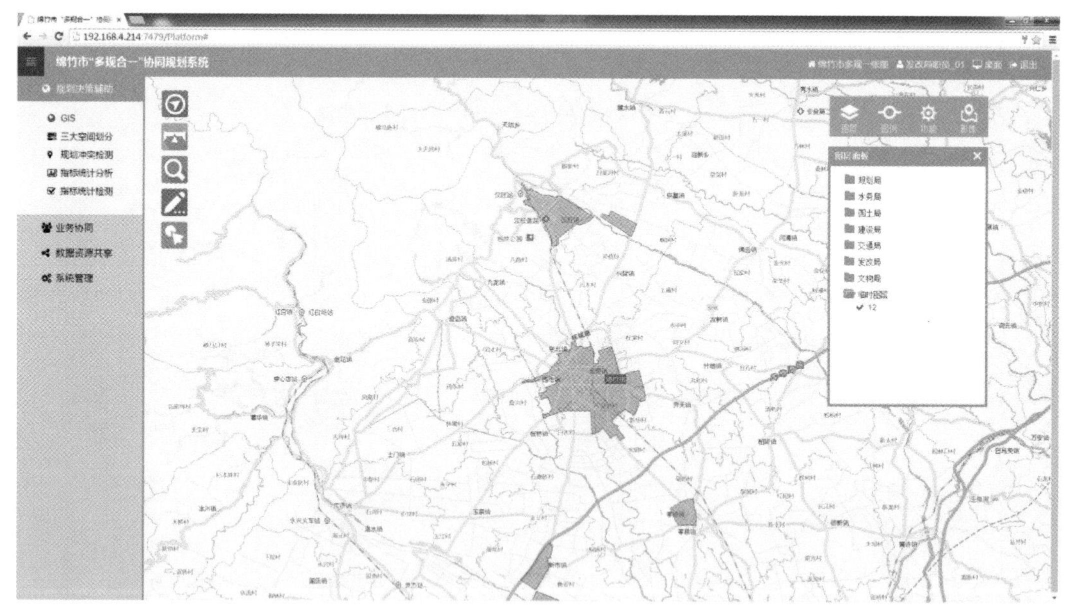

图 7-44 系统加载 shp 文件到地图上

(3) 卸载图层。

在需要移除的图层上点击右键，打开菜单面板，选择“卸载图层”，即可移除该图层。

(4) 查看属性表。

在需要查看属性表的图层上点击右键，打开菜单面板，选择“查看属性表”，即可打开该图层的属性表(图 7-45)。

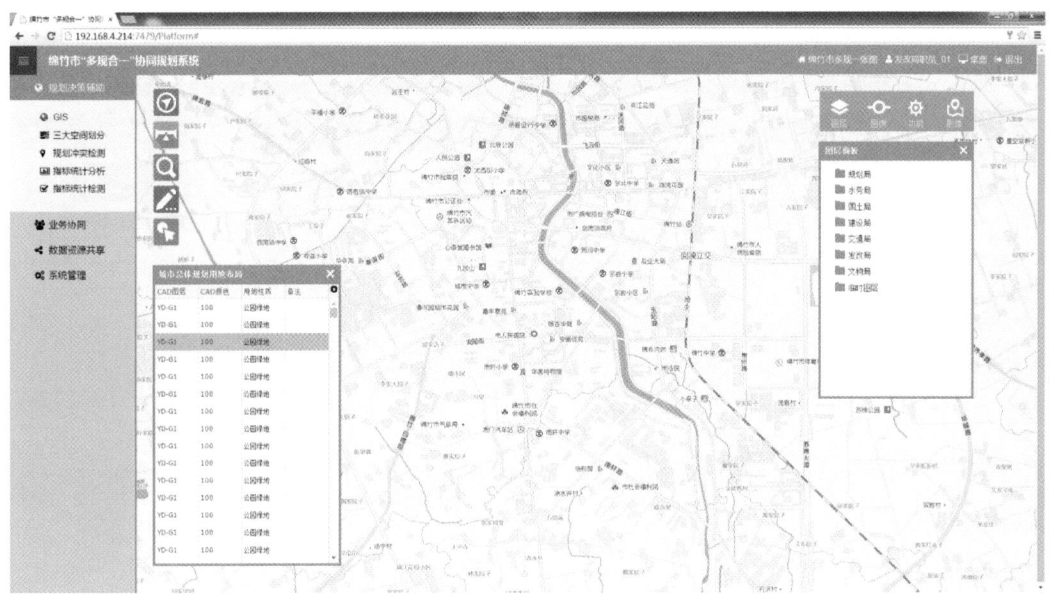

图 7-45　查看属性表

(5) 显示标注。

在需要显示标注的图层上点击右键，打开菜单面板，选择“显示标注”或者“关闭标注”，即可显示或关闭图层标注(图 7-46)。

图 7-46　显示标注

(6) 关闭填充。

在需要关闭填充的图层上点击右键，打开菜单面板，选择“关闭填充”或者“显示填充”，即可显示或关闭图层填充(图 7-47)。

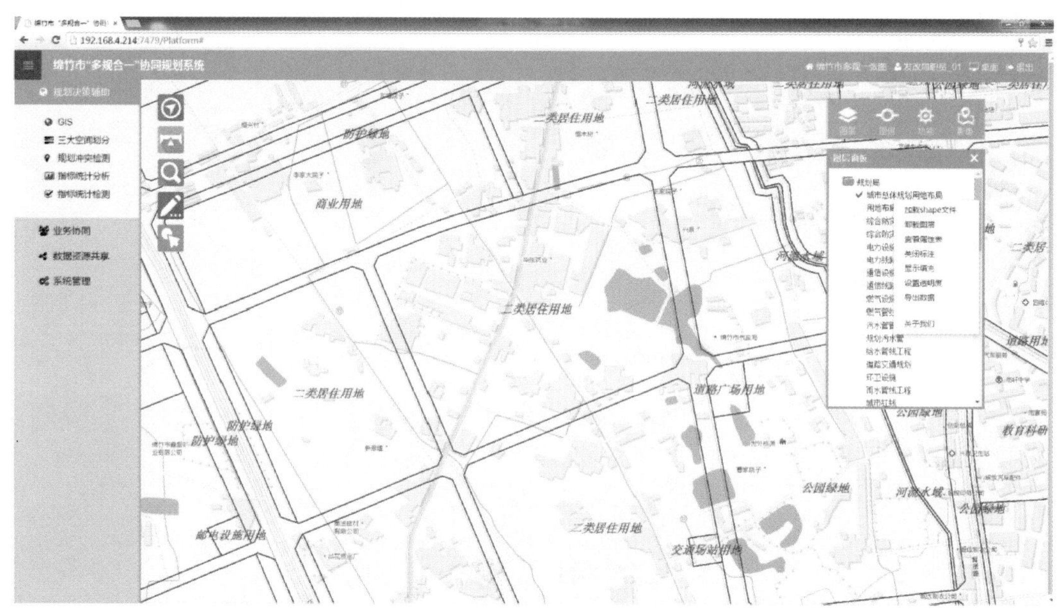

图 7-47　关闭填充

(7) 设置透明度。

在需要设置透明度的图层上点击右键，打开菜单面板，选择“设置透明度”，打开设置透明度滑动条，滑动滑块即可调整图层透明度(图 7-48)。

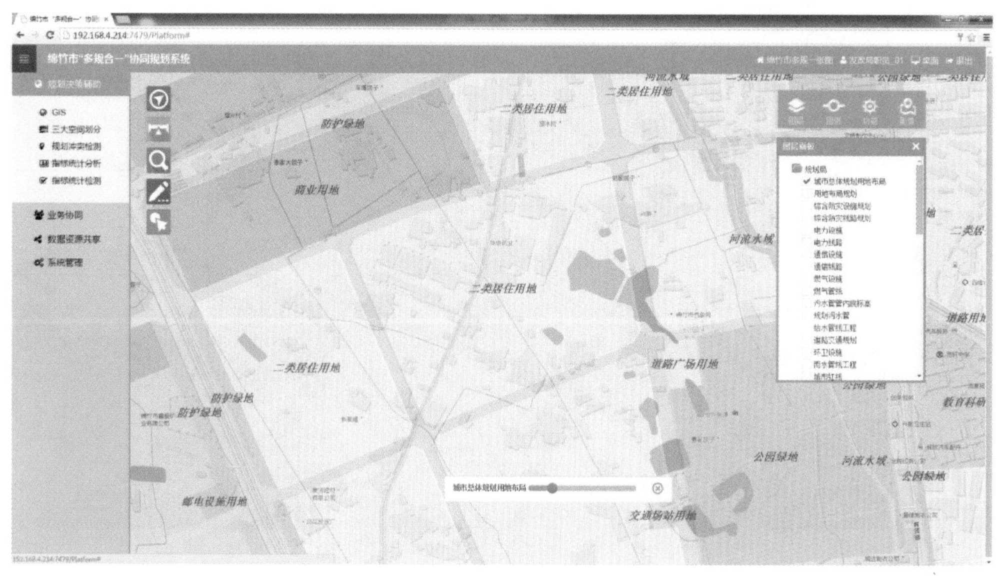

图 7-48　设置透明度

(8) 导出数据。

右键需要导出的图层，打开右键菜单面板，选择“导出数据”，即可自动下载数据到本地上。

7) 图例功能

点击图例按钮：，即可打开或关闭可见图层的图例信息(图 7-49)。

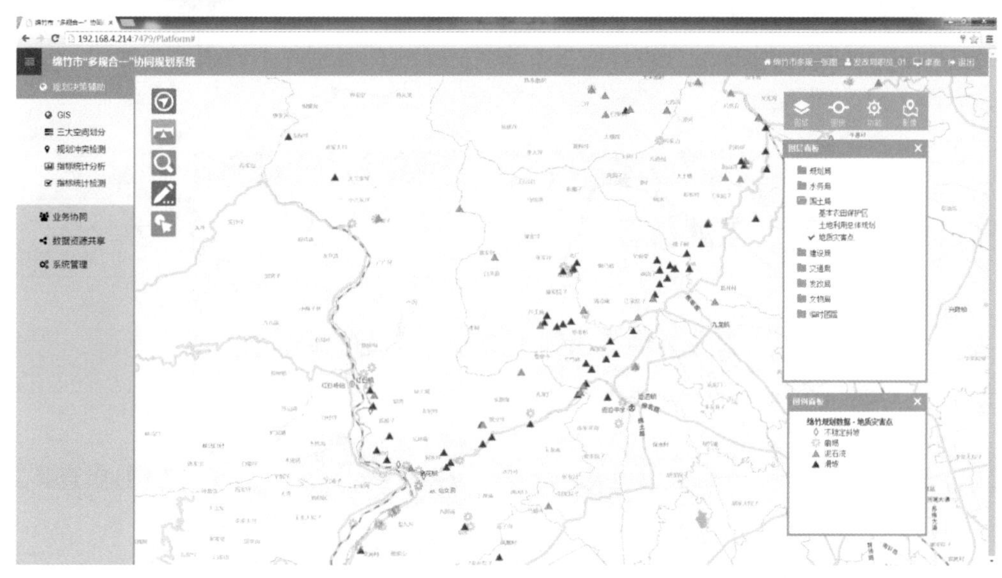

图 7-49　图例信息图

8) 功能图标

点击功能按钮：，即可打开或关闭 GIS 功能图标(图 7-50)。

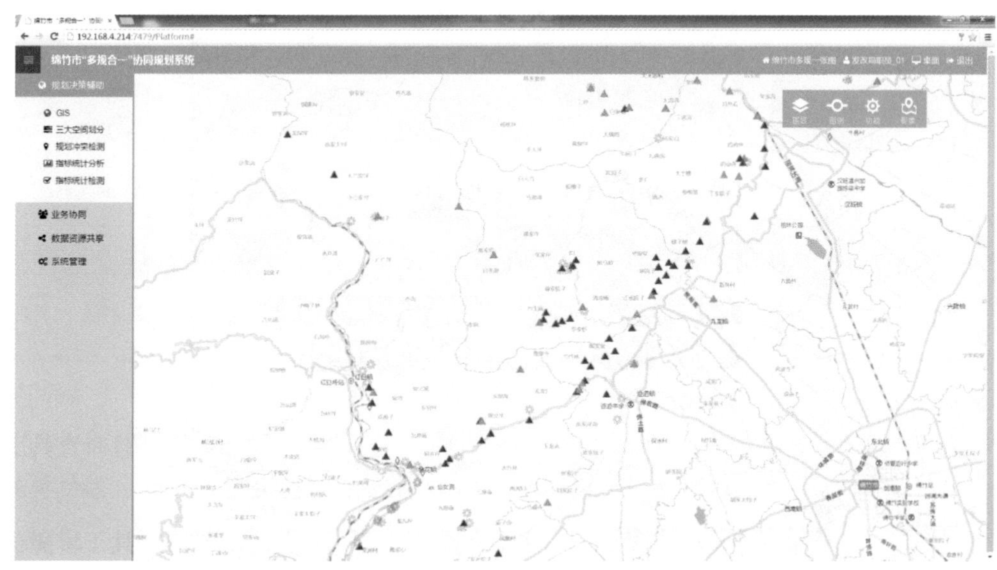

图 7-50　打开或关闭 GIS 功能图标

9) 切换底图

点击切换底图按钮：影像或者地图，即可将底图切换为影像图或者电子地图。

2. 三大空间划分

被分配了【三大空间划分】操作权限的用户，点击导航菜单的【规划决策辅助】-【三大空间划分】菜单链接后，弹出三大空间划分设置面板，设置三大空间类别与土地利用总体规划数据中的类别对应关系(图 7-51、图 7-52)。

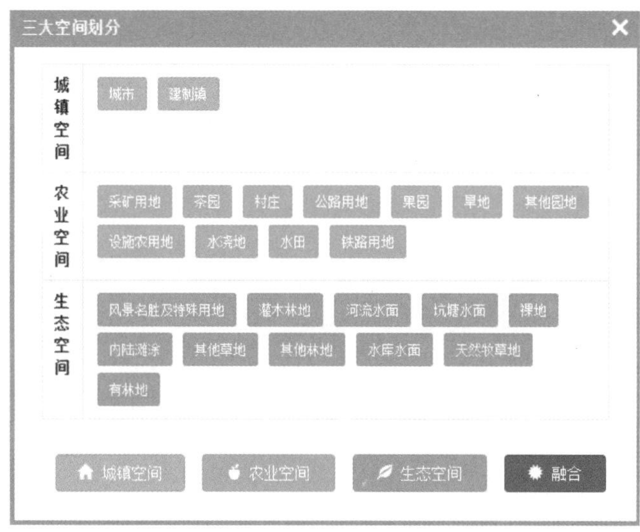

图 7-51　三大空间划分界面图

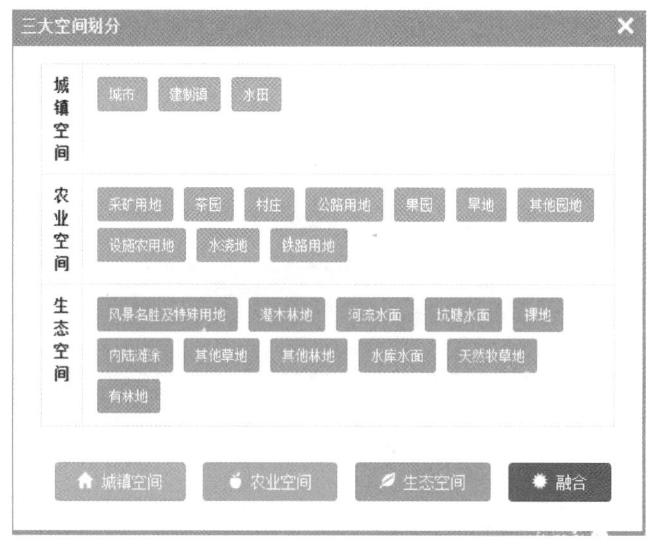

图 7-52　三大空间划分图

具体设置步骤如下：

(1)点击 城镇空间 农业空间 生态空间 三个按钮中的其中一个，比如选择“城镇空间”。

(2)点击类别图标中的某一类，比如“水田”，那么“水田”就归为城镇空间这一类中。

重复步骤(1)~(2)，设置好对应关系后，点击“融合”按钮，就可形成三大空间初步成果，并弹出三大空间编辑面板(图 7-53)。

点击“开始编辑”按钮，加载三大空间更新图层，并弹出编辑工具栏(图 7-54)。

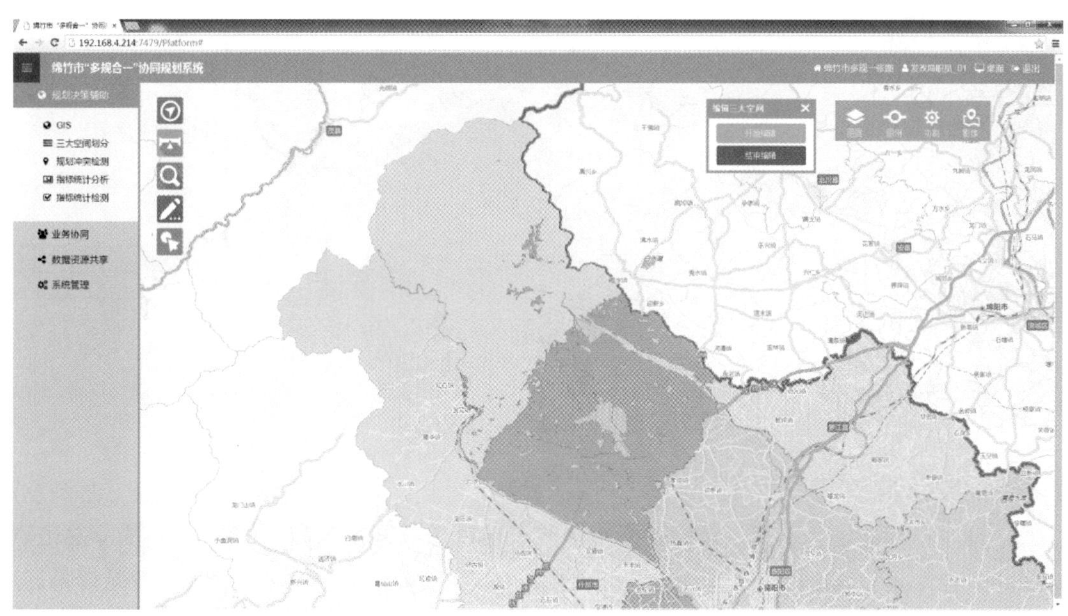

图 7-53　三大空间编辑界面图

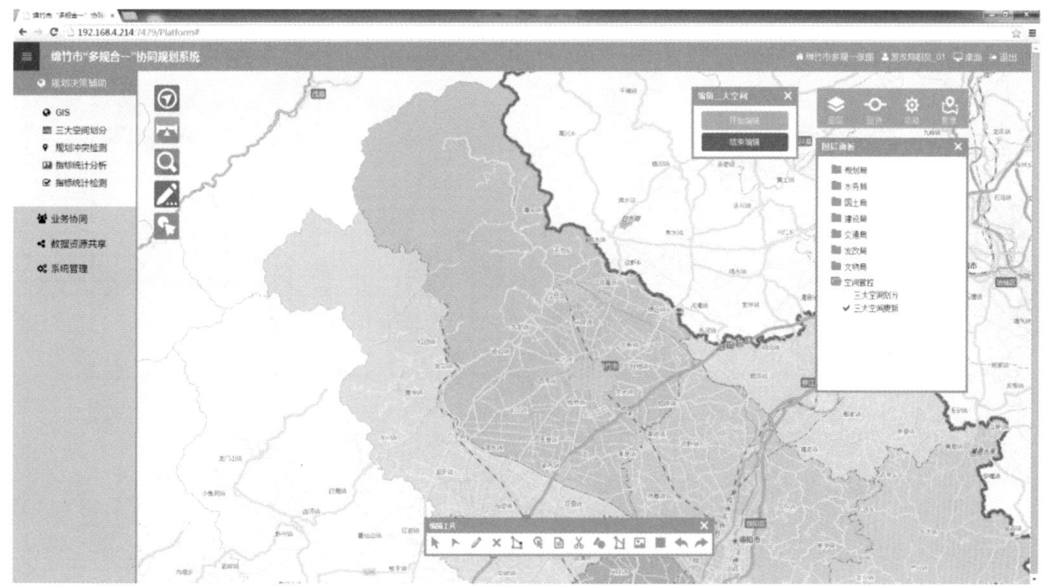

图 7-54　三大空间划分编辑工具栏

利用编辑工具栏编辑三大空间更新图层，编辑完成后点击“结束编辑”，就可利用三大空间更新图层对三大空间初步划分结果进行更新，形成最终成果(图 7-55)。

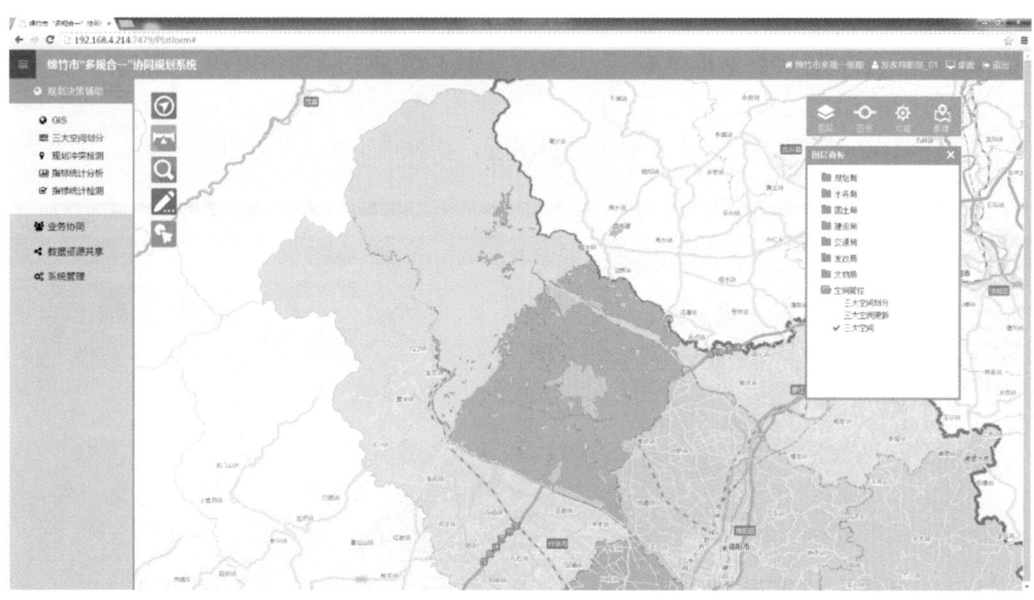

图 7-55 三大空间划分结果图

3. 规划冲突检测

被分配了【规划冲突检测】操作权限的用户，点击导航菜单的【规划决策辅助】-【规划冲突检测】菜单链接后，系统计算并加载矛盾图斑(图 7-56)。

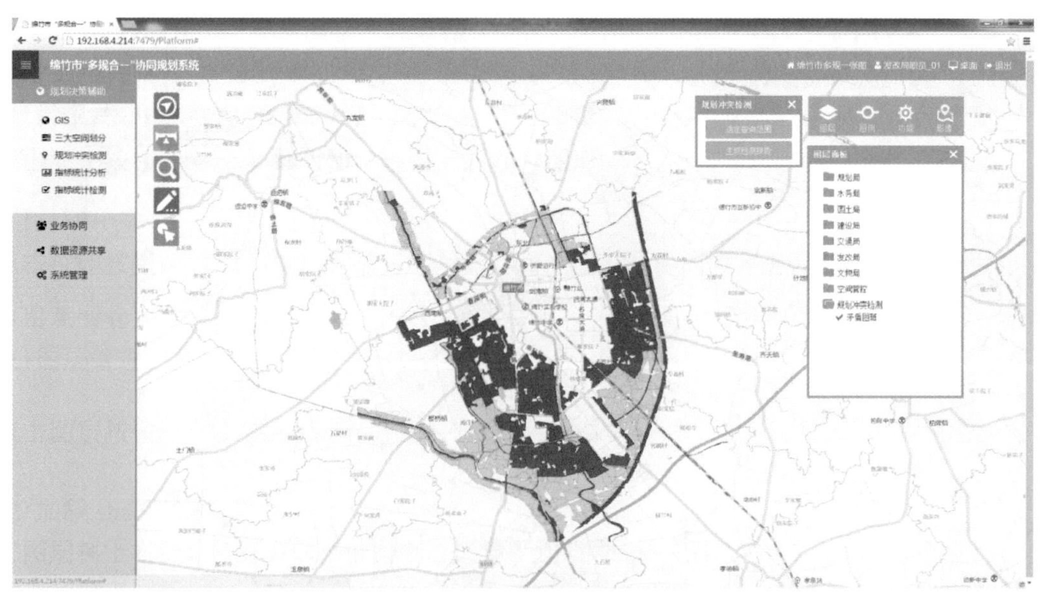

图 7-56 系统计算并加载矛盾图斑

点击“选定范围查询”按钮，即可在地图上划定范围查询矛盾信息(图 7-57)。

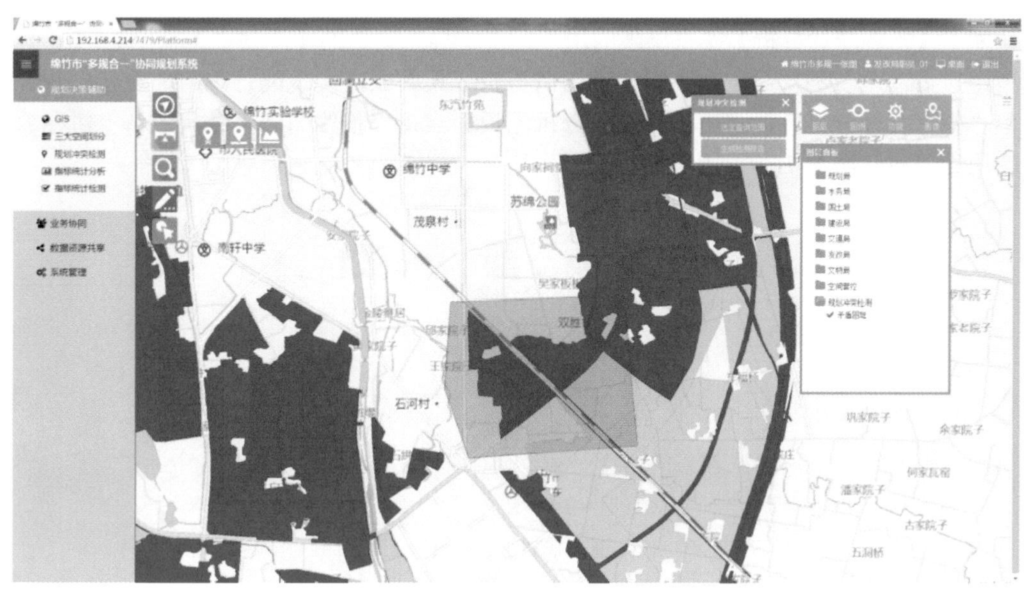

图 7-57　划定范围查询矛盾信息

点击“生成检测报告”按钮，即可弹出该范围内的矛盾检测详细报告(图 7-58)。

导出Word文档

用地范围规划矛盾检测报告

一、基本情况

检测编号	JC 2015122203414
建设项目名称	
检测人员	
检测时间	2015-12-2 20:34:14

二、检测详情

土规用地情况

类别	占用面积(平方米)
水田	607160.96
城市	13474.49
坑塘水面	41588.31

城规用地情况

类别	占用面积(平方米)
公园绿地	19990.97
二类居住用地	9164.49
教育科研用地	11605.33
防护绿地(不计面积)	25177.22
河流水域	12832.21
防护绿地	132697.34
道路用地	72451.57
生态绿地	185168.43
商务用地	11648.57
商业用地	5816.65

三、批示意见

图 7-58　矛盾检测详细报告

点击“导出 Word 文档”，可将 Word 文档导出到本地，生成 Word 文件。

4. 指标统计分析

被分配了【指标统计分析】操作权限的用户，点击导航菜单的【规划决策辅助】-【指标统计分析】菜单链接后，平台利用第一次全国地理国情普查成果数据，实现绵竹市用地现状的统计分析。点击菜单“指标统计分析”，弹出指标统计分析面板。点击“折线图”“柱状图”“饼图”分别显示不同的统计效果，如图 7-59～图 7-61 所示：

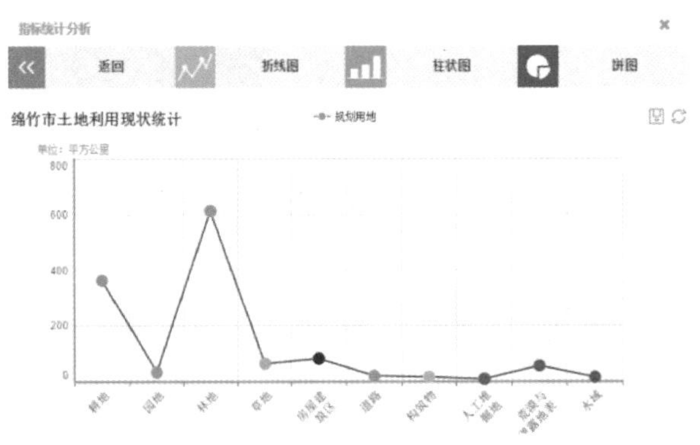

图 7-59　指标统计分析折线图

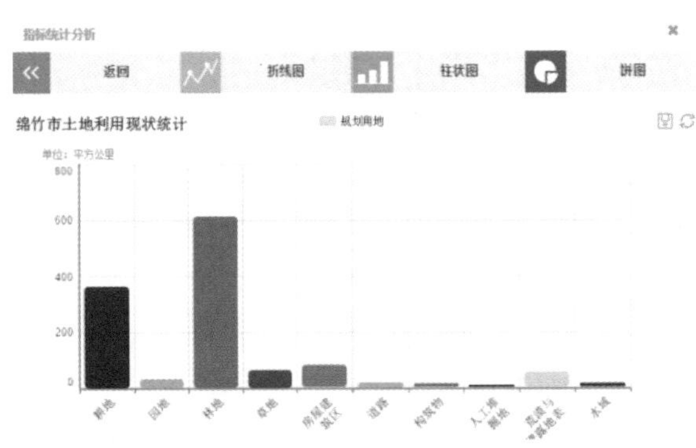

图 7-60　指标统计分析柱状图

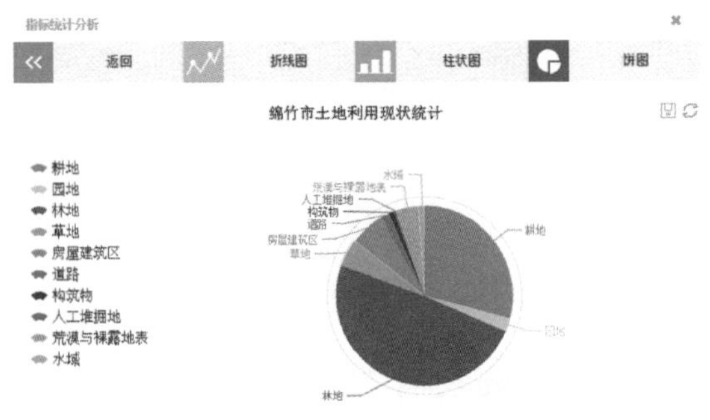

图 7-61　指标统计分析饼图

5. **指标统计检测**

被分配了【指标统计检测】操作权限的用户，点击导航菜单的【规划决策辅助】-【指标统计检测】菜单链接后，利用地理国情普查成果数据，实现绵竹市建设用地、耕地、林地规划指标使用情况的检测。点击菜单“指标统计检测”，弹出指标统计检测面板，点击“耕地”“林地”“建设用地”，勾选需要检测的类别，设置指标规划值阈值(可单独设置，也可点击“指标阈值设置”按钮统一设置)，点击开始检测即可(图 7-62、图 7-63)。

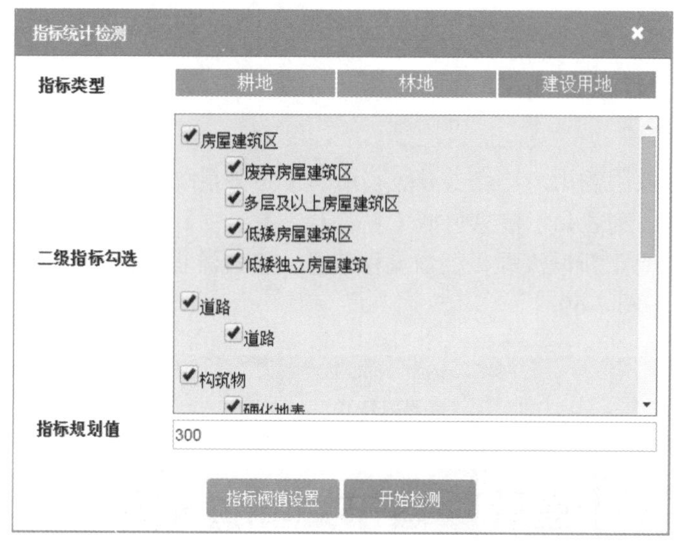

图 7-62 指标统计检测图

指标检测结果

(单位：平方公里)

检测项	检测值
指标类别	建设用地
规划面积	300
实际占用面积	109.66
检测结果	**可利用建设用地资源丰富**

关闭

图 7-63 指标统计检测结果图

7.2.3.4 业务协同

业务协同包括流程设计、项目查询、项目管理 3 个功能模块(图 7-64)。用户点击业务协同菜单，系统加载 3 个功能模块的菜单。

流程设计

项目查询

项目管理

图 7-64 业务协同菜单图

1. 流程设计

被分配了流程设计权限的用户，点击导航菜单的【业务系统】-【流程设计】菜单链接后，系统加载已支持的流程列表。列表显示信息包括【主题】、【备注】、【创建时间】、【创建用户】等，并提供查看流程详细信息、新增流程、查询流程信息、编辑流程信息、编辑流程节点信息和删除流程信息的功能(图 7-65～图 7-69)。

图 7-65 查看流程详细信息功能入口

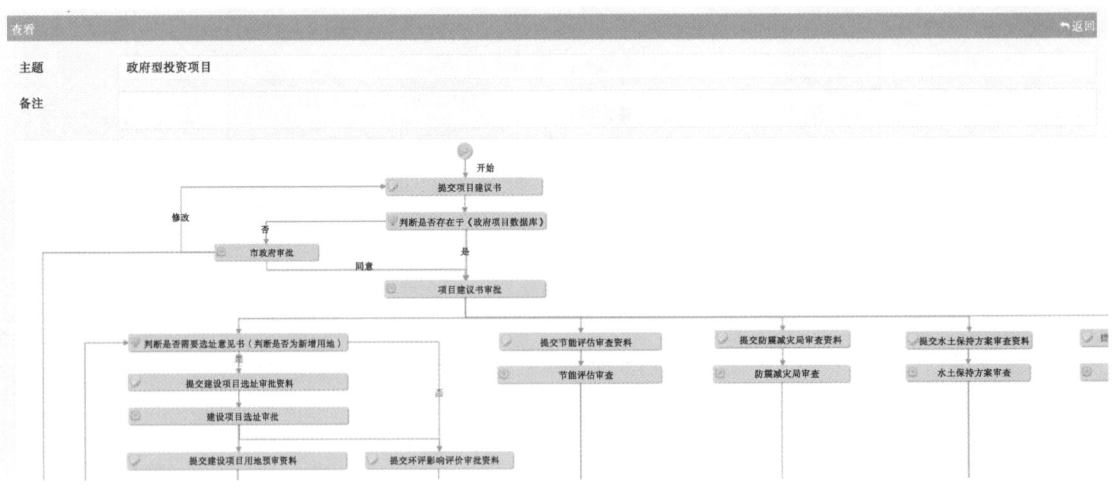

图 7-66 流程详细信息功能界面图

图 7-67　新增流程功能入口图

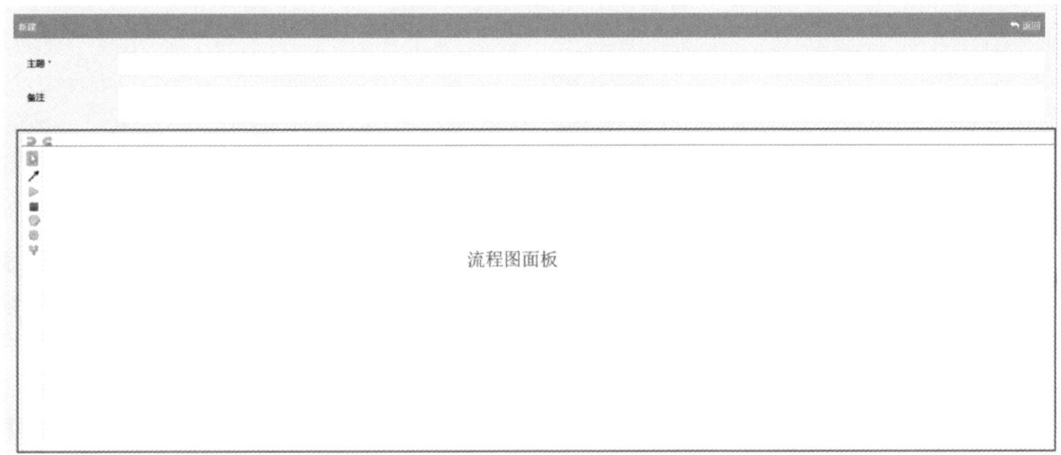

图 7-68　新增流程信息功能界面图

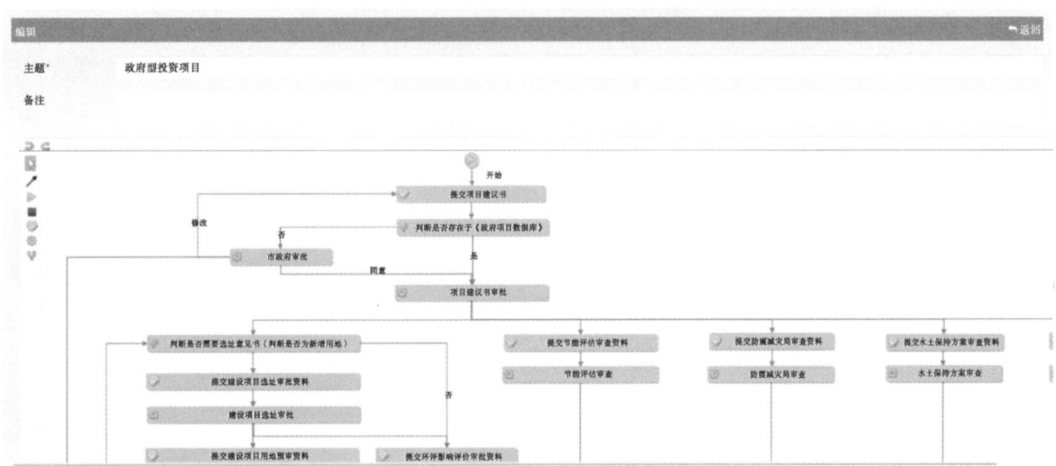

图 7-69　编辑流程信息功能界面图

流程图面板包括流程图配置控件和流程图配置面板。

(1)流程图配置控件。

流程图配置控件包括撤销按钮、重做按钮、选择指针、节点连线、开始节点、结束节点、资料提交节点、行政审批节点、分支判断节点(图 7-70)。

图 7-70 流程图配置控件

其中，资料提交节点，用于标示流程需要进行资料提交的节点，该节点在节点配置时需要选择【责任归属部门】，流程流转至该节点后，会自动流转至【责任归属部门】下全部成员。系统默认流转到流程发起人。行政审批节点，用于标示流程需要进行审批的节点，该节点在节点配置时需要选择【责任归属部门】，流程流转至该节点后，会自动流转至【责任归属部门】下全部成员。分支判断点，用于标示流程需要进行判断的节点，该节点在节点配置时需要选择【责任归属部门】，流程流转至该节点后，会自动流转至【责任归属部门】下全部成员。同时，该节点下的分支为互斥分支，即默认为【是】或【否】两种关系的节点，需要配置该类型的节点。

(2)流程图配置面板。

流程图配置面板用于绘制流程图，在该面板中的所有控件、连接线均支持添加、修改、拖拽等功能。用户可以根据业务需求和喜好，排列流程图(图 7-71)。

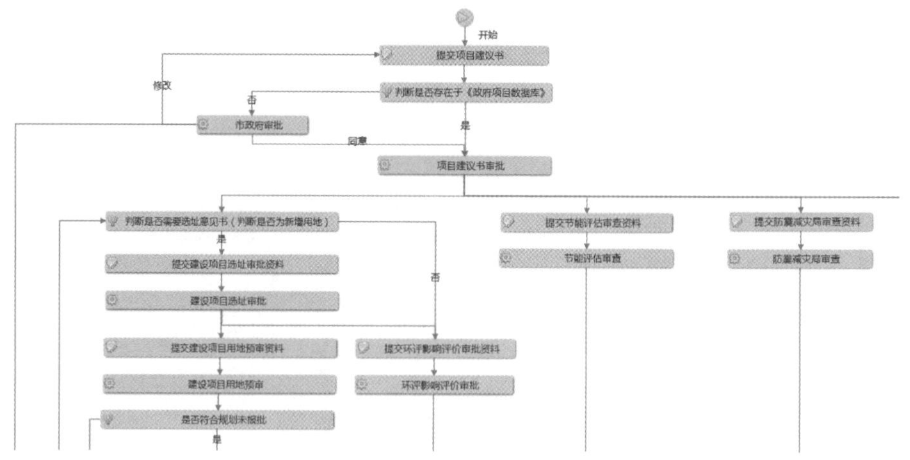

图 7-71 流程图配置面板

2. 项目查询

用户点击项目查询菜单后，系统加载项目列表。项目查询加载通过系统流转的全部项目，包括：

今日新项目、运行中项目、已取消项目、已结束项目。

项目列表显示信息包括：【项目名称】、【当前项目状态】、【项目业主】、【文号】、【申请人】、【申请时间】等信息(图 7-72)。

关键词

项目名称	当前项目状态	项目业主	文号	申请人	申请时间	编辑
20151202_01	今日新项目	C	C	系统管理员	2015-12-02 10:07:50	项目信息
20151201_01	运行中项目	B	B	系统管理员	2015-12-01 10:01:28	项目信息
20151130_01	运行中项目	A	A	系统管理员	2015-11-30 14:58:58	项目信息
绵竹市九龙镇清泉村湿地沟供水工程	运行中项目	绵竹市供水安全管理办公室	竹发改建〔2015〕1号	系统管理员	2015-01-01 00:00:00	项目信息
绵竹市清平镇自来水厂重建工程	运行中项目	绵竹市供水安全管理办公室	竹发改建〔2015〕2号	系统管理员	2015-01-01 00:00:00	项目信息
新市镇观鱼场镇道路改造工程项目	运行中项目	新市镇人民政府	竹发改建〔2015〕4号	系统管理员	2015-01-01 00:00:00	项目信息
绵竹市公路安保设施安全隐患整治工程(第一批)	运行中项目	绵竹市交通发展总公司	竹发改建〔2015〕5号	系统管理员	2015-01-01 00:00:00	项目信息
云湖国家森林公园道路维修改造工程	运行中项目	绵竹市国营林场	竹发改建〔2015〕7号	系统管理员	2015-01-01 00:00:00	项目信息
云湖国家森林公园清水河景区供电线路建设项目	运行中项目	绵竹市国营林场	竹发改建〔2015〕8号	系统管理员	2015-01-01 00:00:00	项目信息
绵竹市万洁垃圾处理厂二号炉尾气部分大修	运行中项目	绵竹市城乡综合管理局	竹发改建〔2015〕10号	系统管理员	2015-01-01 00:00:00	项目信息

共36条　1　2　3　4　每页10条　第 1 页/共4页

图 7-72　项目查询加载的项目列表图

项目查询模块不支持新建项目，仅支持对项目信息进行查看。支持当前有任务的平台用户通过项目信息操作【当前项目状态】为【今日新项目】、【运行中项目】的项目。

项目查询的其他操作与项目管理的一致，相关操作请参见 4.3 节。

3. 项目管理

用户点击项目管理菜单后，系统加载项目列表。项目管理加载处于流转中的项目，包括：今日新项目、运行中项目。

项目列表显示信息包括【项目名称】、【项目业主】、【文号】、【申请人】、【申请时间】等(图 7-73)。

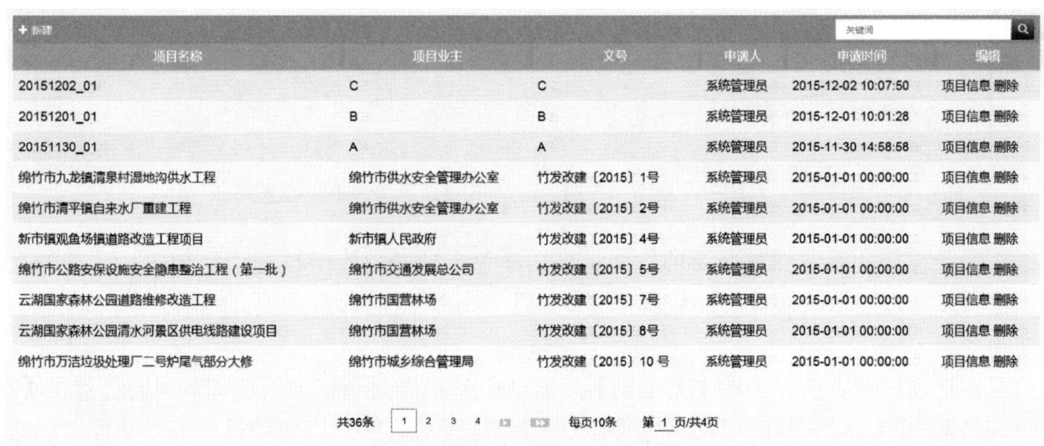

+ 新建　关键词

项目名称	项目业主	文号	申请人	申请时间	编辑
20151202_01	C	C	系统管理员	2015-12-02 10:07:50	项目信息 删除
20151201_01	B	B	系统管理员	2015-12-01 10:01:28	项目信息 删除
20151130_01	A	A	系统管理员	2015-11-30 14:58:58	项目信息 删除
绵竹市九龙镇清泉村湿地沟供水工程	绵竹市供水安全管理办公室	竹发改建〔2015〕1号	系统管理员	2015-01-01 00:00:00	项目信息 删除
绵竹市清平镇自来水厂重建工程	绵竹市供水安全管理办公室	竹发改建〔2015〕2号	系统管理员	2015-01-01 00:00:00	项目信息 删除
新市镇观鱼场镇道路改造工程项目	新市镇人民政府	竹发改建〔2015〕4号	系统管理员	2015-01-01 00:00:00	项目信息 删除
绵竹市公路安保设施安全隐患整治工程(第一批)	绵竹市交通发展总公司	竹发改建〔2015〕5号	系统管理员	2015-01-01 00:00:00	项目信息 删除
云湖国家森林公园道路维修改造工程	绵竹市国营林场	竹发改建〔2015〕7号	系统管理员	2015-01-01 00:00:00	项目信息 删除
云湖国家森林公园清水河景区供电线路建设项目	绵竹市国营林场	竹发改建〔2015〕8号	系统管理员	2015-01-01 00:00:00	项目信息 删除
绵竹市万洁垃圾处理厂二号炉尾气部分大修	绵竹市城乡综合管理局	竹发改建〔2015〕10号	系统管理员	2015-01-01 00:00:00	项目信息 删除

共36条　1　2　3　4　每页10条　第 1 页/共4页

图 7-73　项目查询加载的项目列表图

1) 新增项目

用户可以在项目列表的表头点击【新建】按钮，进行新建项目的操作(图 7-74)。

图 7-74 新增项目功能入口图

用户点击【新建】按钮后，系统加载项目新增页面，需要提供的信息包括【项目名称】、【流程名称】、【项目业主】、【文号】、【建设内容】、【计划投资(万元)】、【资金来源】、【备注】等(图 7-75)。

图 7-75 系统提示新增用户信息时必填和必选项

有星号【*】标示的信息项必须填写和选择，包括：【项目名称】、【流程名称】、【项目业主】、【文号】、【建设内容】、【计划投资(万元)】、【资金来源】。若这些必填和必选项未填写或未选择，在点击【保存】按钮时，系统会予以提示，如图 7-76 所示：

- 项目名称 字段是必需的。
- 计划投资(万元) 字段是必需的。
- 资金来源 字段是必需的。
- 项目业主 字段是必需的。
- 文号 字段是必需的。
- 建设内容 字段是必需的。

图 7-76 系统提示新增用户信息时必填和必选项未填写或未选择

通过系统验证后，系统保存新增项目信息，切换平台功能操作区域至项目列表，并重新加载数据。用户也可以通过点击表头或页面底部的【返回】按钮，返回项目列表。

2) 查询项目

用户可以在项目列表的表头的【关键词】搜索框中输入需要查询的关键词，并通过点击【检索】按钮，查询与输入的关键词相匹配的项目信息(图 7-77)。系统清空当前项目列表，并重新加载显示查询结果。

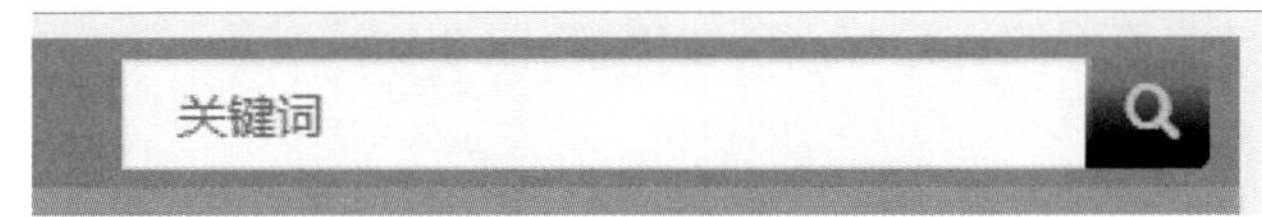

图 7-77　查询流程信息关键词输入框

在检索时，系统会根据【项目名称】、【项目业主】、【文号】、【申请人】、【申请时间】全部字段检索是否有任一信息符合关键词，若有任一信息符合，则均认为该项目符合查询条件，予以加载显示。

3) 项目信息

用户在项目列表中点击对应用户数据的【项目信息】超链接，系统切换平台功能操作区域显示当前项目的信息页面。当前项目的信息页面共包括 5 个 Tab 页面，分别为：【项目信息】、【流程图】、【项目位置信息】、【审批信息】、【文件列表】(图 7-78)。

项目信息	流程图	项目位置信息	审批信息	文件列表

图 7-78　项目信息 Tab 页

(1) 项目基础信息。

用户点击【项目信息】Tab，系统切换平台功能操作区域显示项目基础信息页面，页面包括【项目名称】、【流程名称】、【项目业主】、【文号】、【建设内容】、【计划投资(万元)】、【资金来源】、【备注】等信息(图 7-79)。

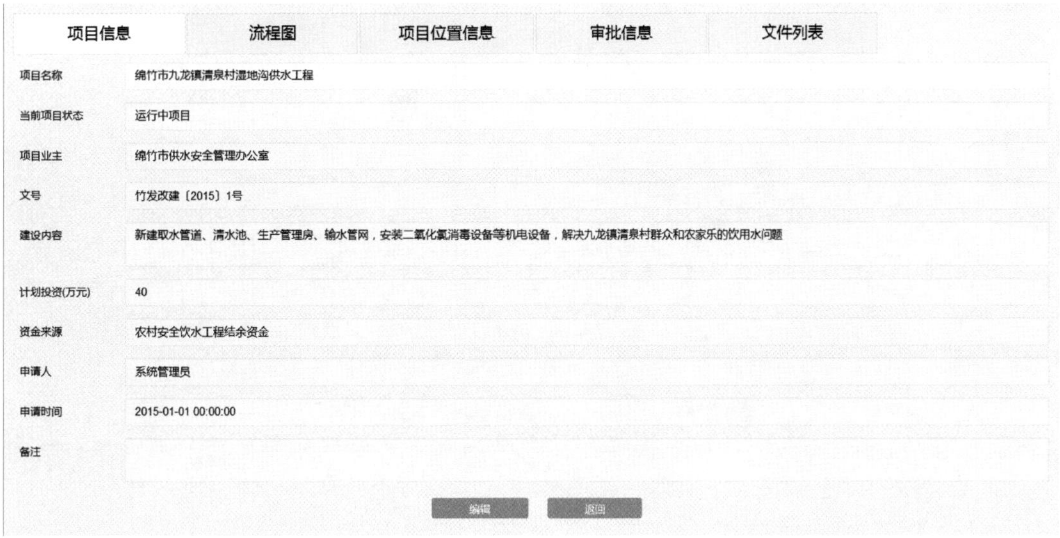

项目信息　流程图　项目位置信息　审批信息　文件列表

项目名称	绵竹市九龙镇清泉村湿地沟供水工程
当前项目状态	运行中项目
项目业主	绵竹市供水安全管理办公室
文号	竹发改建〔2015〕1号
建设内容	新建取水管道、清水池、生产管理房、输水管网，安装二氧化氯消毒设备等机电设备，解决九龙镇清泉村群众和农家乐的饮用水问题
计划投资(万元)	40
资金来源	农村安全饮水工程结余资金
申请人	系统管理员
申请时间	2015-01-01 00:00:00
备注	

编辑　返回

图 7-79　项目基础信息页面图

(2) 流程图。

用户点击【流程图】Tab，系统切换平台功能操作区域显示流程图页面，页面显示当前流程的流程图信息，并高亮显示当前流程的运行节点所在位置(图 7-80)。

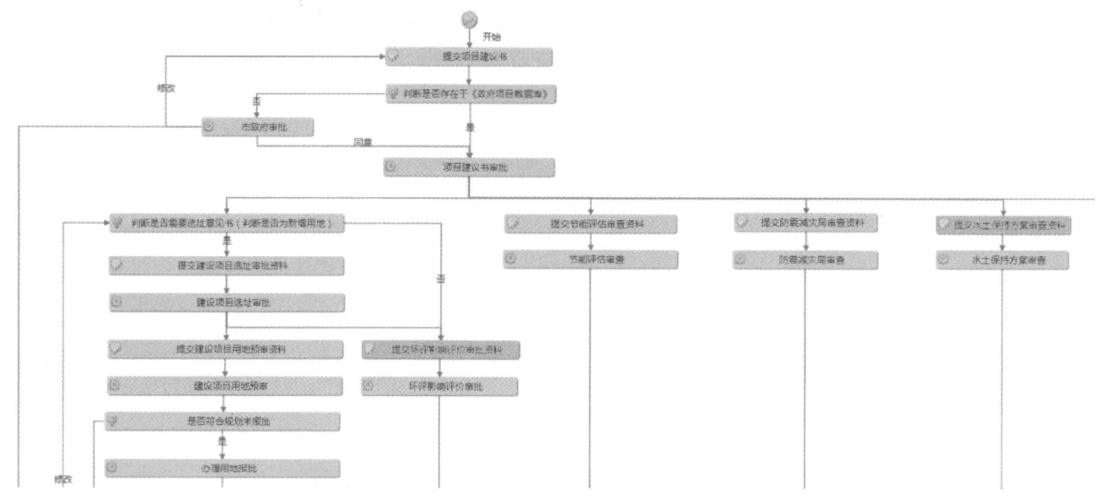

图 7-80　流程图页面图

(3) 项目位置信息。

用户点击【项目位置信息】Tab，系统切换平台功能操作区域显示项目位置信息页面，页面加载显示地图，地图上包含项目位置信息，并显示当前项目的基础信息。

用户可以点击【创建项目位置】按钮，在地图上单击鼠标左键，即可将项目位置标注到地图上。按住 Crtl 键，单击地图上项目图标，即可删除该项目在地图上的标注。

点击地图右上角图标，即可在电子地图和卫星地图之间进行切换(图 7-81)。

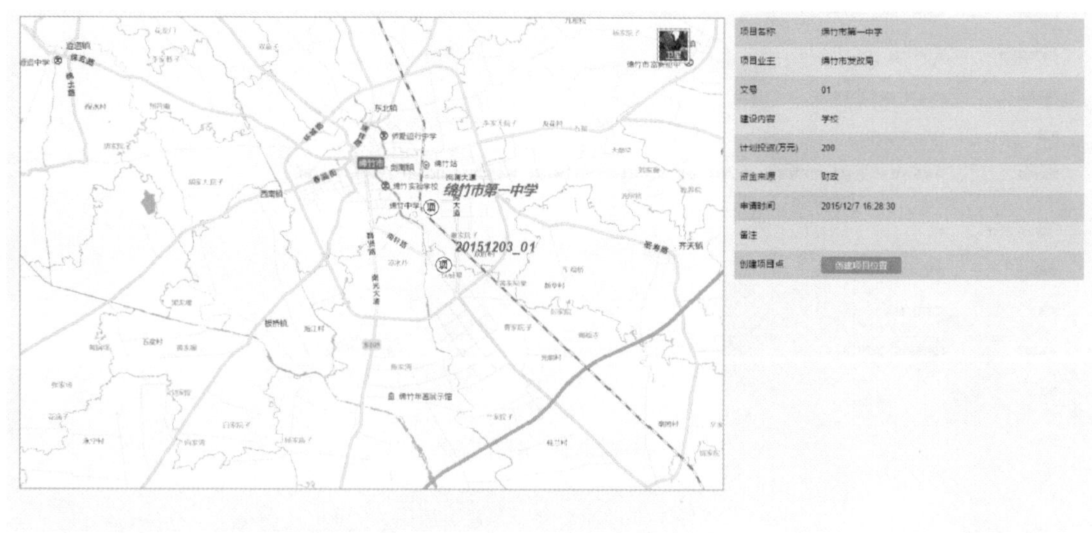

图 7-81　项目位置信息图

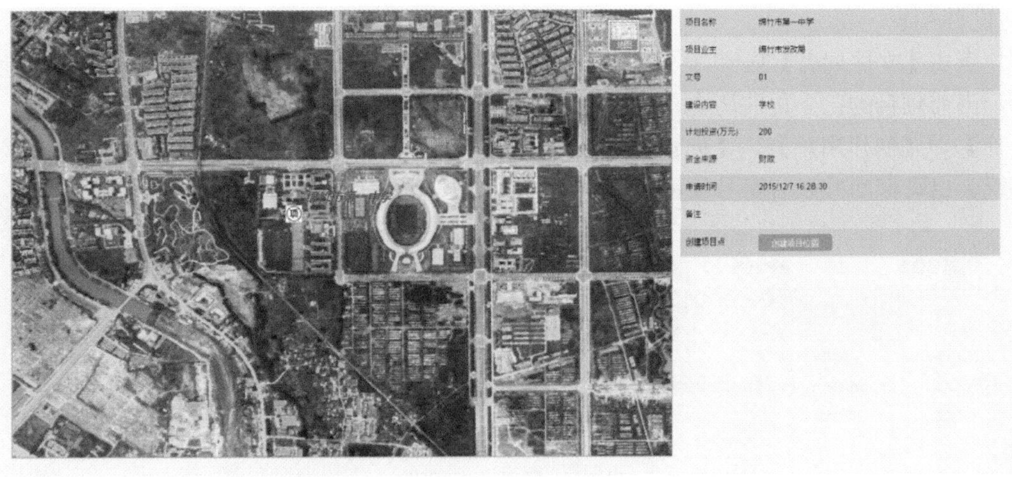

图 7-81　项目位置信息图(续图)

(4) 审批信息。

用户点击【审批信息】Tab，系统切换平台功能操作区域显示项目历史审批信息页面，页面加载显示当前项目的历史审批列表(图 7-82)，包括【节点名称】、【审批用户】、【审批结果】、【审批意见】、【审批时间】等信息。其中【审批意见】文字内容超长，系统会自动截断并以省略号显示在列表中。

项目信息　当前任务　流程图　项目位置信息　审批信息　文件列表

返回　关键词

节点名称	审批用户	审批结果	审批意见	审批时间	编辑
项目建议书审批	发改局职员_01	同意		2015-12-02 10:10:17	查看
判断是否存在于《政府项目数据库》	发改局职员_01	是		2015-12-02 10:08:20	查看
提交项目建议书	系统管理员	已提交文件		2015-12-02 10:07:50	查看

图 7-82　当前流程的历史审批列表

用户可以对指定的【节点名称】、【审批用户】、【审批结果】、【审批意见】、【审批时间】进行节点检索操作。

用户可以点击【编辑】属性下的【查看】超链接，查看指定节点审批的详细信息(图 7-83)。详细信息包括【节点名称】、【审批用户】、【审批结果】、【审批意见】、【审批时间】和【备注】。

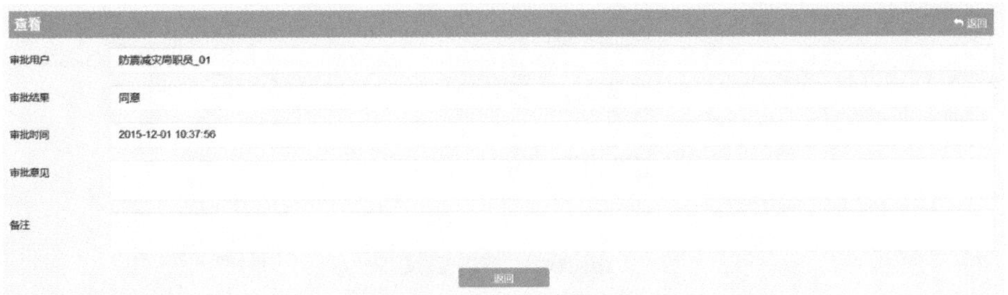

图 7-83　历史审批详细信息

(5) 文件列表。

用户点击【文件列表】Tab，系统切换平台功能操作区域显示项目已上传的历史文件页面，页面加载显示当前项目的已上传的历史文件列表(图 7-84)，包括【节点名称】、【文件名称】、【上传文件名称】、【创建用户】、【创建时间】等信息。其中【节点名称】和【文件名称】文字内容超长，系统会自动截断并以省略号显示在列表中。

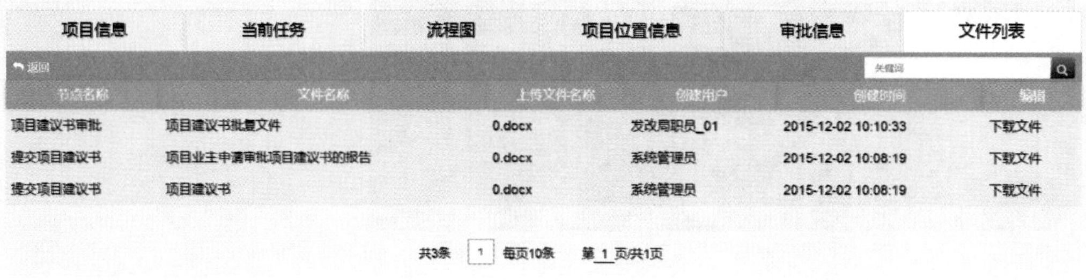

项目信息 当前任务 流程图 项目位置信息 审批信息 文件列表

返回 关键词

节点名称	文件名称	上传文件名称	创建用户	创建时间	编辑
项目建议书审批	项目建议书批复文件	0.docx	发改局职员_01	2015-12-02 10:10:33	下载文件
提交项目建议书	项目业主申请审批项目建议书的报告	0.docx	系统管理员	2015-12-02 10:08:19	下载文件
提交项目建议书	项目建议书	0.docx	系统管理员	2015-12-02 10:08:19	下载文件

共3条 1 每页10条 第 1 页/共1页

图 7-84 历史审批详细信息

用户可以对指定的【节点名称】、【文件名称】、【上传文件名称】、【创建用户】、【创建时间】进行文件检索操作。

用户可以点击【编辑】属性下的【下载文件】超链接下载指定的文件。

4) 项目流转

若当前项目任一环节流转到登录用户的账户下，项目信息会添加【当前任务】的 Tab 页(图 7-85)。用户可通过【当前任务】Tab 页处理【提交审批文件】、【行政审批】和【判断分支】3 种类型的操作。

项目信息 当前任务 流程图 项目位置信息 审批信息 文件列表

图 7-85 当前任务 Tab 页

(1) 提交审批文件。

【提交审批文件】类型操作对应流程节点的【资料提交节点】。当流程流转到当前类型的节点时，系统显示要求用户上传的文件列表(图 7-86)。

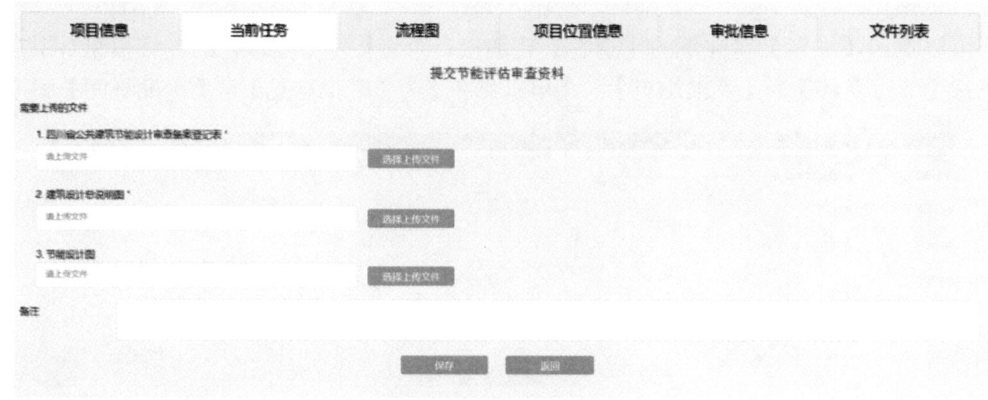

图 7-86 提交审批文件页面

有星号【*】标示的文件必须上传，若未上传，在点击【保存】按钮时，系统会予以提示，如图 7-87 所示。

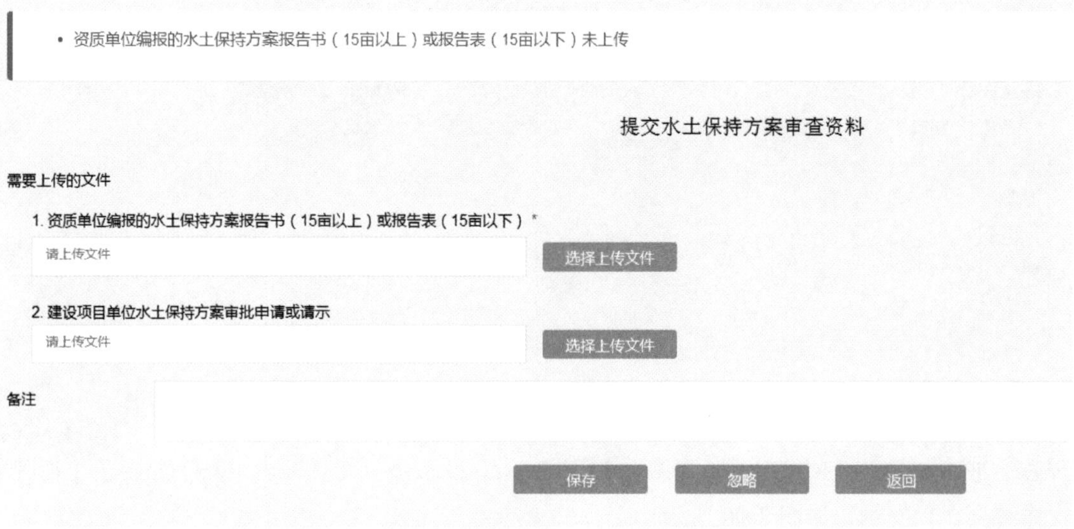

图 7-87　系统提示文件未上传

若上传文件不符合规定的文件类型，系统会予以提示，如图 7-88 所示。

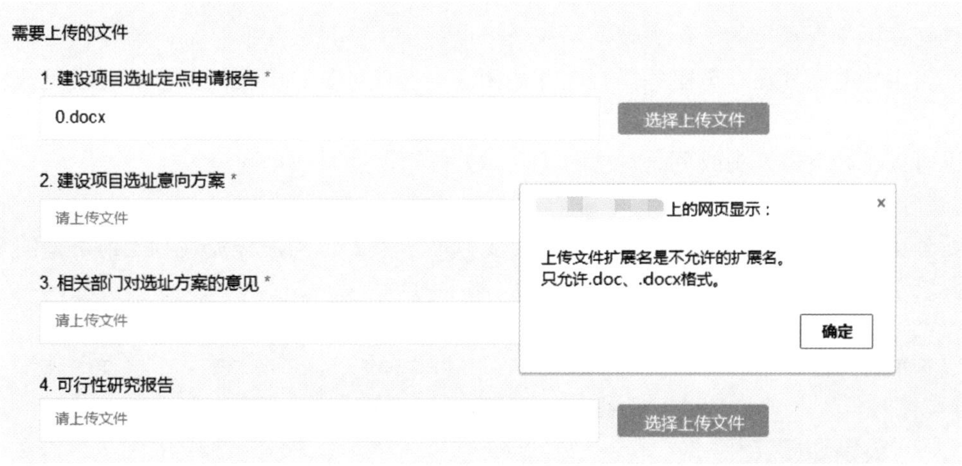

图 7-88　系统提示文件格式不正确

通过系统验证后，系统保存当前节点的相关信息，将上传的文件保存至服务器端，并关闭【当前任务】Tab 页。此后流程继续流转至下一节点。

用户也可以通过点击表头或页面底部的【返回】按钮，返回项目列表。

(2)行政审批。

【行政审批】类型操作对应流程节点的【行政审批节点】。当流程流转到当前类型的节点时，系统显示要求用户对当前项目所在环节进行行政审批(图 7-89)。

项目信息　当前任务　流程图　项目位置信息　审批信息　文件列表

建设项目选址审批

审批 *　同意

需要上传的文件

1. 建设项目选址意见书 *

请上传文件　选择上传文件

相关说明

备注

保存　返回

图 7-89　行政审批页面

行政审批有批复文件输出时，有星号【*】标示的文件必须上传，若未上传，在点击【保存】按钮时，系统会予以提示，如图 7-90 所示。

图 7-90　系统提示批复文件未上传

若上传文件不符合规定的文件类型，系统会予以提示。通过系统验证后，系统保存当前节点的相关信息，将上传的文件保存至服务器端，并关闭【当前任务】Tab 页。此后流程继续流转至下一节点。

用户也可以通过点击表头或页面底部的【返回】按钮，返回项目列表。

(3)判断分支。

【判断分支】类型操作对应流程节点的【分支判断节点】。当流程流转到当前类型的节点时，系统显示要求审批用户对项目某一情况进行判断(图 7-91)。

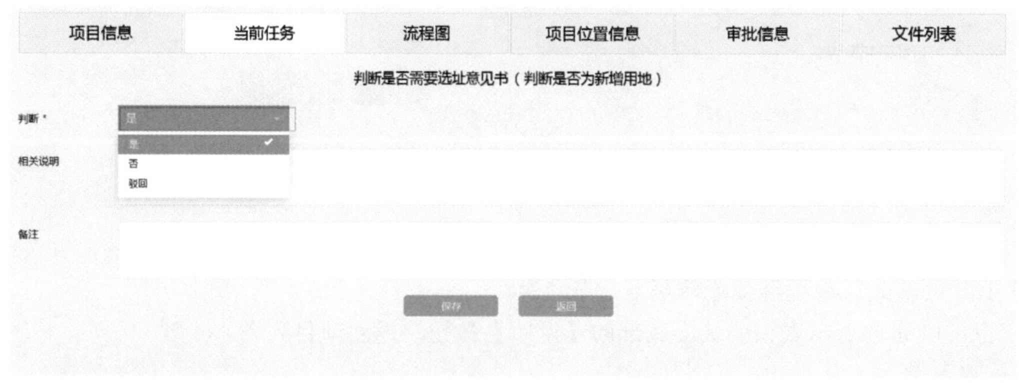

图 7-91　提交审批文件页面图

用户也可以通过点击页面底部的【返回】按钮，返回项目列表。

5) 删除项目

用户可以在已支持的流程列表的流程信息的【编辑】属性中，点击【删除】超链接，删除流程的详细信息(图 7-92)。

用户点击【删除】超链接后，系统会弹出提示窗口要求用户确认删除操作(图 7-93)。

图 7-92　编辑流程信息功能入口

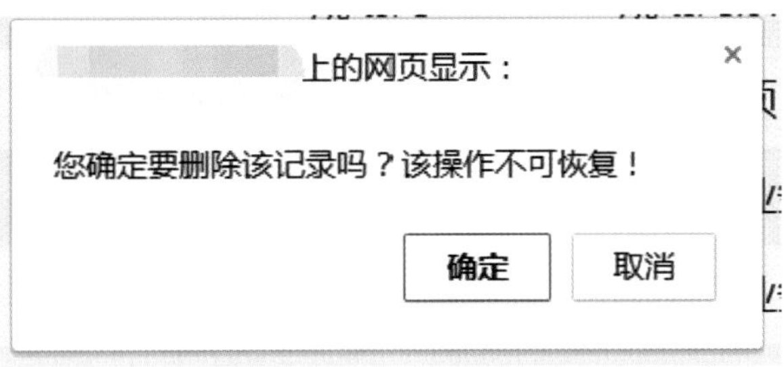

图 7-93　系统提示用户确认删除操作

用户确认删除操作，点击【确定】按钮，系统会删除对应流程信息，并切换平台功能操作区域至流程信息列表，并重新加载数据。若用户取消删除操作，点击【取消】按钮，系统切换平台功能操作区域至流程信息列表，并重新加载数据。

7.2.3.5　数据资源共享

数据资源共享包括数据资源查询、数据资源维护、数据资源审批 3 个功能模块(图 7-94)。用户点击数据资源共享菜单，系统加载 3 个功能模块的菜单。

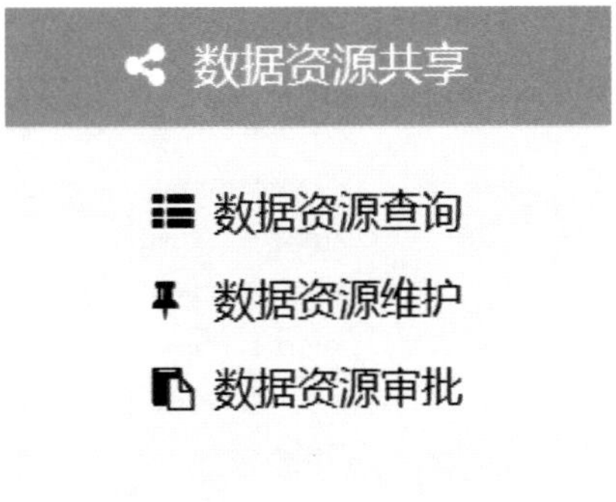

数据资源共享

数据资源查询

数据资源维护

数据资源审批

图 7-94　业务系统菜单

1. 数据资源查询

被分配了数据资源查询权限的用户，点击导航菜单的【数据资源共享】-【数据资源查询】菜单链接后，系统加载当前系统 4 种类型的数据资源，包括【基础地理信息数据】、【规划成果数据】、【行政审批资料】和【其他】(图 7-95)。

图 7-95 数据资源信息九宫图

每种类别的数据在首页显示了最新的 5 条数据。

点击标题栏的【更多】按钮，系统切换平台功能操作区域显示数据资源详细信息(图 7-96)，包括【文件名称】、【备注】、【创建时间】和【创建用户】信息，并提供查看数据资源详细信息、新增数据资源信息、查询数据资源信息、编辑数据资源信息、删除数据资源信息和提交数据资源下载申请的功能。

+新建 ↰返回 基础地理信息数据 关键词

文件名称	备注	创建时间	创建用户	编辑
建设项目选址意向方案		2015-08-13 17:52:31	系统管理员	查看 编辑 删除
建设项目选址定点申请报告		2015-08-13 15:11:42	发改局职员01	查看
建设项目建议书批复文件		2015-08-13 15:11:19	发改局职员01	查看
建设项目单位水土保持方案审批申请或请示		2015-08-13 15:10:49	发改局职员01	查看
环境影响报告书		2015-08-13 15:10:16	发改局职员01	查看
工程抗震设防标准申请书		2015-08-13 15:09:38	发改局职员01	查看
发改局工程项目建议书的批复		2015-08-13 15:09:10	发改局职员01	查看

共7条 1 每页10条 第 1 页/共1页

图 7-96 数据资源信息列表

用户可以通过点击表头或页面底部的【返回】按钮，返回用户信息列表。

2. 数据资源维护

被分配了数据资源维护管理权限的用户，点击导航菜单的【数据资源共享】-【数据资源维护】

菜单链接后，系统加载当前系统的数据资源维护信息列表(图 7-97)。列表显示信息包括【任务名称】、【备份周期】、【备份类型】、【创建用户】和【创建时间】，并提供查看数据资源维护详细信息、新增数据资源维护信息、查询数据资源维护信息、编辑数据资源维护信息和删除数据资源维护信息的功能。

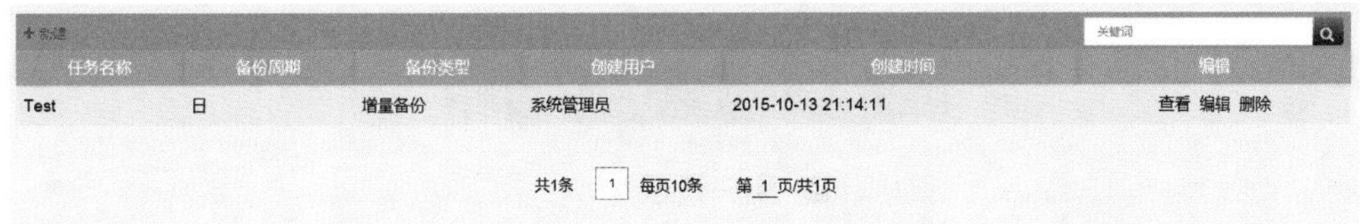

+ 新建　关键词

任务名称	备份周期	备份类型	创建用户	创建时间	编辑
Test	日	增量备份	系统管理员	2015-10-13 21:14:11	查看 编辑 删除

共1条　1　每页10条　第 1 页/共1页

图 7-97　数据资源维护列表

3. 数据资源审批

被分配了数据资源审批管理权限的用户，点击导航菜单的【数据资源维护】-【数据资源审批】菜单链接后，系统加载当前系统的数据资源审批信息列表(图 7-98)。列表显示信息包括【数据资源审批名称】、【备注】、【创建用户】、【创建时间】，并提供查看数据资源审批、查询待审批数据资源信息和删除待审批数据资源信息的功能。

关键词

文件名称	部门名称	申请用户	申请时间	编辑
1:1万数字线划图	发改局	系统管理员	2015-09-11 10:26	审批 删除

共1条　1　每页10条　第 1 页/共1页

图 7-98　数据资源审批信息列表

用户在数据资源审批信息列表中点击对应数据资源审批数据的【审批】按钮，系统切换平台功能操作区域显示待审批的数据资源信息(图 7-99)，包括【文件名称】、【部门名称】、【创建用户】和【申请理由】信息，并可以对当前数据资源下载申请进行审批，包括【同意】、【驳回】操作，并可以添加【审批意见】、【备注】信息。

用户可以通过点击表头或页面底部的【返回】按钮，返回数据资源审批信息列表。

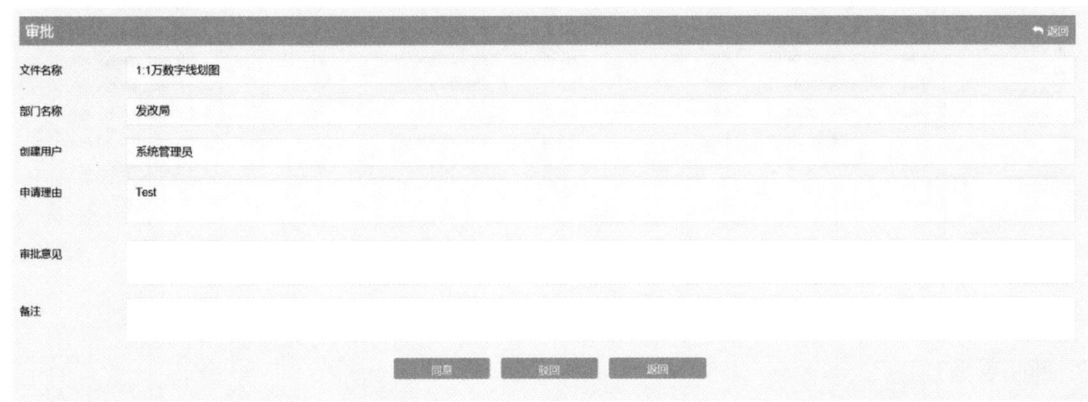

审批　返回

文件名称　1:1万数字线划图

部门名称　发改局

创建用户　系统管理员

申请理由　Test

审批意见

备注

同意　驳回　返回

图 7-99　数据资源审批详细信息

7.2.3.6 系统管理

系统管理包括【用户管理】、【部门管理】、【权限管理】、【菜单管理】、【日志管理】、【数据库管理】6 个功能模块(图 7-100)。用户点击系统管理菜单，系统加载 6 个功能模块的菜单。

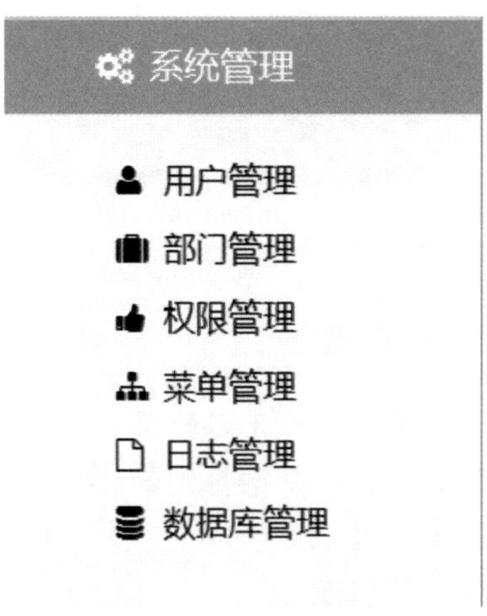

图 7-100 系统管理菜单

1. 用户管理

被分配了用户管理权限的用户，点击导航菜单的【系统管理】-【用户管理】菜单链接后，系统加载当前系统的用户信息列表(图 7-101)。列表显示信息包括【用户名】、【姓名】、【性别】、【邮箱】、【电话】、【部门名称】、【角色名】、【是否禁用】信息，并提供查看用户详细信息、新增用户信息、查询用户信息、编辑用户信息、修改用户登录密码和删除用户信息的功能。

用户名	姓名	性别	邮箱	电话	部门名称	角色名	是否禁用	编辑
czj03	财政局职员_03	未知			财政局	财政局系统管理人员	否	查看 编辑 修改密码 删除
czj04	财政局职员_04	未知			财政局	财政局项目申报人员	否	查看 编辑 修改密码 删除
czj01	财政局职员_01	未知			财政局	财政局业务审批人员	否	查看 编辑 修改密码 删除
czj02	财政局职员_02	未知			财政局	财政局业务审批人员	否	查看 编辑 修改密码 删除
ghj03	规划局职员_03	未知			规划局	规划局系统管理人员	否	查看 编辑 修改密码 删除
ghj04	规划局职员_04	未知			规划局	规划局项目申报人员	否	查看 编辑 修改密码 删除
ghj01	规划局职员_01	未知			规划局	规划局业务审批人员	否	查看 编辑 修改密码 删除
ghj02	规划局职员_02	未知			规划局	规划局业务审批人员	否	查看 编辑 修改密码 删除
wwb03	维稳办职员_03	未知			维稳办	维稳办系统管理人员	否	查看 编辑 修改密码 删除
wwb04	维稳办职员_04	未知			维稳办	维稳办项目申报人员	否	查看 编辑 修改密码 删除

共45条 1 2 3 4 5 每页10条 第 1 页/共5页

图 7-101 用户信息列表

2. 部门管理

被分配了部门管理权限的用户，点击导航菜单的【系统管理】-【部门管理】菜单链接后，系统加载当前系统的部门信息列表(图 7-102)。列表显示信息包括【部门名称】、【备注】、【创建用户】、【创建时间】，并提供查看部门详细信息、新增部门信息、查询部门信息、编辑部门信息和删除部门信息的功能。

+ 新建　关键词

部门名称	备注	创建用户	创建时间	编辑
国土局		系统管理员	2015-08-01 00:00:00	查看 编辑 删除
规划局		系统管理员	2015-08-01 00:00:00	查看 编辑 删除
环保局		系统管理员	2015-08-01 00:00:00	查看 编辑 删除
发改局		系统管理员	2015-08-01 00:00:00	查看 编辑 删除
防震减灾局		系统管理员	2015-08-01 00:00:00	查看 编辑 删除
水务局		系统管理员	2015-08-01 00:00:00	查看 编辑 删除
维稳办		系统管理员	2015-08-01 00:00:00	查看 编辑 删除
市政府		系统管理员	2015-08-19 13:47:56	查看 编辑 删除
消防大队		系统管理员	2015-08-01 00:00:00	查看 编辑 删除
财政局		系统管理员	2015-08-01 00:00:00	查看 编辑 删除

共12条　1　2　每页10条　第 1 页/共2页

图 7-102　部门信息列表

3. 权限管理

被分配了权限管理权限的用户，点击导航菜单的【系统管理】-【权限管理】菜单链接后，系统加载当前系统的权限信息列表(图 7-103)。列表显示信息包括【部门名称】、【备注】、【创建用户】、【创建时间】，并提供查看权限详细信息、新增权限信息、查询权限信息、编辑权限信息和删除权限信息的功能。

+ 新建　关键词

部门名称	备注	创建用户	创建时间	编辑
国土局		系统管理员	2015-08-01 00:00:00	查看 编辑 删除
规划局		系统管理员	2015-08-01 00:00:00	查看 编辑 删除
环保局		系统管理员	2015-08-01 00:00:00	查看 编辑 删除
发改局		系统管理员	2015-08-01 00:00:00	查看 编辑 删除
防震减灾局		系统管理员	2015-08-01 00:00:00	查看 编辑 删除
水务局		系统管理员	2015-08-01 00:00:00	查看 编辑 删除
维稳办		系统管理员	2015-08-01 00:00:00	查看 编辑 删除
市政府		系统管理员	2015-08-19 13:47:56	查看 编辑 删除
消防大队		系统管理员	2015-08-01 00:00:00	查看 编辑 删除
财政局		系统管理员	2015-08-01 00:00:00	查看 编辑 删除

共12条　1　2　每页10条　第 1 页/共2页

图 7-103　权限信息列表

4. 菜单管理

被分配了菜单管理菜单的用户，点击导航菜单的【系统管理】-【菜单管理】菜单链接后，系统加载当前系统的树形菜单信息列表(图 7-104)，并提供查看菜单详细信息、新增菜单信息、查询菜单信息、编辑菜单信息和删除菜单信息的功能。

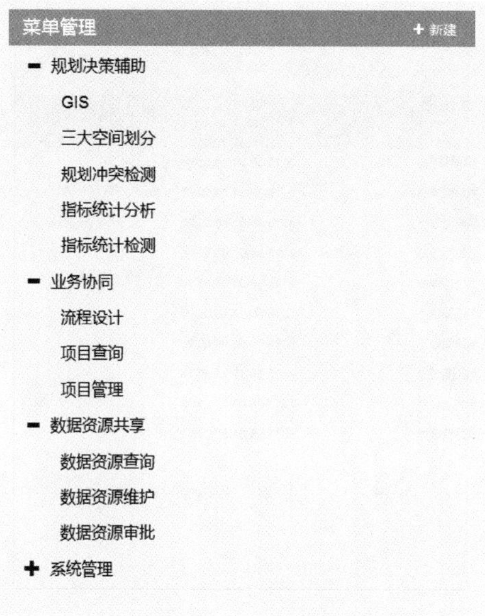

图 7-104　树形菜单信息列表

5. 日志管理

被分配了日志管理权限的用户，点击导航菜单的【系统管理】-【日志管理】菜单链接后，系统加载当前系统的日志信息列表(图 7-105)。列表显示信息包括【创建用户】、【IP 地址】、【备注】、【创建时间】，并提供查看日志详细信息、查询日志信息的功能。

关键词

创建用户	IP地址	备注	创建时间	查看
系统管理员	127.0.0.1	用户:系统管理员 通过IP地址:127.0.0.1 于 2015/12/2 22:19:18 对 日...	2015-12-02 22:19:18	查看
系统管理员	127.0.0.1	用户:系统管理员 通过IP地址:127.0.0.1 于 2015/12/2 22:18:15 对 菜...	2015-12-02 22:18:15	查看
系统管理员	127.0.0.1	用户:系统管理员 通过IP地址:127.0.0.1 于 2015/12/2 22:18:13 对 菜...	2015-12-02 22:18:13	查看
系统管理员	127.0.0.1	用户:系统管理员 通过IP地址:127.0.0.1 于 2015/12/2 22:18:11 对 菜...	2015-12-02 22:18:11	查看
系统管理员	127.0.0.1	用户:系统管理员 通过IP地址:127.0.0.1 于 2015/12/2 22:15:43 对 菜...	2015-12-02 22:15:43	查看
系统管理员	127.0.0.1	用户:系统管理员 通过IP地址:127.0.0.1 于 2015/12/2 22:15:43 对 菜...	2015-12-02 22:15:43	查看
系统管理员	127.0.0.1	用户:系统管理员 通过IP地址:127.0.0.1 于 2015/12/2 22:15:39 对 菜...	2015-12-02 22:15:39	查看
系统管理员	127.0.0.1	用户:系统管理员 通过IP地址:127.0.0.1 于 2015/12/2 22:15:37 对 菜...	2015-12-02 22:15:37	查看
系统管理员	127.0.0.1	用户:系统管理员 通过IP地址:127.0.0.1 于 2015/12/2 22:15:36 对 菜...	2015-12-02 22:15:36	查看
系统管理员	127.0.0.1	用户:系统管理员 通过IP地址:127.0.0.1 于 2015/12/2 22:15:23 对 菜...	2015-12-02 22:15:23	查看

共4800条　1 2 3 4 5 6 7 8 9 10 11　每页10条　第 1 页/共480页

图 7-105　日志信息列表

6. 数据库管理

被分配了数据库管理管理权限的用户，点击导航菜单的【系统管理】-【数据库管理】菜单链接后，系统加载当前系统的数据库管理信息列表(图 7-106)。列表显示信息包括【任务名称】、【备份周期】、【备份类型】、【创建用户】和【创建时间】，并提供查看数据库管理详细信息、新增数据库管理信息、查询数据库管理信息、编辑数据库管理信息和删除数据库管理信息的功能。

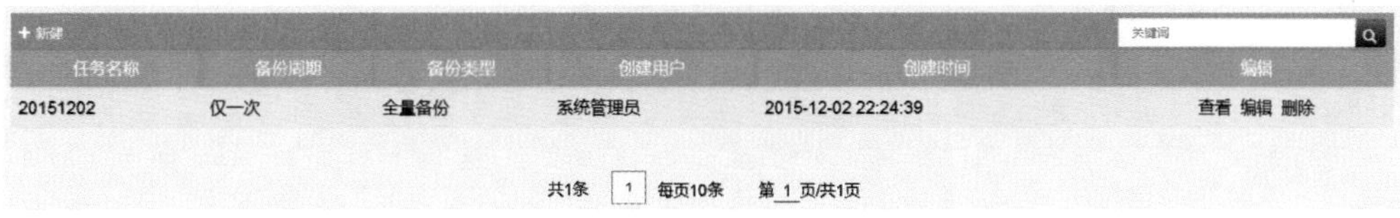

图 7-106　数据库管理信息列表

参 考 文 献

[1]蔡运龙，Wyckoff B. 地理学思想经典解读[M]. 北京：商务印书馆，2011：32-35.

[2]Lefebvre H. The Production of Space[M]. Oxford：Blackwell，1991：141-145.

[3]姚华松，许学强，薛德升. 人文地理学研究中对空间的再认识[J]. 人文地理，2010(2)：8-12.

[4]吴殿廷. 区域经济学[M]. 北京：科学出版社，2003：186-187.

[5]Albrechts L，Healey P，Klaus R. Kunzmann. Strategic spatial planning and regional Governance in Europe[J]. Journal of the American Planning Association，2003，69(2)：113-129.

[6]Healey P. Collaborative planning[M]. Hampshire：Macmillan Press Ltd. 1997：72-76，131-132，177-186.

[7]张伟，刘毅，刘洋. 国外空间规划研究与实践的新动向及对我国的启示[J]. 地理科学进展，2005，24(3)：79-90.

[8]霍尔P. 城市和区域规划[M]. 北京：中国建筑工业出版社，1985：1.

[9]王金岩，吴殿廷，常旭. 我国空间规划体系的时代困境与模式重构[J]. 城市问题，2008(4)：62-68.

[10]张弢，陈烈，慈福义. 国外空间规划特点及其对我国的借鉴[J]. 世界地理研究，2006，15(1)：56-62.

[11]王磊，沈建法. 空间规划政策在中国五年计划/规划体系中的演变[J]. 地理科学进展，2013，32(8)：1195-1206.

[12]胡序威. 中国区域规划的演变与展望[J]. 城市规划，2006，61(s1)：585-592.

[13]赵珂. 空间规划体系建设重构：国际经验及启示[J]. 改革，2008(1)：126-130.

[14]杨荫凯. 国家空间规划体系的背景和框架[J]. 改革，2014(8)：125-130.

[15]耿海清. 我国的空间规划体系及其对开展规划环评的启示[J]. 世界环境，2008，42(3)：477-480.

[16]王东祥. 完善国土空间规划体系[J]. 浙江经济，2007，19：18-20.

[17]苗东升. 系统科学大学讲稿[M]. 北京：中国人民大学出版社，2007：3-104.

[18]蔡玉梅，吕宾，潘书坤，等. 主要发达国家空间规划进展及趋势[J]. 中国国土资源经济，2008，21(6)：30-31.

[19]林坚，陈霄，魏筱. 我国空间规划协调问题探讨——空间规划的国际经验借鉴与启示[J]. 现代城市研究，2011(12)：15-21.

[20]王向东，刘卫东. 中国空间规划体系：现状、问题与重构[J]. 经济地理，2012，32(5)：7-15.

[21]杨荫凯. 国家空间规划体系的背景和框架[J]. 改革，2014(8)：125-130.

[22]王凯. 国家空间规划体系的建立[J]. 城市规划学刊，2006(1)：6-10.

[23]巴顿. 政策分析和规划的初步方法[M]. 北京：华夏出版社，2001.

[24]吴丹. 城市发展战略规划与国民经济和社会发展中长期规划的协调性研究——以广州市为例[D]. 华中科技大学，2005.

[25]王传胜，朱珊珊，樊杰，等. 主体功能区规划监管与评估的指标及其数据需求[J]. 地理科学进展，2012，31(12)：1678-1684.

[26]王利，韩增林，王泽宇. 基于主体功能区规划的“三规”协调设想[J]. 经济地理，2008(5)：845-848.

[27]樊杰. 解析我国区域协调发展的制约因素探究全国主体功能区规划的重要作用[J]. 中国科学院院刊，2007，22(3)：194-201.

[28]朱慧恩，陈宏军. 试论我国战略规划编制与管理中存在的问题——深圳国土规划试点工作中的一些体会[J]. 城市规划，2003，27(2)：42-45.

[29]吕克白. 国土规划的性质、任务及其主要内容[M]. 北京：中国计划出版社，1990：127-150.

[30]潘海霞. 日本国土规划的发展及借鉴意义[J]. 国际城市规划，2006，21(3)：10-14.

[31]吴殿廷，虞孝感，查良松，等. 日本的国土规划与城乡建设[J]. 地理学报，2006，61(7)：771-780.

[32]李新玉，曹清华，杜舰. 新时期国土规划的重要性及其特点[J]. 地理与地理信息科学，2003，19(2)：47-51.

[33]卞正富，路云阁. 论土地规划的环境影响评价[J]. 中国土地科学，2004，18(2)：21-28.

[34]欧名豪. 土地利用规划体系研究[J]. 中国土地科学，2003，17(5)：41-44.

[35]樊万选，郭兴利. 创新区域生态环境规划的可持续发展理念研究[J]. 创新科技，2015，188(10)：12-15.

[36]但承龙，王群. 西方国家与中国土地利用规划比较[J]. 中国土地科学，2002，16(1)：43-46.

[37]多米尼克·斯特德，文森特·纳丁，许玫. 欧洲空间规划体系和福利制度：以荷兰为例[J]. 国际城市规划，2009，24(2)：71-77.

[38]逯新红. 日本国土规划改革促进城市化进程及对中国的启示[J]. 城市发展研究，2011(5)：34-37.

[39]唐子来，李京生. 日本的城市规划体系[J]. 城市规划，1999(10)：50-54.

[40]谢敏. 德国空间规划体系概述及其对我国国土规划的借鉴[J]. 国土资源情报，2009(11)：22-26.

[41]刘慧，樊杰，王传胜. 欧盟空间规划研究进展及启示[J]. 地理研究，2008，27(6)：1381-1389.

[42]刘传明. 省域主体功能区规划理论与方法的系统研究[D]. 华中师范大学，2008.

[43]姜涛，吴志强. 西欧 1990 年代空间战略性规划案例的比较研究[J]. 城市规划学刊，2007(5)：53-64.

[44]宋拾平. 我国空间规划体系创新研究[D]. 湖南师范大学，2011.

[45]高中岗. 中国城市规划制度及其创新[D]. 同济大学，2007.

[46]王磊，沈建法. 空间规划政策在中国五年计划/规划体系中的演变[J]. 地理科学进展，2013，32(8)：1195-1206.

[47]陈小宁. 国土规划工作的回忆与思考[J]. 国土资源情报，2004(1)：45-47.

[48]魏广君. 空间规划协调的理论框架与实践探索[D]. 大连理工大学，2012.

[49]林坚. 土地发展权、空间管制与规划协同[J]. 小城镇建设，2013，38(12)：26-34.

[50]樊笑英. 国土规划的定位、基础及相关问题研究[J]. 中国国土资源经济，2011，24(10)：21-23.

[51]刘建芬. 国土规划要为城乡一体化提供指导[J]. 资源与产业，2010，12(1)：153-157.

[52]牛慧恩. 国土规划、区域规划、城市规划——论三者关系及其协调发展[J]. 城市规划，2004，28(11)：42-46.

[53]蔡玉梅，高平. 发达国家空间规划体系类型及启示[J]. 中国土地，2013(2)：60-61.

[54]蔡玉梅，王国力，陆颖，等. 国际空间规划体系的模式及启示[J]. 中国国土资源经济，2014(6)：67-72.

[55]蔡玉梅，陈明，宋海荣. 国内外空间规划运行体系研究述评[J]. 规划师，2014(3)：83-87.

[56]吴志强. 德国空间规划体系及其发展动态解析[J]. 国际城市规划，1999(4)：2-5.

[57]周颖，濮励杰，张芳怡. 德国空间规划研究及其对我国的启示[J]. 长江流域资源与环境，2006，15(4)：409-414.

[58]曲卫东. 联邦德国空间规划研究[J]. 中国土地科学，2004，18(2)：58-64.

[59]陈志敏，王红扬. 英国区域规划的现行模式及对中国的启示[J]. 地域研究与开发，2006，25(3)：39-45.

[60]张书海，冯长春，刘长青. 荷兰空间规划体系及其新动向[J]. 国际城市规划，2014，29(5)：89-94.

[61]王金岩，吴殿廷，常旭. 我国空间规划体系的时代困境与模式重构[J]. 城市问题，2008(4)：62-68.

[62]刘彦随，王介勇. 转型发展期“多规合一”理论认知与技术方法[J]. 地理科学进展，2016，35(5)：529-536.

[63]苏涵，陈皓. “多规合一”的本质及其编制要点探析[J]. 规划师，2015(2)：57-62.

[64]尔德. “多规合一”改革取向：重构国土空间规划体系[OL]. http：//business. sohu. com/20151027/n424255315. shtml. 2015-10-27.

[65]Rundtland G H. Our Common Future，Report of the world Commission on Environment and Development[M]. Oxford University Press，1987：3-5.

[66]吴传钧. 人地关系与经济布局[M]. 北京：学苑出版社，1998.

[67]陆大道，郭来喜. 地理学的研究核心：人地关系地域系统——论吴传钧院士的地理学思想与学术贡献[J]. 地理学报，1998，53(2)：97-105.

[68]方创琳. 中国人地关系研究的新进展与展望[J]. 地理学报，2004，59：21-32.

[69]黄秉维. 地理学之历史演变[J]. 真理杂志，1944，1(2)：237-245.

[70]吕拉昌，黄茹. 人地关系认知路线图[J]. 经济地理，2013，33(8)：5-9.

[71]吕拉昌. 全息地域分工初步研究[J]. 经济地理，1998，18(2)：17- 20.

[72]樊杰. 我国主体功能区划的科学基础[J]. 地理学报，2007，62(4) ：339-350.

[73]李建军. 保持我国城市规划学的科学本质有感于我国城市规划实践的若干现象[J]. 城市规划学刊，2006(4)：11.

[74]董金柱：国外协作式规划的理论研究与规划实践[J]. 国外城乡规划，2004，19(2)：48-52.

[75]林培. 协作规划管理蓝图变为现实——北京试点协作规划管理机制[N]. 中国建设报，2013-07-09(3).

[76]魏广君. 空间规划的协调理论框架与实践探索[D]. 大连理工大学，2012.

[77]王明涛. 多指标综合评价中权系数确定的一种综合分析方法[J]. 系统工程，1999，17(2)：56-61.

[78]王利. 中国市县“五年规划”中的空间布局规划：理论、方法、实例[D]. 辽宁师范大学，2008.

[79]牛慧恩. 空间规划怎样才能不打架[N]. 中国经济导报，2006-09-04.

[80]韩青. 空间规划协调理论研究综述[J]. 城市问题，2012(4)：28-30.

[81]曹清华. 构建科学的空间规划体系[J]. 资源论坛，2008(7)：30-32.

[82]周建明，罗希. 中国空间规划体系的实效评与发展对策研究[J]. 规划师，1998(4)：109-112.

[83]黄杏元，马劲松. 高校 GIS 专业人才培养若干问题的探讨[J]. 国土资源遥感，2002(3)：5-8.

[84]黄杏元. GIS 理论的发展[J]. 现代测绘，2010，33(4)：3-7.

[85]朱江，邓木林，潘安. “三规合一”：探索空间规划的秩序和调控合力[J]. 城市规划，2015，39 (1)：41-47，97.

[86]刘卫东，陆大道. 新时期我国区域空间规划的方法论探讨——以“西部开发重点区域规划前期研究”为例[J]. 地理学报，2005，60(6)：894-902.

[87]王向东，刘卫东. 中国空间规划体系：现状、问题与重构[J]. 经济地理，2012，32(5)：7-15，29.

[88]林坚，陈霄，魏筱. 我国空间规划协调问题探讨——空间规划的国际经验借鉴与启示[J]. 现代城市研究，2011(12)：15-21.

[89]王凯. 国家空间规划体系的建立[J]. 城市规划学刊，2006(1)：6-10.

[90]顾朝林. 论中国“多规”分立及其演化与融合问题[J]. 地理研究，2015，34(4)：601-613.

[91]韩青. 空间规划协调理论研究综述[J]. 城市问题，2010(4)：28-30.

[92]胡佳，高华央. 面向政策和制度设计的区域规划[J]. 现代城市研究，2010，25(5)：27-31.

[93]李桃，刘科伟. 我国空间规划体系改革研究——以县域总体规划编制为例[J]. 城市发展研究，2016，23(2)：16-22.

[94]朱江，尹向东. 城市空间规划的“多规合一”与协调机制[J]. 上海城市管理，2016，25(4)：58-61.

[95]赵钢，朱直君. 成都城乡统筹规划与实践[J]. 城市规划学刊，2009(6)：12-17.

[96]丁成日，宁彦，黄艳. 城市规划与空间结构：城市可持续发展战略[M]. 北京：中国建筑工业出版社，2005.

[97]谢剑锋. 我国市县推进“多规合一”的探索及反思-浙江省开化县：探索建立统一衔接的系统[J]. 环境保护，2015(zl)：31-33.

[98]蔡玉梅，吕宾，潘书坤，等. 主要发达国家空间规划进展及趋势[J]. 中国国土资源经济，2008，21(6)：30-31.

[99]王金岩，吴殿廷，常旭. 我国空间规划体系的时代困境与模式重构[J]. 城市问题，2008(4)：62-68.

[100]鲁荣东. 我省推进“多规合一”试点改革经验及问题对策研究[J]. 四川省经济发展研究院，2016.

[101]喻忠磊，张文新，梁进社，庄立. 国土空间开发建设适宜性评价研究进展[J]. 地理科学进展，2015，34(9)：1107-1122.

后 记

本书是四川省地理国情监测专题研究项目成果，由四川省测绘地理信息局牵头主持编写，感谢中国科学院成都山地灾害与环境研究所、四川省发展和改革委员会、四川省经济发展研究院在编撰过程中给予的大力支持；感谢内江市发展和改革委员会、绵竹市发展和改革局在试点工作中给予的帮助与肯定；感谢科学出版社的罗莉编辑提供的帮助和支持；感谢每位为本书出版付出辛勤劳动的朋友。

作者

2018 年 5 月